普通高等教育"十一五"国家级规划教材

城市设计概论

段汉明　编著

科学出版社

北 京

内 容 简 介

本书系统地阐述了城市设计的理论和基本方法，结合国内外优秀的城市设计范例，力求城市设计理论与城市设计实践相结合、城市设计研究与城市设计教学相结合。全书共 8 章。第 1 章至第 4 章，主要以城市设计理论为主，论述城市与城市设计、城市设计的基本理论、城市设计基础：空间与城市空间，以及城市设计的理念、基本要素和基本方法等内容。第 5 章至第 8 章则以城市设计范例为主，从城市的宏观、中观、微观三个层面，介绍多种类型城市设计范例的内容、思路和设计手法，力求从新视角提高学生的城市设计理论水平和设计能力。

本书可用作城市规划专业本科生和研究生教材，同时可供相关专业师生、城市设计和城市规划设计人员、城市管理工作者参考。

图书在版编目 (CIP) 数据

城市设计概论 / 段汉明编著. —北京：科学出版社，2006
（普通高等教育"十一五"国家级规划教材）
ISBN 978-7-03-016306-6

Ⅰ. 城…　Ⅱ. 段…　Ⅲ. 城市规划-建筑设计-高等学校-教材
Ⅳ. TU984

中国版本图书馆 CIP 数据核字（2005）第 111513 号

责任编辑：杨　红　郭　淼　李久进 / 责任校对：陈丽珠
责任印制：徐晓晨 / 封面设计：陈　敬

科 学 出 版 社 出版
北京东黄城根北街 16 号
邮政编码：100717
http://www.sciencep.com

北京中石油彩色印刷有限责任公司 印刷
科学出版社发行　各地新华书店经销

*

2006 年 1 月第　一　版　开本：B5（720×1000）
2018 年 5 月第十四次印刷　印张：22 1/4
字数：436 000

定价：42.00 元
（如有印装质量问题，我社负责调换）

目　　录

第1章 城市与城市设计

1.1 城市的本质与特征

1.1.1 城市的本质

从系统科学的角度看，城市作为一个开放的、复杂的、动态的巨大系统，是在自然系统的基础上建立起来的包含社会、经济、文化等复杂活动和强大功能的"人工生命"①，具有多种价值取向；既要达到城市与其赖以生存的自然系统之间的和谐共荣，又要达到不断提高城市运行效率、追求最大效益的社会经济目标，还要满足城市居民本身不断提高的物质和精神需求。多种价值取向的相互交叉，决定了城市发展的复杂性与矛盾性，同时也要求城市众多子系统之间的协同性与城市环境系统、社会环境系统、技术工程环境系统的高度协调以求城市发展的可持续性。

从人类社会的发展过程和城市发展过程分析，城市与社会是紧密相关的，具有深邃的历史渊源。人类社会发展过程的早期阶段，在城市兴起之前，许多社会功能处于自发的分散、无组织状态中，后来由于城市的兴起才逐渐聚拢到一个有限的地域环境之内。各种要素的聚集和相互生成构成了城市发展的初始阶段。尽管当时城市的功能十分有限，但对社会发展的推动作用是十分明显的。随着社会的发展，城市发展对人类社会发展产生的直接推动作用有增无减，并逐渐演变为社会发展的主要推动力。因此，城市与社会并不是完全独立的两个互不相关的系统，而是人类和世界演化的过程中两个互相包容、互相嵌套的部分，尽管两个系统从内涵到外延均不对等。直观上，城市以其巨大的物质积累形式表现为社会的载体，社会的组织、机构、人群、文化的积累等诸多要素，都在城市这个巨大的物质载体中汇集、融合、发酵、合成，并产生出新的文化、物质和社会要素。

刘易斯·芒福德以广阔的视野来分析城市与社会的联系：城市，作为一种明确的新事物（emergent），开始出现在旧石器文化（paleolithic）的社区之中，在这种新实体中，人类的组织也变得复杂了。除猎民、农民、牧民外，其他各种原始类型开始进入城市，并为城市生活做出了各自的贡献，例如矿工、樵夫、渔民，他们还给城市带来各自的工具和技艺及不同境遇中形成的生活习俗。工匠技师、船夫水

---

① "人工生命"由美国 Santa Fe Institute 教授提出，是指"研究那些具有自然生命现象的人造系统"，这种人造系统具有生命的特征，也被称为类人体。

手，则是从这种较综合化的原始背景中产生的，而且多产生于河谷平原不同地点；从这些原始类型中后来又产生出其他一些职业团体，如士兵、钱庄经济人、商人、僧侣等。城市正是凭借这样的复杂多样性，创造出了更高的统一体[1]。

1970 年，格茨·福普（Gotz Voppel）指出，城市是高度发展的人类共同生活的一种集合形式。它是区域文化发展和传播的结果和出发点。城市是一个赋予了不同功能的居住性或者公共性的房屋所构成的结合体，而每个这样的房屋个体又给城市带来了生命力，并且通过区域文化的功能性和社会性的划分来表现出文化的多样性。城市中包括了不同功能和建筑风格的房屋及各具特色的街道和街区，同时也包含了各种不同的生活方式和组织方式。

城市作为"人工生命体"，其最重要的特征是人口的聚居。城市因人口聚居而生成、发展，也因人口的消散而衰亡。尽管人口聚集的动因是综合的、十分复杂的，如社会的、政治的、军事的、经济的因素等，但居住是人口聚集过程中的最重要的需求，也是城市最基本的功能。当人口聚居到一定程度而组织成一个社会时，居住的功能后退到相对次要的层面。当社会发展形成"市"时，城市作为一个复杂的动态系统，开始了自己新的运行和发展过程，其运行的方式和运行机制，以及结构与形态等，均与城市所在社会的构成、形态、文化等发展历程紧密关联，并形成高度的一致性。面对巨大的、复杂的、高速运转的城市巨系统，以及它所承载的庞大的社会体系，具体的"人"的作用和人的感受被这个巨系统所吞噬和埋没，我们迷失了自我：我们必须依附于城市才能生活得更好，必须依附于城市才能生存，人与城市的关系被异化了，作为个人和自我，在巨大的城市系统面前显得无足轻重。只有从整体的、全过程的角度考察人与城市的关系时，我们才能清楚地看到人是城市的创造者，是城市的灵魂，是城市活生生的有机组成部分。

安东尼·吉登斯（Anthony Giddens）认为：国家的兴起标志着结构性矛盾的产生，而前者首先是与城市的形成联系在一起的，这并不是说国家的基础仅"限于"城市，而是说城市是权力的容器，它结合自身与乡村的关系，孕育出国家形式的结构聚合点（structural nexus）[2]。

刘易斯·芒福德在《城市发展史：起源、演变和前景》中指出：在分散的村落经济向高度组织化的城市经济的进化过程中，最重要的参变因素是国王，或者说是王权制度。我们现今所熟知的与城市发展密切相关的工业化和商业化，在几个世纪的时间里都还只是一种附属的现象。

《周礼·考工记》中规定"市朝一夫"，"市"位于宫城之后的城北一端。贺业钜认为：王城的分区规划首先要求突出其政治上的特征，"市"只不过作为王室生活的服务设施居于从属地位而已[3]。

从中国城市的起源可知，中国城市的孕育和生成，源于原始氏族社会向奴隶制社会的变迁过程，生产力的发展、农牧产品的增多、部落之间的战争，一次次使平等公正、男耕而食、女织而衣、刑政不用、甲兵不起的原始氏族社会陷入危机，失去其稳定性，被内行刀锯、外用甲兵所代替。正是社会的发展，促成了城市的生成与发展，使城市的政治统治、军事防御、商品交流等功能日益显著，最终成为国家行政统治的载体和国家权利的象征，逐步具有区域（国家）的政治中心、经济中心、交通中心、宗教文化中心等多种职能。就各个城市的具体情况而言，每个城市的生成环境、生成的主导因素、发展的动力、发展机制和发展过程等各个方面都有其特殊性，但也存在一定的共性（或普遍性）。从人类社会这个视角来看，城市生成、发展的诸多因素无论怎样特殊都是社会发展的产物，表现为社会发展的不同历史阶段、社会发展水平的不同层次和人类社会由低级到高级发展变化的过程。

城市对社会的进步意义不仅在于社会经济发展中的聚集效益，更在于城市所发挥的社会中心功能，从而推动着整个社会的发展。城市从诞生之时起就是人类互相联系和各种机遇、成就、创新的焦点，并且从来就是社会的权力中心、经济中心、文化中心和科学中心。新的政治体制、制度规范、价值观念和科学技术几乎都是在城市中产生的，而人类的文明成果也基本上都是在城市中产生、保存和传递。

段汉明提出城市的基本定义如下[4]：

（1）城市是人类社会生活中人口、权力、文化、财富及能量、物质、信息等在地球表面聚集的节点，是人类文明的象征。

（2）城市是依附于土地等自然环境的、由人类所创造的"类人体"，人就是这个类人体的灵魂。城市具有自身的生命节律和生成、发展、兴盛、衰亡的过程，并有着各自不同的遗传密码。

（3）城市是由能量、物质、信息和人共同组成的"核反应堆"，它不但吸收周围的能量、物质、信息，更重要的是通过城市这个"核反应堆"产生新的能量、物质、信息，并向周围辐射。人通过城市改变自身的物质结构和精神结构，以塑造新的生命形式。

城市的本质是：人类将物质、能量、信息与自然环境融为一体并赋予某种精神的聚集节点，是人类社会的延伸，是人类社会在发展过程的某些阶段中的重要组成部分，也是人类社会生活和社会组织赖以生存的载体。它表征了人类在物质与精神方面的力量与向往，以及社会生活、历史文化、科学技术等方面的积累和变迁，同时也是人类和人类社会自身最生动的写照。

1.1.2　城市的基本特征

1. 关于城市的基本特征

（1）城市是人创造的，人是城市的灵魂，是城市的组成部分，而且是活生生的、有机的组成部分。

（2）城市是社会的延伸，是科学技术与人类历史文化、人与自然相结合的产物。

（3）城市是"类人体"，有其自身的生成—发展—衰亡规律，但这个规律又不同程度地受人类社会发展的制约。

（4）城市有自己的"波粒二重性"，即既是物质、科学技术的堆砌物，又是精神、人类文化的组成部分。

（5）城市中的物质与精神、科学技术与人文文化、城市本体与自然环境、创造者（人类）与被创造者（城市）等诸多方面，具有多种互补性，是一个互相嵌套的整体。

2. 城市与城市历史

历史并不是已经死去了的在者之场，而是依然向我们开放的活的领域。历史并没有"逝去"，而是在时刻影响着我们和我们周围的世界。城市的历史也是如此，它仍然在影响着我们现存的城市，影响着我们每一个人。这种影响主要表现在：

（1）城市的历史文化以一种更为普遍的或更为特殊的形式向现在和将来遗传。

（2）现存的城市格局、结构、形态等诸多方面都存在着古代（过去）城市的背景。

（3）城市的历史遗迹、遗址等历史的"痕迹"，既具有实证的价值，又具有信息保存、传递的价值，同时又是城市不断延伸的时空标志。

（4）城市的历史（包括遗迹、遗址、现存的建筑等）是整个城市生命的有机组成部分；而城市的历史文化遗传，则是整个城市生命的无机组成部分。有机中包含着原样的（历史上原状的）无机，具有比现存的无机遗存更加珍贵的保存价值。

许多人认为，城市中的遗址、遗迹、古建筑等不会再发生变化，但事实却是世界上没有不变的事物。城市中的历史遗存，一方面如同麦克塔加（J. M. E. McTaggart）指出的："过去总是在变化，它变得越来越古老。"另一方面，随着社会和科学技术的发展，人们价值观的不断变化，城市中历史遗存的价值也在不断地发生变化。

3. 城市与城市文化

文化是什么？文化是人类在社会历史发展过程中所创造的物质财富和精神财富的总和，特指精神财富，如文学、艺术、教育、科学等。文化具有巨大的内涵和广袤无边的外延，今天人们在论证和研究种种事物时，常常冠之以"文化"的头衔：从民族、社会、城市、建筑到服饰、性，甚至个人嗜好。然而，对于文化一词的准确界定却并不容易。

1987 年爱德华·伯内特·泰勒（Edward B. Taylor）认为：文化是一个复合整体，包括知识、信仰、艺术、道德、法律、习俗和人类作为社会成员所拥有的任何其他能力和习惯。换言之，文化是指任何社会的全部生活方式，包括精神生活和物质生活，几乎涵盖了所有的人类特征。此后，文化被赋予成千上万条定义，克罗伯（A. L. Kroeber）和科拉克洪（C. Kluckhohn）对文化的概念进行了梳理[5]。

广义的文化概念包括人类通过后天的学习所掌握的各种思想和技巧，以及用这种思想和技巧创造出来的物质文明和制度文明。布洛克（A. Bullock）和斯塔列布拉斯（O. Stallybrass）指出，文化是指一个社群的"社会继承"，包括整个物质的人工制品（工具、武器、房屋、工作、仪式、政府办公，以及再生产的场所、艺术品等），还包括一个民族在特定生活条件下及代代相传的不断发展的各种活动中所创造的特殊行为方式（制度、集团、仪式和社会组织方式等）[6]。

阿摩斯·拉普卜特（Amos Rapoport）认为：文化是一个民族的生活方式（包括理想、规范、规划与日常行为等），是一种世代传承的、由符号传递的图式体系，是一种改造生态和利用资源的方式。文化的优劣，不应简单地以进步或落后来区分，传统的文化特性应当受到尊重，并顺应其自然的演变，而不宜人为地加以阻断，鲁莽地消除文化差异。即使文化由旧变新是必要的，也要考虑一个渐变的适应过程，特别要防止局部突变带来整体上的失序、断裂和解体。文化不是以"物"的形式存在的，没有人能看到文化，人们所见无非是文化的产物，抑或其组成部分[7]。李学勤认为：文化就像空气一样，是一种氛围，是一种"气质"类的东西。当然，城市文化也不例外，城市文化就是城市的氛围，就是城市的气质。

戴维·波普诺（Davis Popenoe）指出[8]，社会学家与人类学家对文化的共同定义是：文化是人类群体或社会的共享成果，这些共有产物不仅包括价值观、语言、知识，而且包括物质对象。所有群体和社会的共享非物质文化——抽象和无形的人类创造，如"是"与"非"的定义、沟通的媒介、有关环境的知识和处事的方式。人们也共享物质文化——物质对象的主体，它折射了非物质文化的意义。物质文化包括工具、钱、衣服和艺术品等。尽管人们对文化共享，但仍需要新生代通过社会交往的方式来学习，文化因此代代相传，不断累积。

狭义的文化概念将文化限定于精神领域。罗伯特 F. 墨菲（R. F. Murbhy）认为，文化意指由社会产生并世代相传的传统的全体，亦指规范、价值及人类行为准则，它包括每个社会排定世界秩序并使之可理解的独特方式[9]。

从最为一般的意义上讲，文化是人们代代相传的整体生活方式，是由符号

（包括语言）、价值观、规范和物质文化所构成的。虽然"文化"的概念时常可与"社会"互换，但这两者不应混淆。严格地说，社会指共享文化的人的互相交流，而文化指这种交流的产物。事实上，人类社会与社会文化不能相互独立存在。文化是人们在交流中创造的，但人类互动的形式则来自于对文化的共享。

联合国教科文组织在《世界文化报告》（1998）中指出，一些人赞同消除文化的多元性，既然人际交往和协调相互间的活动是通过文化来进行的，那么文化多元性在时间和效率上都成为恼人的障碍。但最重要的是，文化多元性是注定会被保留的。①文化多元性作为人类精神创造性的一种表达，本身就具有价值。②文化多元性为平等、人权和自决权原则所要求。③类似于生物多样性，文化多样性可以帮助人类适应世界有限的环境资源。在这一背景下多元性与可持续性相连。④文化多元性是反对政治和经济的依赖及压迫的需要。⑤从美学上讲，文化多元性呈现一种不同文化的系列，令人愉悦。⑥文化多元性启迪人们的思想。⑦文化多元性可以储存好的和有用的做事方法，储存这方面的知识和经验[10]。

《世界文化报告》（1998）指出，文化再也不是以前人们所认为的静止不变的、封闭的、固定的集装箱，而实际上变成了通过媒体和国际互联网在全球进行交流的跨越分界的创造。我们现在应该把文化看作一个过程，而不是一个已经完成的产品。

如果文化的多样性是人类精神创造无法抑制的表达，那么差异的创造也同样不可动摇。然而，政府和社会风俗习惯对差异所界定和采取的方法，决定了差异将导致更全面的社会创新，还是导致暴力和排斥。我们应当把文化多样性看作是：它在过去已经存在、现在呈现着更丰富的形式，在将来会成为汹涌的大河[11]。

刘易斯·芒福德（Lewis Mumford）曾指出[12]，"城市文化归根到底是人类文化的高级体现"。他认为："如果说过去许多世纪中一些名都大邑，如巴比伦、罗马、雅典、巴格达、北京、巴黎和伦敦，成功地支配了各自国家的历史的话，那只是因为这些城市始终能够代表他们的民族和文化，并把其绝大部分流传给后代。"

吴良镛指出，广义的城市文化包括：文化的指导系统，主要指对区域、国家乃至世界产生影响的文化指挥功能、高级的精神文化产品和文化活动；社会知识系统，主要指具有知识生产和传播功能的科学文化教育基地，以及具有培养创造力和恢复体力功能的文化娱乐、体育系统等多种内容。狭义的城市文化，指城市的文化环境，包括城市建筑文化环境的缔造及文化事业设施的建设等[13]。

郑时龄指出，城市是人与人、人与自然和谐共生的多元复合体，城市凝聚了人类的创造力和智慧，是人类文明和文化的积淀[14]。

陈立旭认为，城市文化是人类文化的一种特殊的形态，城市文化与农村文化相比较，具有以下特征：①城市文化具有开放性和多样性；②城市文化具有集聚性和扩散性；③城市文化具有利益社会的特征。将城市文化结构分为物质文化、制度文化、精神文化三个层次。这三个层次并不是孤立存在的，而是相互影响、相互作用、相互联系的，共同形成一个浑然有机的整体[15]。

全球化的进程，不仅导致各城市的经济活动（包括资本、信息、技术等）超越民族和国家的界线，在全球城市之间自由流动，而且也导致世界各城市之间文化的快速流动，促成新的文化组合。吉登斯认为，全球化使在场和退场纠缠在一起，让远距离的社会事件和社会关系与地方性场景交织在一起[16]。全球化的力量正在同化世界各国的本土化，并在互联网的推动下，形成巨大的全球城市文化网络。

在全球城市文化一体化的趋势中，城市文化的多样化也日益凸现。这种多样化既根植于不同地域、不同民族、不同国家中多种文化要素的整合程度，也表现为不同城市中市民心理、习俗、行为、服饰，以及建筑、广场、城市格局、城市艺术风格等各个方面的差异，形成城市文化一体化趋势和异质性差异同时存在的演化进程。

不同的地域、不同的民族，因地域环境、社会类型、历史文化等差异的存在，其城市文化有较大的差异，而同一国家、同一民族、同一地域的城市，其城市文化的差异相对较小，但仍然是各不相同的。

张鸿雁指出，城市文化随城市的产生，具有以下五方面的特征[17]：

（1）集中性。在人类文明的历次重要发展阶段中，城市发挥了极其重要的载体、聚合和储存流传作用。人类社会总的发展趋势是城市化，人类的财富、信息、权力，乃至全部生活方式都以城市为中心汇集了起来。这个集中过程使城市文化更具社会化特征，其涵括面越来越广、凝聚力越来越强。

（2）层次性。城市文化可分为三个层次，一是社会意识、制度、宗教等；二是社会生活、风俗、习惯、审美等大众文化；三是前两者的文化在不同层次有其不同的功能和目标，使城市文化具有动态关联的特点。

（3）多元异质性。人作为文化的核心，城市生活具有高度的差异性和异质性，使生存的含义发生了变化，在以商品生产和消费为主的生活中，城市人彼此作为高度分化的角色相遇。

（4）地域性。民族文化和地区亚文化的鉴别无疑与地理上的考虑相联系。城市文化作为一种历史性的过程，由于地理位置、气候条件、生产生活方式的差异，历史地形成了不同的地域文化，不同地域文化具有不同的特色。

（5）辐射性。城市一旦形成，就为人流、物流、财富流、信息流提供了极为便捷的交流场所，不同的文化在城市里得以交流发展。城市文化在交流和发展中呈现着远离传统、趋向共通性的势头，并向城市四周辐射，这已成为城市天然的属性和功能。

文化的深邃内涵和无边的外延，常常使我们置身其中而浑然不觉——从无所不能的人类智慧，到人类动物般的本能；从无尽宇宙的斗转星移，到人类基因中微小的突变。这个世界上的一切，我们看到的、听到的、嗅到的、想到的……认识和不认识的；或者说与人类相关的一切，无一不是文化的体现和文化孕育的结果。文化是人类所特有的吗？从昆虫（如蜜蜂）到大型动物（如海豚），不同的物种都有自己传递信息的"语言"和行为准则，但蜜蜂或海豚是否也有自己的"文化"？也许，了解和认识其他物种的生活方式和行为准则正是人类文化最为奇特的功能之一。尽管到目前为止，并没有突破人类与其他物种之间的意识壁垒。

城市是人建造的，是人类社会生活中人口、权力、文化、财富等在地球表面聚集的节点，是人类将物质、能量、信息与自然环境融为一体并赋予某种精神的聚集节点，是人类社会的延伸，也是人类文明的象征。城市文化具有以下特征：

（1）城市文化是人类文化的一个重要组成部分，也是人类文化的集中体现，城市正成为文化多样性、文化联系和文化创造力的最重要的空间。

（2）城市文化对某一具体城市而言，是伴随城市发展的一个过程，具有这座城市的种种特征（或称之为特色）。

（3）由于文化的广义性，城市文化包含了城市从整体到局部、从社会到个体、从物质到精神的各个层面，城市中的一切均渗透着文化的氛围。

（4）在城市中，人们遵循着该城市的行为范式、习俗、价值观和生活方式，表现为广义的城市文化传承。然而这种文化传承并不是不可更改的，在全球化和现代化的浪潮中，这种文化传承甚至是脆弱的。

（5）对某一具体城市而言，城市文化的差异性、多样性、开放性、地域性等种种特有性质，是城市发展中最为珍贵的和最值得保留、发扬的。这种特有性质与广义文化中的民族、地域、国家等种种文化基调相整合，形成城市文化传承的主流。

（6）对某一具体城市而言，城市文化中特有的文化氛围和文化环境对城市中的人具有强烈的孕育作用，城市文化使该城市中的居住者形成一种特有的气质和行为方式。不同的城市具有不同的城市文化，同样也具有不同的气质和行为方式。

（7）城市文化不仅体现在城市市民的行为和意识上，而且体现在市民所创造的物质文明、社会文明和精神文明上，这些因素交织在一起，构成各个城市不同的文化氛围、风度和特有的气质。

（8）人是城市的灵魂，城市文化表现出城市特有的气质和风度。

1.2　城市系统的复杂性

1.2.1　现代复杂性科学概述

什么是复杂性？据劳埃德（S. Lloyd）统计，在 20 世纪 90 年代中期，已有 40 多种复杂性定义，如香农信息、费歇尔（Fisher）熵、分数维、随机复杂性、复杂适应系统、混沌边缘等，但至今尚没有一个统一的定义。

从词源学角度来看，complexity 和 complex 源于拉丁词 complexus，意思是"使……缠住，使……盘绕"（entwined）、"编织在一起"（twisted together）。complexity 的原意是"（多次）缠绕、（多次）缠结"（twisted）、"编织在一起"。

从哲学的角度看，复杂性是与简单性相对的概念，而且都是模糊概念，是外延没有明确界限的模糊集合。在简单性科学与复杂性科学之间不存在截然分明的界限。在各自典型的对象范围内，简单性与复杂性具有不同的规定性，不可混淆，但在两个集合的交叉过渡阶段，界限是模糊的。

复杂性研究始于 20 世纪 40 年代，贝塔朗菲已注意到系统科学本质上是研究复杂性的科学。韦弗（W. Weaver）提出有组织复杂性和无组织复杂性的区别，把有组织复杂性作为系统科学的研究对象[18]。

西蒙（H. Simon）提出分层复杂性的概念，把等级层次结构与复杂性联系起来，从系统演化的角度讨论复杂性，论证复杂系统的结构是在演化过程中"涌现"出来的[19]。

复杂性建立在多样性和差异性的基础之上，存在着不同意义上的复杂性，不同层次的复杂性定义也各不相同。

普利高津、哈肯等用演化的、生成的、自组织的观点来解释复杂性，认为远离平衡态、非线性关系、不可逆过程是产生复杂性的根源。复杂性是自组织的产物，在远离平衡、非线性、不可逆的条件下，通过自发形成耗散结构。这种自组织而产生出物理层次的复杂性，在此基础上，才可能通过更高形式的自组织产生出生命、社会等层次的复杂性。

盖尔曼（Gellmann）提出有效复杂性概念，认为原始复杂性和算法复杂性不能表示通常理解的复杂性，复杂性研究应同复杂适应系统的研究联系起来[20]。

通常研究中的线性化将研究对象（或研究的问题）简化了，将非线性产生的许多特性（如分岔、突变、混沌等）简化掉了。应当承认确定性系统可能内在地产生随机性，非周期运动也可能是系统的一种定态，非线性、远离平衡、混沌、分形、模糊性等都是复杂性的某种表现，而系统产生复杂性的根源是多种多样的，如开放性、不可逆性、不可积性、动力学特性、智能性、人的理性和非理性等。

生命、社会、思维等领域的复杂性，通常出现在复杂巨系统中，从可观测的整个系统到系统层次很多，中间的层次又不完全清楚；即使各个层次都清楚，整个系统功能也不等于子系统功能的简单叠加。

开放的复杂巨系统无论在结构、功能、行为和演化方面都非常复杂，"开放的"不仅意味着系统与环境进行物质、能量、信息的交换，接受环境的介入与扰动，向环境提供输出，而且还具有主动适应和进化的含义，使子系统之间关系不仅复杂，而且随着时间的变化和情况的不同具有极大的易变性。

钱学森认为，对于开放的复杂巨系统，由于其开放性和复杂性，任何一次解答都不可能是一劳永逸的，它只能管一定的时期。过一段时间，宏观情况变了，巨系统成员本身也会发生变化，具体的计算参数及相互关系都会有变化[21]。

杨永福将复杂性分为结构复杂性、功能复杂性和组织复杂性。如果研究对象的从属性和多样性提高，联结和区别增加，复杂性会随之增加，而且在从属、多样性、联结和区别中，只要有一个特征在某个维度上有所增加，复杂性就会全面增长[22]。

成思危认为复杂科学是系统科学发展的新阶段，系统大于其组成部分之和；系统具有层次结构和功能结构；系统处于不断的发展变化之中；系统经常与其环境（外界）有物质、能量和信息的交换；系统在远离平衡的状态下也可以稳定（自组织），确定性的系统有其内在的随机性（混沌），而随机性的系统又有其内在的确定性（实现)[23]。

姜璐等认为，复杂系统有三个类型，即非平衡系统、复杂适应性系统、开放的复杂巨系统。三类复杂系统均包含着大量的子系统，子系统在组成系统时，在系统整体层次会涌现出新的性质[24]。

1.2.2 关于城市系统的复杂性①

1. 城市系统的复杂性

城市以其巨大的物质积累形式表现为社会的载体，社会的组织机构、人流物流、历史文化的积累等诸多要素，都在这个巨大的物质载体中汇集、融合、发酵、合成，产生出新的不同于原来的物质、能量、信息和社会要素。城市作为一个开放的复杂巨系统，其复杂性主要可从以下几方面来衡量。

1）城市子系统数量巨大、层次众多、关联复杂

城市可以分为若干个子系统，每一个子系统中又包含着许多子系统，具有明显的层次性。包头市1996年人口为100万，商业网点为16 698个，行政区划分为9个区（县），经济类型分为9个类型，隶属关系分为6种，以国民经济行业

---

① 本节曾发表于西北大学学报（自然科学网络版）2003年11月第5期。

划分，仅批发零售贸易业就有 60 个行业以上。城市中的第二、第三产业可以分为多个层次和几百个部门，每一个层次都是一个大类，每一个部门都是一个巨大的子系统。城市系统具有层层叠叠的大系统套小系统，既有串行树枝状结构，也有横向蔓延的网络状、链状、原子结构状的"系统元"，各子系统之间既有统一性，又有非均质性和各向异性，如经济系统、生活系统，实际上都是一种以人的活动和意识作为子系统而构成的社会系统，可算是一种特殊复杂的巨系统[25]。在城市中，各层次之间、各个子系统之间不是独立的，而是一个相互联系相互包容的整体，而城市的每一个子系统（或更小的子系统）、每一个层次、每一种关联都代表着城市的某一个方面。如果将城市中每一个子系统、每一个层次、每一种关联都看作是城市的一"维"，那么，城市就是一个 n 维巨大系统。

2）城市系统生成、发展的演化过程复杂

（1）城市空间形态演化的动态过程。在城市发展演化过程中，城市性质和职能是随时间而变化的，城市用地从功能上具有一定的可置换性，以建筑为主体的城市物质的空间形态，呈现出一种动态的随机变化过程。即城市中的建筑物不断地拆除与重建，形成城市建设动态的、随机的过程。由于城市建设的非均匀性，不可能 n 个面积单元同时建设。在面积单元中，城市微观的物质形态有两种演化方向，即拆除或重建，或者说与原有的物质形态相比较，不是增加就是减少。从很短的时间过程来分析，并不是每一个面积单元都产生涨落，但从城市发展较长的时段上看，每一个面积单元的涨落则是必然的、随机的。可以认为城市中每一个面积单元建设的可能性相同，即每一个面积单元物质形态变化的概率是相等的，呈随机涨落的变化过程。根据随机涨落模型，n 个面积单元就会有 $\dfrac{n!}{n_1! \ n_2! \ \cdots n_n!}$ 种可能的状态[26]。对于某一时刻 t，随机变量（物质形态）的信息熵为

$$S = -\sum_{i=1}^{n} p_i \lg p_i \tag{1.1}$$

式（1.1）与熵并不相同，而是复杂性刻画中的一个度量，即集合复杂性（set complexity）[27]。

（2）城市系统的演化机制。城市作为一个开放的复杂巨系统，其初始条件、区域和城市内部的诸多因素都具有随机性和偶然性，由于社会类型、国家、民族、地域环境等的不同，城市生成发展的条件和过程也不同，形成不同的城市风貌、职能、形态和城市文化。因此，世界上没有也不可能有两个相同的城市，但城市有其共同的本质、特征和内在的生成发展规律，存在着系统构成、功能、信息等方面的自相似性，城市系统内部有自组织的规律性，对外部环境有自适应的能力，当我们做更深入的考察时，可以发现隐藏在深层次中的秩序和结构，是有序与无序的统一。其中，不可逆性和开放性是其重要的性质。城市系统的演化所

达到的不同阶段和进程，对应着不同的性质和规律，有着不同的结构和形态。这些阶段和进程、性质和规律、结构和形态并非都是系统自身演化的结果，而是与更高层次的系统和并列的其他系统相互包含、相互生成、相互制约、相互影响的结果。每个层次的不同系统或每个系统的子系统在演化过程中均具有不同的尺度、方向和速度，从而形成了城市系统演化的多样性和复杂性，形成了城市系统新的结构、形态、功能、性质涌现过程中的多样性和复杂性，形成了难以整体描述的多种演化机制。

2. 城市系统与外部环境之间关联复杂

1) 城市是自然-社会-人工环境的关联系统

城市是一个开放的系统，城市的生成、发展都是建立在与外界（或一定区域）相联系的基础之上的，是一定区域内能量、物质、信息的聚集和淀积，也是人类社会生活中人口、权力、文化、财富等在地球表面聚集的节点。城市系统每时每刻都与所处的自然环境、社会环境、工程技术环境发生着千丝万缕的联系。城市不仅是个容器，而且是一个形态和结构不断变化的"核反应堆"[28]。当外部的能量、物质、信息不停地输入城市这个"反应堆"中，引起城市内部能量、物质、信息不停地振荡、涨落和激化，生成新的能量、物质和信息，并向外部系统输出和辐射。城市越大，需要与外界交换的物质、能量和信息就越多，其聚集和辐射能力就越强，这种交换量的大小是城市生命力强弱的标志之一。

2) 不同地域的不同关联形态

在社会经济高度发展的条件下，特定的区域与城市的二元结构将进一步弱化，如我国长江三角洲和珠江三角洲等人口密度和城镇密度高的地区，城市与外部环境的众多关联使它们在一定程度上融为一体。这个特定区域不再是城市发展的背景，而是由多个城镇群组成的由各类网络相连接的庞大的发展实体，更突出地体现城市就是区域，就是区域的一个组成部分这个事实。在世界经济一体化的进程中，一个区域与其他区域如同一座城市与其他城市一样，表现为新的以经济实力为基础的竞争与合作的关系。这个特定区域逐渐成为一个活生生的、高效运转的城镇组合体，表现出经济及各产业相互关联性，社会生活水平与节奏（包括乡村与城镇）的一致性，生态环境整体性，文化需求同步性，成为社会经济的巨大载体。

在中国西北地区，自然环境恶劣，生态环境脆弱，城市发展过程与生态环境变迁有着复杂的关联性，自然生态环境不仅是城市发展的背景，而且是城市生成、发展和衰亡的重要因素。在西北地区城市发展史上，许多城市因生态环境退化、变迁而衰亡。城市空间分布与生态环境的优劣直接相关，依托于绿洲、河谷川地、少数河谷平原和黄河灌区，形成西北地区特有的城市规模结构和空间分布结构。城市发展就是一个与自然生态环境协调发展的过程，就是生态资源、水资源永续利用的过程。从本质上看，西北地区城市及人类社会发展在多重时空尺度上与自然生态环境变迁有着多维度的耦合作用。较长时间的耦合作用，改变了土地地貌、使用性质和地表覆盖，也改变了绿洲、河谷川地的生境和动植物种群，使绿洲、河谷川地成为自然因素和人文因素交织的综合体，成为城市及社会生存的可变因素。但是，这个可变因素与城市及社会同样有着动态发展的不可逆性，有着与城市及社会的多层面复杂关联的自组织过程，使城市系统与外部自然生态环境系统呈现出一种唇齿相依的关系。

3. 城市系统复杂性的根源

1）城市变迁的人本动力

城市是人创造的，人是城市的灵魂[29]。城市是人类社会的组成部分，是人类将物质、能量、信息与自然融为一体并赋予某种精神的开放的复杂巨系统。城市存在的过程就是一个社会流动变迁的过程，即城市是一个从未停止过变迁的社会[30]。这种社会变迁主要表现在四个方面：①社会成员分层方面，即阶级结构、职业结构、社会组织结构及相关机制的变迁；②社会成员规范层面，即制度、规范、习俗、礼仪及传统等；③社会主体价值层面，如价值观与价值取向、行为取向、动机及交往关系等；④社会成员结构变迁，包括人口数量、质量、构成的变迁等。这些因素和层面在城市有限的空间范围内聚集和交织，表现为多种形态的、多尺度的变迁过程，构成城市社会复杂性的基本特征。

2）城市变迁中的人-社会系统

人体是开放的复杂巨系统，人的复杂性与社会的复杂性交织在一起，构成复杂的人-社会系统。在城市中，人是最大、最活跃、最复杂的随机因素，也是整个城市系统及各个子系统之间共同的、无时不在的随机层。城市系统与人-社会系统有内在的本质联系，一方面城市是人建造的系统，是人类社会系统的组成部分；另一方面，城市与社会的相互包含，城市与自然环境的相互包含，使城市中的居住者从一出生就受到城市及社会、自然的影响，城市的结构与形态、历史与文化、自然环境与生态特征，无声无息地孕育着居住者，赋予居住者特有的某种精神特征。城市对社会的进步意义不仅在于社会经济发展中的聚集效益，而且在于所发挥的社会中心功能，该功能推动着整个社会的发展。城市是社会的权力中心、经济中心、文化中心和科学中心，新的政治体制、制度规范、价值观念和科学技术几乎都是在城市中产生的。

3）城市的生命周期

城市是"人工生命"，有其生成、发展、衰亡的规律，这个规律表现出人类社会发展的种种特征，也是人类社会不平衡动态发展过程的集中体现。在城市系统的演化中，低一级演化的方向总是受高一级演化的控制，即城市子系统的演化方向受城市大系统的控制和引导；而城市本身是人类社会组成部分，城市整体的演化方向，也同样受人类社会这个系统的控制，表现为在不同的社会阶段，城市具有不同的性质和职能、不同的形态和结构等。城市系统演化与社会系统演化的本质联系在于：城市既是社会发展不断涌现的新的结果，又是社会发展不断追求的新的目标。

人-社会系统对城市系统的主导作用，正是城市系统与人-社会系统的本质联系。城市系统也是一个复杂适应系统。城市系统和各子系统具有了解其所处的环境、预测其变化、并按预定目标采取行为的能力。正是城市系统与人-社会系统的本质联系，使城市系统的开放性与外部环境的耦合机制、城市系统内部自组织和非线性反馈等共同作用，促使城市新的结构、形态、功能和性质在宏观尺度上的涌现，使城市系统具有自适应能力，并有对其层次结构和功能结构进行重组和完善的能力。

4. 城市系统复杂性的特征

作为开放的复杂巨系统，城市的复杂性主要表现在子系统数量巨大、层次众多、关联复杂，城市的生成、发展、衰亡过程复杂，城市系统与外部环境之间的关系复杂，以及城市与人-社会的复杂的本质联系等诸多方面，图 1.1 是对城市系统复杂性的表层解释。

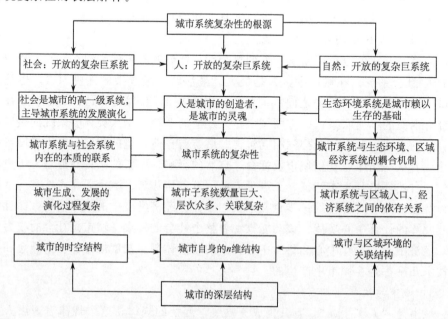

图 1.1　城市系统复杂性的表层解释

　　城市系统复杂性的基本特征为：①交织，存在于城市子系统之间，城市各个层次之间，城市外在物质与城市精神内涵之间，城市的创造者（人）与城市系统之间，城市系统与城市社会、经济、生态环境、文化、历史等相关系统之间；②独特，不同城市生成、发展的环境与机制不同，不同城市生成、发展的时空过程不同，不同城市的遗传密码也不同；③超越，有界的城市与无界的城市文化，有形的城市和无形的城市遗传密码，有限的城市实体与无限的城市精神内涵。

　　城市系统的复杂性并不简单地在于其是否具有众多的子系统和层次性（众多的子系统和层次性只是复杂系统的基本特征），关键在于人、社会与城市的关系复杂、城市与自然生态环境的耦合机制复杂。这种复杂关系表现为城市每一层次的综合程度、各个层次的综合程度、相关因素之间的涨落等动态机制，以及城市与外部环境的复杂联系。

1.2.3　城市与居住者的互动机理

　　雅各布斯（J. Jacobs）认为，我们研究城市，就是研究它在最复杂和强度最高的形式中的生活。正因为如此，一开始就在美学方面存在着一个基本原则：大城市永远不会是一件真正的艺术品……城市设计者应该回到一个能够兼顾生活和艺术的方法上，使之成为城市生活的象征，并使其内部有清晰的秩序。

　　吉伯德（F. Gibberd）指出，人也是城市设计的素材，人将生命的活动带到静止的城市景色中。虽然就人本身来说是不能设计的目标，但是穿着丰富多彩的人群是一种最美的景色，比如在露天咖啡座上的夫妇，电影上演前的人群，就是这种特殊的、重要的景色。人群是壮观的艺术，城市设计者不能把人群安排到有组织的构图中去，但必须认识到这是城市画面中的重要的视觉因素，在进行城市设计时永远不应被忽略[31]。

　　齐康认为，在一座城市里，由于历史和生活环境的影响，我们会发现人们有共同的兴趣、爱好、理想、事业心理和价值取向。这种共同价值观和意识是造成社会群体结合和存在的思想基础，共同的认同感、归属感就来源于这种价值意识[32]。

　　由于种种不同和特殊的观念，具有象征作用的建筑文化，有一种被心灵感受的魔力，有的甚至具有一定的超现实性，这会使城市的建筑观念不仅有物质文明的一面，更有精神上的深层思维。一种意义、一种互动、一种对抗，在不同的时期总是会产生的，达到认同又需要一种普遍认同的价值观。

　　迪特马尔·赖因博恩（Dietmar Reinborn）认为，城市的居民和访问者使用城市，包括城市的建筑物、公共空间及其艺术和社会设施。这种"占有"城市的行为受到城市现状的影响，居民也在影响着他们周围的环境[33]。一个城市中运动的元素——特别是人类和他们的活动——和那些静态的物质元素具有同样重要的意义。我们并不只是一出戏剧的观众，我们自己也在参与演出，也在和其他演员一起在舞台上运动。

城市与社会的相互包含性、城市与自然环境的相互包含性，使城市中的居住者一出生就受到城市及其社会、自然的影响。城市的结构与形态、历史与文化、自然环境与生态特征，无声无息地孕育着居住者，赋予居住者某种精神特征。

城市有人类文化积累、传播的功能。城市作为一定区域内的文化中心，是社会文化、民族文化、历史文化的集中体现，是积累、保存前人文化成果的重要载体，也是教育人、培养人的场所。从古代的国子监到私塾、现代的科学院到各类学校，无不是知识积累、创新和传播的场所。正是人类文化的积累、创新和传播对城市居住者的孕育和影响，才得以形成今天的社会与城市、科学与文化；才得以形成人类反思自身的认知能力和超越现实的智慧；才得以形成新的思想、新的哲学理念和新的精神境界。"毋庸置疑，我们的确是由我们与这些环境的关系内在地构成的。但是，在任何时刻，我们又都在依据自己的愿望、目的、意义和价值从这些关系当中创造着我们自己。"[34]正是通过城市和居住者的相互包含，以及城市文化的积累与创新，人类通过城市改变自身的物质结构和精神结构，以塑造新的生命形式。

人是城市的灵魂，是不受城市束缚的生命体，有着认识、理解周围客体及自我反思的能力。居住者时刻受到城市环境的影响，又时刻反思着自身与城市环境的关系，以其居住的城市与其他城市进行比较，并比较城市的过去与现在，憧憬城市的将来，由此产生改变城市现状的愿望、目标、动力和行动，形成城市与居住者的互动作用。

城市与居住者的互动作用是具有时空统一特征的连续过程。城市的居住者受城市的结构与形态、历史与文化的影响，同时主动改造和建设城市，以形成城市新的结构、形态和文化，城市新的结构、形态、文化又影响着新的居住者（或下一代居住者）。城市与居住者之间连续不断地互动过程，使城市具有新的、时代感的结构、形态和城市文化，同时也孕育着城市中一代又一代的居住者[35]。

城市与居住者的互动作用是一个较为复杂的过程，居住者个人面对城市这个巨大系统是无能为力的，然而，居住者并不是一盘散沙，居住者对城市的能动作用正是通过社会这个更为巨大的系统来发生作用的。皮埃尔·布迪厄（Piorre Bourdion）在论述社会结构时认为，每个人对世界都有一种实践知识（practical knowledge），并且将其运用于他们的日常活动之中[36]。也就是说，社会的结构是由客观结构和个人日常活动中的实践知识共同作用的。城市社会正是众多居住者得以表达自己意志的舞台，尽管这个舞台有很多层次和场景：从市长到平民，从金融巨子到乞丐，从科学院院士到文盲……从政府办公大楼到平民住宅，从豪华别墅到贫民窟，从规模巨大的 CBD 到巷子里的小商店……所有这些不同层次的居住者和生活场景，无不通过社会组织这个更为巨大的系统来表现自身的价值，同时也表现为对城市历史与文化、结构与形态的认可，表现出自己（或阶层）对城市发展建设的愿望。这种认同和愿望，正是通过社会组织的功能和作用加以归纳和修正，成为改造和建设城市的目标与计划（规划），成为有组织的社会行动和实施（建设）过程，形成城市新的结构和形态、精神和文化。

1.3　城市设计的定义、内涵和渊源

1.3.1　城市设计的定义和内涵

王建国认为，城市设计意指人们为某特定的城市建设目标所进行的对城市外部空间和形体环境的设计和组织[37]。正是城市设计塑造的这种空间和环境，形成了整个城市的艺术和生活格调，建立了城市的品质和特色。

阿里·马达尼普认为，尽管当代城市设计的理论和实践积累了大量成果，城市设计的理论研究还有很多方面有待统一，如城市设计的研究规模和研究对象、城市设计应该关注物质空间还是社会内涵、城市设计的专业定位等[38]。

迪特马尔·赖因博恩等认为，对于"城市设计"这个概念，目前还没有一个标准的定义。从历史上看，城市设计的概念是从"城市建设艺术"（主要是指建造全新的城市设施及城市的扩建）这个概念发展而来的。直到 19 世纪末在卡米诺·西特的《城市建设的艺术原理》（1889）及约瑟夫·施塔本的《城市建设》（1890）这两本书的书名中才第一次出现了"城市设计"这个概念。城市设计包括城市的总体规划至细节设计的不同层面的概念，以及从抽象到具体的规划的描述。在内容上，城市设计也包括了很多方面，从建设场地的安排、确定具体服务设施（线状及点状的基础设施分布），直到绿地和空置场地的布局。

格尔德·阿尔贝斯（Gerd Albers）认为，自卡米诺·西特和约瑟夫·施塔本提出城市设计的概念之后，自 1920 年起，出现了另外一个概念——城市规划，不过，在"城市规划"与"城市设计"之间并没有划定明确的界限。由于认识到现有的城区也需要规划，而不仅仅局限于对住宅的改造，也涉及城区功能和结构的调整，因此，又出现了"城市更新"这个概念，并将其作为城市设计的一个重要的组成部分。《不列颠百科全书》中解释城市设计的主要目的是改进人类的空间环境质量，从而改进人的生活质量[39]。

凯文·林奇认为，应该把城市设计看成一个过程、原型、准则、动机和控制的综合，并试图用广泛的、可改变的步骤达到具体的、详细的目标。城市设计是一门几乎未开发的艺术，一种新的设计方法和新的看待问题的观念。有一些成熟的城市典范是把过程和形态结合起来，将会对城市设计大有裨益。但是，这些典范和理论的创立一定要有足够的独立性，而且一定要简单，才能在城市设计的指引下，在形成过程中不断地重塑目标、重新分析、重新确定各种可能的空间。

凯文·林奇归纳了城市规划学者对城市的看法[40]，提出了以下并不总是相互独立的观点：①城市多因大都市的多样化、新奇性、生动性和高度的相互作用而受到人们的喜爱；②城市应该表现并加强社会和世界的本质，最重要的是象征意义、文化内涵、历史渊源和独特的风格习惯；③当前对城市职能的合理清晰的表述是基本的范畴，人们喜欢把城市当作一个巨大的、复杂的、趣味性的专用工具；④城市是获得权利与利益的工具，是人类掠夺、占有、分配资源的竞争场所；⑤城市实质上是一个受到人们控制的不断发展变化的系统，其主要因素是市场、职能、空间通信网络和决策过程。

Gerald Gane 认为，城市设计是研究城市组织结构中各要素间相互关系的一级的设计。城市设计在实践上并不能作为与建筑、风景建筑及城市规划截然分开的一种设计，从成果看，最好将其作为前二者的一部分来实践；从程序看，则可作为后者的一部分。

F. 吉伯德认为，城市设计是城市美的设计，城市设计的词义与城市规划绝不是一样的。一方面，有很多城市规划人员不是城市设计者；另一方面，有很多城市设计人员对城市规划不大了解。城市规划工作的三个阶段（调查研究、规划和实施）包括很多专家的活动，如社会学家、地理学家、经济学家，他们从事城市规划工作，却永远不需要研究美感的问题。城市设计与我们所看到的城市景色中的每一件事物有关，所以它基本上是脱离了规划范畴的。

E. N. 培根认为，城市设计主要考虑建筑周围或建筑之间的空间，包括相应的要素，如风景或地形所形成的三维空间的规划布局和设计。城市设计与有限的（或被限定的）室外空间有关，因而涉及城市规划、建筑、土木工程、风景设计和行为科学[41]。丹下健三认为，城市设计是在认知的生理需求和心理感受的基础上进行的环境设计。

埃里希·屈恩表述的最为中肯：城市设计在需要讨论时间和未来的问题时，是世界观的表达；在需要塑造形式的时候，是艺术；在需要贯彻执行的时候，是政治；在需要进行研究时，是科学。

郑时龄认为，城市设计就是塑造城市的未来，通过提炼城市文化、设计物化环境、创造城市生活方式，从而提高城市生活的质量。城市设计不只是形态设计，不是介于城市规划和城市建筑之间的环节。城市设计是宏观构思与城市发展的实现，是对宏观理念的具体推进。

吴良镛认为，《马可比丘宪章》中明确指出"规划过程包括经济计划、城市规划、城市设计和建筑设计四个部分"，城市设计既是一个相对独立的学科，又是"从土地利用和交通规划到建成城市环境这个规划全过程中的组成部分，城市规划上的许多决定最终都与城市设计相关"。城市设计是对城市环境形态所做的各种合理处理和艺术安排，它并不仅仅局限于详细规划的范围，而是在城市总体规划、分区规划和详细规划中都有所体现[42]。

　　齐康认为，城市设计包含以下几重意义：①城市设计是一种思维方法，是整体而辨证的；②城市设计是一种对城市时空结构中节点的分析；③城市设计是对城市综合技术的设计；④城市设计要特别注重城市交通道路的组织；⑤城市设计是对整体关系的综合艺术的表现。

　　陈为邦认为，城市设计是对城市体型环境所进行的规划设计，是在城市规划对城市总体、局部和细部进行性质、规模、布局和功能安排的同时，对于城市空间的体型环境在景观关系艺术上的规划设计。

　　许溶烈认为，城市设计一般指对城市地区所进行的综合环境的设计[43]。

　　余柏椿认为，城市设计是以城市建筑外部公共空间环境为对象，以人为主体，以整体效应为原则，以建立城市良好形体秩序和提高城市环境质量为目标，融于城市规划和建筑设计之中的思维方式及设计和管理原则[44]。

　　徐思淑、周文华认为，城市设计是城市规划和建筑设计的桥梁，是从城市整体出发，具体地对某一城市、某一地段、某一街道、某个中心、某个广场所进行的综合设计[45]。

　　郑正认为，城市设计是研究城市三维物质空间形态塑造的学科。实际上，它还必须是将时间要素一并考虑，因而也可以说是研究四维空间形态的塑造。

　　邹德慈认为，城市设计是一种需要多学科（包含社会科学）、多专业参与进行的综合环境设计。就一个城市而言，它可以是一种整体性、轮廓性的设计，范围可达整个城市；也可以是局部性的，具体到对一幢建筑物的四邻空间进行精细的设计。

　　王凤武认为，城市设计是将城市规划、建筑和景观专业的某些方面融于一体的专业领域。在城市规划领域内出现重视城市设计的倾向，其原因在于城市规划往往不考虑城市的外观、城市空间的尺度和美感，但大多数规划师认为城市设计只能解决城市的外形问题，不可能解决社会和经济问题[46]。

　　张京祥认为，城市设计绝不是单纯的形体设计，而是城市形象的全方位设计：①设计城市整体文化氛围；②设计城市物质形体空间；③设计城市形象形成运作机制[47]。

　　郭恩章等在对美国现代城市设计考察后认为，城市设计为应用性的多学科综合领域。它的内涵与城市规划、建筑学、风景建筑学密切关联，而且还延及社会学、经济学、生态学、环境心理学、法学和城市管理学等学科。城市设计是这些相关学科在城市物质环境设置、使用和体验这一结合点上的综合体现。现代城市设计的理论基础，除了传统的环境视觉理论外，还有空间行为-环境心理学等。应用于城市设计的环境行为-心理研究，把人与环境视为一个统一系统。城市设计也是一种社会干预手段，政策性较强，其重要组成部分往往体现为公共性的行政管理过程，如制订公共政策、进行建设管理等[48]。

孙骅声认为，城市设计是规划师、设计师调用多种手段，为市民创造高质量的综合环境所做的设计[49]。所谓多种手段，包括规划设计手段，如对市民的使用、停留与交往，交通及活动路线，街道广场与绿化，整体与局部的景观，建筑物的组群关系，声光热与小气候；建筑设计手段中的室内外空间的结合，空间组合与建筑造型，色彩与质感的运用，光影及明暗的安排等；艺术和美术手段诸如对协调与对比、主体与陪衬、高潮与低潮、韵律与节奏、典型与一般，以及透视与错觉的运用，对雕塑与壁画的布置和创作等；其他方面包括广告与路标、天然光与人工光的利用等。所谓高质量，是指通过多种手段设计出来的城市环境，达到满足使用功能及精神功能的需求，使市民与环境具有融洽协调的关系，保持和发展城市的优秀风貌，局部环境与整体环境相得益彰，各实体构成部分（建筑、绿化、街道、广场、雕塑、建筑小品等）的关系比较协调合理并有特色，能够吸引人。所谓综合环境，是指城市环境不仅是实体环境，还包括实体与空间及自然相结合的环境，甚至包括不同时间和季节下的环境等。

庄宇认为，城市设计是基于提高和改善城市环境质量和生活质量的目标，对城市形态环境进行的综合性设计；城市设计是在客观现实的理性分析基础之上，对各种层次的形态环境进行创作性设计，并形成相应的政策框架，通过对后续具体工程设计（包括建筑设计、环境设计及市政工程设计等）的作用予以实施，是一种"二次设计"的过程[50]。

金广君指出，城市设计以城市形体环境为研究对象，并基于这样的假设：尽管城市规模庞大、内容繁杂，但仍可以是被设计的，其发展变化也能够被人左右。只有经过良好设计的城市，才能满足人们各种各样的活动需要，才有适居的生活环境[51]。

扈万泰提出，动态城市设计是一个过程体系，其构成内容不仅包括城市设计方案，而且包括城市设计的整个运作机制体系和城市设计方案动态维护与循环反馈机制，其中的初始设计方案只是动态城市设计整体的一个局部。按照动态城市设计的理论框架，城市设计运行体系模型由三大部分组成，即城市设计方案体系、城市设计运行机制和城市设计动态维护与循环反馈机制[52]。

刘宛指出[53]："到目前为止，学术界内部对'城市设计'这个词语的使用也常常在多重意义上来回逡巡，有时候它指的是一种概念，有时候又指实践过程本身。在对这个词汇的使用中，可以看到对城市设计多种多样的认识和理解：一种理论、一种概念、一种思想、一种意识、一种学科、一种政府管理行为、一种实践方法、一种设计手段、一个设计阶段……理论的研讨因为缺乏一个基本的概念平台而难以深入。当我们坐在一起讨论城市设计的时候，很可能各自谈的根本不是一码事。"

　　综上所述，一百多年来，随着城市的建设和发展所发生的巨大的变化，城市设计的理论与实践也在不断适应着这种变化，但城市设计的定义、范围界定、内涵等，尚没有一个准确的理论。而城市设计对城市未来环境景观的塑造功能、城市设计的改进、优化和提高城市生活质量的目的性却是不言而喻的。城市设计之所以难以有一个准确定义，其根源在于城市系统的复杂性，作为开放的复杂巨系统的不可逆的演化过程，以及尚未有一个较为完善的学科体系。城市设计学的基本框架如图 1.2 所示。从城市设计与城市系统、城市空间环境、社会生活、城市居住者之间的关系来分析，城市设计应具有如下的定义：

图 1.2　城市设计学框架

　　城市设计是以城市物质形体和空间环境设计为形式，以城市社会生活场所设计为内容，以提高人的生活质量、城市环境质量、景观艺术水平为目标，以城市文化特色展示为特征的规划设计工作。

1.3.2　城市设计的渊源

1. 古希腊与古罗马的城市设计

　　1）古希腊
　　古希腊是欧洲文明的发源点，公元前 800 年至公元前 750 年，古希腊人在希

腊本土和海外纷纷建立以城市为中心、包括周围农村在内的众多奴隶制小国，称
为城邦或城市国家。古希腊人在城市精神、文化、艺术、体育等领域的广泛开
拓，与东方用高墙围起的、整齐划一的庞大都城相比，古希腊城邦具有规模较小
和房屋低矮的特征。古希腊哲学家亚里士多德在描述一个城市或城邦（polis）的
理想规模时指出，少于 1 万人的城市不足以形成可以生存的政治整体，而多于 2
万人时则难以控制。早期的古希腊城市，住宅是小的立方体，街道只是作为窄小
的交通空间，广场是集会的地点，以后变成了市场和闹市区（图 1.3）。古希腊
时期强调的有限性就是永远不企图以城市和建筑去压倒大自然，相反，是要表现
大自然本身的优美，把大自然作为组成城市的要素。城市本身处于整个自然背景
之中。古希腊建筑的群体和细部都是以人体作标准的，建筑师将其称为"尺度"。

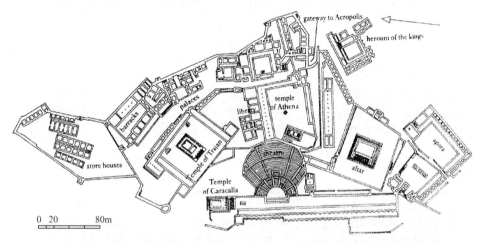

图 1.3　密细亚的古代希腊城市帕加蒙，现为土耳其的贝尔加马镇，图为 2 世纪时的
　　　　情况；它是希腊化时期最美丽的城市之一，也是当时城市规划最优秀的样板[54]

　　古希腊城市的设计思想是，城市的面积大小是有限的，在视觉上是可以理解
的，在政治上是可以控制的。当一个城镇达到了它的最大规模时（这在很大程度
上决定于周围农田所能提供给城市居民的食物的能力），它的发展停止了，于是
一个新城镇在另外的合适的地点开始建设（通常在距旧城不远的地方），这个新
城被称作"新城邦"（neopolis）；于是原先的城镇便被称为"旧城邦"（palepo-
lis）。所以古希腊的建筑师有充分的机会在各处建造完整的城市。

　　古希腊城市的设计思想来自长期的实践经验和观察。生活于公元前 5 世纪的
规划建筑师希波达姆斯（Hippodamus）做出了贡献，例如，他规划的港市 Mile-
tus 是希腊城市设计思想的代表。城市平面由方格形街道网组成，在方格形的中
间分布了一些广场。在港口周围有一些码头，主要广场布置在港口旁。一般说
来，希腊城市是由一系列矩形街区和小空间组成的，城市由内向外发展，以陡峻

的山坡或河岸结束。

2）古罗马

一般认为，古罗马城市文化的基石主要来自古伊特鲁里亚文化与古希腊文化。前者给古罗马城市设计带来了宗教思想与规整平面；后者使希腊化时期希波达姆斯式城市设计原则在古罗马城市中得到了进一步的运用和发展，并同时吸收了非洲、亚洲等城市的先进做法。在城市设计艺术上，古罗马城市更强调以直接实用为目的，而并非是为了纯粹审美的艺术追求。城市设计的最大贡献是城市开敞空间的创造与城市秩序的建立。他们将古希腊广场自由、不规则、多少有些零乱的空间塑造为城市中最整齐、典雅、规模巨大的开敞空间，并娴熟地运用轴线系统和透视手法建立起整体壮观的城市空间秩序。

古罗马城市设计的最成功之处是不再强调和突出单体建筑的个体形象，而是使建筑实体从属于广场空间，扩展到照顾其与其四邻建筑的相互关系。因此，即使是在古罗马城市中心最密集和巨大的建筑群中，也可以通过空间轴线的延伸、转合及连续拱门与柱廊的连接，使相隔较长时间修建的具有独立功能的建筑物之间建立起某种内在的秩序，并使原本孤立的城市空间形成为一连串空间的纵横、大小与开合上的变化。古罗马城市空间设计方法与建筑群体秩序的创造成为后世城市设计的典范。

古罗马城市设计的指导思想是体现政治力量和组织性，利用一组比例关系，使建筑本身的各组成部分达到相互协调，而不需要人的尺度。在这个比例系统中的基本长、宽、高的量称为模数。在古罗马的城市中选择的是另一类模数，是城市的基本型，即以军事政府要求的整个街道形式为基础。强调街道布局的古罗马人引进了主要和次要街道的观念。两条主要街道以直角相交时称作"轴"（cardo）和"节"（decumanus），并将城市分为四个区，如图 1.4 所示。这种设计系

图 1.4　古罗马北非城市提姆加得城
平面图，公元 1 世纪[54]

统是组织建筑物的骨架。公共集会场所有剧院、竞技场和市场，作为附属于街道的因素处理，而不是作为纪念性的形象。

2. 中世纪的城市设计

中世纪兴起的市民阶级创造了一种新的城市历史与城市文化，给人以明确的

造型感，即使是最小的城镇，由于其弯曲的街道也具有丰富而细致的视觉和听觉效果。弯曲的街道排除了狭长的街景，由于城市小和具有人的尺度的连续性，不会使人感到单调乏味。

中世纪城市设计的特点是，一个建筑物的立面通常与左邻右舍都发生关系，作为一个孤立的实体与周围无关的情况是很少的（图1.5）。城市设计的要素包括：住宅和花园、广场、教堂、公共建筑，以及最重要的街道。虽然中世纪城镇的平面图常常表现为毫无逻辑的迷宫形式（因为它缺乏几何形状），实际上街道布置是必不可少的。早期的中世纪城市没有街道的分类，因为没有需要。当城市扩大、交通种类增长以后，由于不同的交通要求建立了相应的街道形式。从城门到中心广场的街道有直接、方便的路线；通至住宅的街道是较窄的和较规则的，常常是尽端式。

图1.5　德国小城洛顿堡，它完整保留了中世纪形式的名城，是典型的童话世界[54]

3. 文艺复兴时期的城市设计

文艺复兴指发生在14~16世纪欧洲（主要是意大利）的新兴资产阶级反对封建文化的运动，涉及文学、艺术、宗教、科学和哲学等各个方面。文艺复兴的核心是人文主义，它提倡人性、人权、人道，反对禁欲主义、蒙昧主义，提倡科学、理性，主张个性解放。

在建筑和城市设计领域，人文主义的特点之一是建筑师和人文学者、哲学家、音乐家及艺术家们紧密结合在一起，普遍提高了设计师们的文化和艺术修养，对于建筑学和城市设计艺术水平的提高有着巨大的推动作用，某些建筑师本身就是学识渊博的学者和底蕴丰厚的艺术家。人文学者们重提古希腊哲学家普洛塔高瑞斯的格言——人是万物的尺度，阿尔伯蒂等著名建筑师重新确定了建筑与城市空间的比例和尺度，尤其是 15 世纪透视法的出现进一步导致了新的空间关系概念的建立。

1) 文艺复兴初期的城市设计

文艺复兴时期出现了许多星形的理想城市设计，城市内部出现了展宽的街道，并划分为商业、手工业等分区，同时城市交通、卫生等设施开始改善，反映了当时建筑师们的人文主义理想。威尼斯以北的帕尔马诺瓦城（Palmanova）是一座星形的文艺复兴式城镇（图 1.6），1593 年为索卡莫齐（Socamozzi）所建。该城所有的街道，不管其使用目的和在规划中的位置如何，宽度都是 14m。与中世纪城市不同的是，这些尺度主要不是由使用决定的，而是在很大程度上取决于形式上的考虑。城镇的广场也是如此，该城的大广场由于采用了几何构图，面积达 30 000m²，比锡耶纳城中的坎波广场大 1 倍以上。

图 1.6　意大利帕尔马诺瓦城

文艺复兴时期在古希腊、古罗马的基础上对城市广场和建筑群的设计提出了更为详尽的设计法则和艺术原则，并在实践的基础上推进了理论，为后世以视觉美学为原则的学院派奠定了基础，如广场的高宽比例、雕像的布置、广场群的组织与联系等。这些法则与原则对后世城市空间设计具有很高的实用价值。

2) 巴洛克时期的城市设计

在城市设计领域，早期文艺复兴只是对中世纪城市进行了十分有分寸的、恰到好处的修改，扩建了广场并新建了部分建筑群。真正对西方城市设计产生决定性影响并改变其城市格局的，则是 16 世纪以后的巴洛克城市设计。

巴洛克城市设计有着明确的设计目标和完整的规划体系，是当时几何美学的集中反映。在城市设计中，巴洛克的典型做法就是彻底打破西欧中世纪城市自然、随机的城市格局，代之以整齐的、具有强烈秩序感的城市轴线系统。宽阔笔直的大街串起若干个豪华壮阔的城市广场，几条放射性大道通向巨大的交通节点，形成城市景观的戏剧性高潮（图 1.7）。在当时城市生活的背景下，贵族们的享乐需要及轮式马车的出现，催生了宏伟的城市轴线和城市大街。沿着笔直的大道，马车飞驰而去，不但快速便捷，而且带来了一种特殊的乐趣。它使人们享受到在城市中快速前进时的刺激和快乐，巴洛克城市设计就是为当时新贵们的生活提供一种前所未有的城市体验，这种极端戏剧化的形式与效果正好迎合了当时君主与教皇们的心理需求。巴洛克城市设计对后世产生了非常深刻的影响，那种豪华铺张及壮观的城市构图对大多数统治者们产生了很大的吸引力。

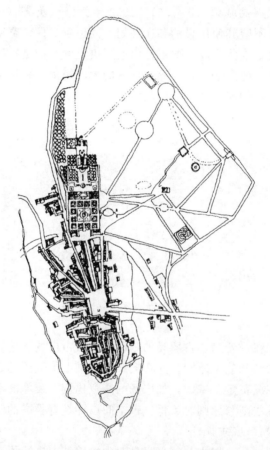

图 1.7　典型的意大利小村镇，入口处是一个广场，然后是向各处去的路，房子是
广场和街道之间剩余空间里的物质，小镇的上端是著名的兰特别墅。文艺复兴的
规则与中世纪的自由衔接得非常和谐[54]

4. 近现代城市设计理论

19 世纪工业革命给社会发展带来巨大变化，机器化大生产对于劳动力的需

求引发了人类历史上最大规模的人口迁移。人们从农村涌入城市，城市规模急剧扩大，城市数量急剧增多。火车、汽车、轮船等现代交通工具的产生，又进一步加速了城市扩张的进程，同时也改变了城市的结构布局。车站、码头等交通枢纽周围成为新的城市中心。城市中出现了工业厂房及仓库等新的用地形式。城市各项基础设施开始兴建和不断完善，路灯系统、下水道系统、公交系统，特别是地铁系统，如雨后春笋般在各大城市中出现。

在城市设计领域，一些社会改革家、规划师、建筑师也在针对大城市中存在的种种问题进行研究，力图通过改造大城市的物质空间环境来解决社会问题，提出有关理想城市的各种设计模式。

1）霍华德与"田园城市"

霍华德（Ebenezer Howard）是 20 世纪城市规划史上最具影响的历史性人物，他的《明天——一条通向真正变革的和平之路》（后改名为《明日的田园城市》），以对城市问题的超乎常人的关注和责任感，改变了城市发展的历史进程。

霍华德认为，维多利亚时代的城市虽然到处充斥着贫民窟，在许多方面都不堪忍受，但不可否认，它还是充满了经济活力和机会。农村虽然有大自然清新的空气，但由于农业经济萧条，缺乏吸引力，因此也不能满足人们的各种需要。据此，他提出建设一种新型的"田园城市"，把农村和城市的优点结合起来，并用这一系列田园城市来形成反吸引体系，把人口从大城市中吸引出来，从而解决大城市中的种种问题。

霍华德对田园城市的规模、布局、空间结构、公共设施等都做了详细的规定。总的来说，他是用"疏散"的方法以求达到"公平"的目标，使得"城乡协调、均衡发展"，并通过"人类向自然的回归"，最终建立新型的、良好的社会经济关系。

2）戛涅与"工业城市"

1917 年法国人戛涅（Tony Ganier）发表了《工业城》，认为工业应在城市中起决定性作用，按照工业生产规律，各工业部门应该集聚在一起相互协作。在戛涅的设计方案中，他把一个不大的城市同一大群工业部门结合在一起，这些工业部门包括铁矿、高炉、炼钢厂、锻压车间、造船厂、农机厂、汽车厂和许多辅助设施。这些工业企业布置在一条河流的河口附近，下游还有一条更大的河道，可以用来进行水上运输。城市的其他地区与工业区相隔离，布置在一块日照良好的高地上。工业区和居住区之间有一个铁路总站，与铁路总站相邻的是旅馆、百货商店、市场等公共建筑。

戛涅的工业城布局是依据工业生产的要求而定的，而且首次把不同的工业企业组织成若干群体，对环境影响最大的工业，例如高炉，尽可能远离居住区，而让纺织厂靠近居住区。他把城市中各种用途的用地划分得相当明确，使它们各得其所。

3）马塔与"带形城市"

西班牙工程师阿尔图罗·索里亚伊·马塔（Autoro Soriay Mata）1882年在马德里的杂志 *Le Progress* 上提出了他的"带形城市"模式。

带形城市的主要出发点是城市交通，马塔认为这是设计城市的首要原则。在他设计的城市中，各要素都紧靠城市交通轴线聚集，而且必须遵循结构对称和留有发展余地这两条原则。马塔以一条宽度不小于40m的干道作为城市的"脊梁骨"，电气化铁路就铺设在这条轴线上，两边是一个个街坊，街坊呈矩形或梯形，其建设用地的1/5用来盖房子，每个家庭都有一栋带花园的住宅。工厂、商店、市场、学校等公共设施按照城市具体要求自然分布在干线两侧，而不是形成旧式的城市中心。"只有一条500m宽的街区，要多长就有多长，这就是未来的城市。它的两端可以位于卡迪斯和彼得堡、北京和布鲁基尔"，马塔写道，"带形城市将构成三角形的三条边，它们将在西班牙的地图上建立起一个巨大的三角形城市网。"

4）柯布西耶与"光明城市"

柯布西耶1912年发表了《明日的城市》，1922年巴黎秋季美术展提出了一个理想城市方案，取名为"300万人口的现代城市"，这个方案设计了一个严格对称的网格状道路系统，两条宽阔的高速公路形成城市纵横轴线，它们在城市几何中心地下相交。市中心由24栋摩天楼组成，摩天楼平面呈十字形，周边长175m。大楼周边是绿化和商业服务设施，其地下是一个由铁路、公路、停车场等组成的复杂交通枢纽。摩天楼的四周规划了大片居民区，由连续板式豪华公寓组成，可容纳60万居民。在板式住宅区外边则是花园式住宅区。此外在方格网道路系统基础上，柯布西耶又规划了很多相互交叉的放射形道路，为城市各功能区之间及卫星城之间提供最便捷的交通。他的指导思想是创造人类空间新秩序。

他所设计的城市格局由严谨的城市格网和大片绿化组成，绿化空间中富有雕塑感的摩天楼群是几何形体之间协调与均衡的体现，如图1.8所示。这一切与他的立体主义和理性绘画作品一样，是一种纯粹的美，体现了空间与时间、空间与运动这样一种现代艺术观。

在1930年布鲁塞尔国际现代建筑会议上，柯布西耶又提出了"光明城"（radiant city）的规划，进一步表达他的城市设计思想。在"光明城"里，他延续了其前期城市设计思想，创造了一座以高层建筑为主的、包括一整套绿色空间和现代化交通系统的城市。建筑的底层架空，全部地面均由行人支配，建筑屋顶设花园，地下通地铁，居住建筑位置处理得当，形成宽敞、开阔的城市空间。

5）赖特与"广亩城市"

弗兰克·劳埃德·赖特（Frank Lloyd Wright）在1924年就提出了"广亩

图 1.8　柯布西耶的巴黎规划

城市"的概念，与霍华德的田园城市有某些细微的差别：从社会组织方式上看，霍华德是一种"公司城"的思想，在花园城内试图建立劳资双方的和谐关系，而赖特则是"个人"的城市，每家每户占地一英亩，相互独立；从城市特性上看，"田园城"是一种既想保持城市的经济活动和社会秩序，又想结合乡村自然优雅的环境，是一种折中方案，而赖特则抛弃城市的所有结构，真正融入自然乡土之中，从对后世的影响上看，"田园城市"模式导致后来的新城运动，而赖特的"广亩城市"则成为后来欧美中产阶级的居住梦想和郊区化运动的根源。

5. 中国古代城市设计的理论与实践

　　1）周代的城市设计理论及城市

　　中国商周时期的城市，其设计是按"体国经野"规划体制来进行的，即根据封疆范围，按城的等级规模来规划郊野的土地、人民及各种生产基地，并布置"郊邑"和"鄙邑"，形成一个以城为核心、有国有野的城邦。城的内部布局一般按不同分区来组织，大致可分为宫廷区、居住区、手工作坊区、仓廪区、陵墓区、宿卫区及市等。由于城的性质是政治控制中心，故其总体布局采取以宫为中心的规划结构，其他分区按各自功能布列在宫的外围。有些城则以宫的中轴线作为全城规划结构的主轴，以强化宫对全局的控制作用。西周时期，随着社会经济的发展，城市建设制度更趋完善和规范，并最终形成了对后世中国城市建设产生巨大影响的营国制度，如《周礼·考工记》。图 1.9 为西周时期的都城规划示意图[55]。

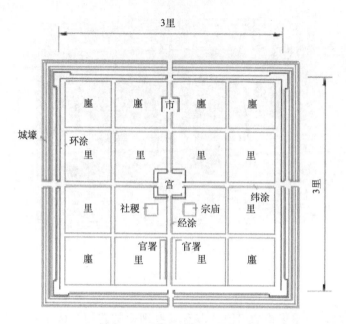

图 1.9　西周都城规划示意图

中国早期真正全面涉及城市问题的当推《管子》的城市设计思想，其内容包括：城市分布、城址选择、城市规模、城市形制、城市分区等各个方面，为中国古代城市设计带来了新的思想与活力，并对后世城市规划产生积极影响。

《管子》的城市设计思想重点体现在其因地制宜的城市形制，提出城市建设"因天材，就地利"，故"城廓不必中规矩，道路不必中准绳"。在城市布局上提出按职业组织聚居，"凡仕者近公（宫），不仕与耕者近门，工商近市"。同时，其对城市生活的组织及工商经济的发展亦相当重视，主张"定民之居，成民之事"，从整体上打破了当时"营国制度"僵硬的礼制秩序，从社会生活的实际出发，带来了城市设计观念的彻底改变，有力地推动了当时城市设计实践的创新。

2）秦汉时期的城市设计

公元前 2 世纪前后，当西方世界罗马帝国正在兴起的时候，在东方，秦灭六国，结束了长达 500 余年的战争与分裂局面，建立了华夏一统的空前帝国。

秦咸阳都城设计（图 1.10）突出体现其帝都的威严与壮丽及集天下财富于一家的观念。"秦每破诸侯，写放其宫室，作之咸阳北坂上"，"徙天下富户十二万居咸阳"。《三辅黄图》载："因北陵营殿，端门四达，以则紫宫象帝居，渭水贯都以象天汉，横桥南度以法牵牛。"足以说明当时咸阳都城规模宏阔，布局新颖。

汉长安城的设计（图 1.11）"览秦制，跨周法"，并结合当时社会经济的繁荣和发展加以创新。其城市平面因地形及军事防御的要求曲折有致。宫殿建筑顺应地势高低从南而北，沿南北中轴线交错布置。市、手工作坊及居民间里偏处城北较低地带，权贵居里则错杂于各宫之间。其规划结构与中国前期传统城市形式相比有相当大的突破，尤其是形成了集中的城市商业区，规模颇大。

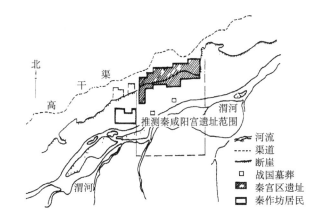

图 1.10　秦都城咸阳遗址示意图

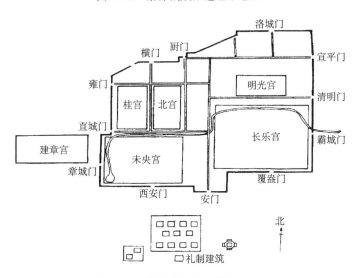

图 1.11　汉长安复原想像平面图

由于政治的统一、经济的发展、商业的繁荣，秦汉时期城市生活出现了新的变化。供帝王休闲、游猎、享乐的皇家苑囿得到了很快的发展。一些豪门世族亦开始于府第之间营造宅园，追求闲适雅致。城市百业复兴，艺术繁荣，城市生活与城市文化得到一定发展。

3）从北魏洛阳到唐长安

北魏洛阳城（图 1.12）是中国封建中期城市设计的杰作。该城是在汉魏洛

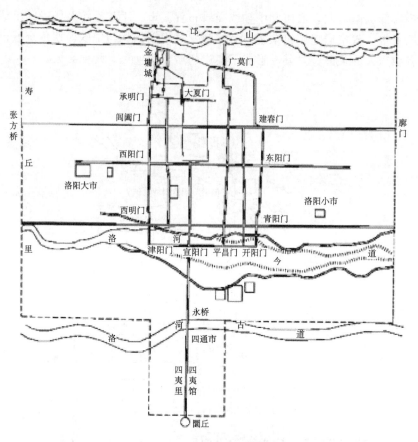

图 1.12　北魏洛阳平面图

阳故城的基础上加以发展的。因其北倚邙山，南临洛水，故采取了渡洛河向南发展的方案。通过延伸原城市南北主干道铜驼街直抵南廓圜丘的办法，加强了城市南北中轴线的主导作用，并拉出一个气势恢弘的城市大结构作为全城规划布局的基础。洛阳城成功地继承了中国前期封建城市宫、城、廓三者层层环套的配置形制及城、廓分工的规划布局传统。城为政治中心，以宫为主，结合布置官署衙门等政治性功能区。廓为经济中心，以市为主，结合布局手工作坊、服务行业区等经济性分区及工商业者居住区和其他居住区。城市居住区基本遵循按职业、阶层组织聚居的体制，但主要取决于居民的职业要求，并不十分强调礼制等级与方位尊卑等礼制秩序。城市居住区的基本单位——"里"仍采取封闭形制，四周筑里垣，临街设里门，里内住户出入均经里门，不得临街开门。北魏洛阳城规划虽仍采用井田用地制，但全城经济性分区占地比例较大，政治性分区比例较小，城与廓面积比例为 1∶5。全城整体设计仍采用方格网系统布置各类分区，合理控制城市用地及协调城市各主要部分的比例关系。

从总体上看，北魏洛阳城的城市设计采取了系统整体的设计方法。从城市骨架、总体艺术布局到城市各功能区的分布和道路系统的组织均是经过深思熟虑和全盘考虑的，并且很好地适应了当时社会、经济和文化发展的要求。尤其是其突出城市主体轴线的做法对后世城市设计影响极大。正是北魏洛阳城的设计建造为隋大兴城（唐长安城）的建设奠定了坚实的理论与实践基础，最终造就了中国封建鼎盛时期具有世界影响的一代名城。

从大兴城（图 1.13）的空间格局分析，大兴城为三重城垣结构：宫城—皇

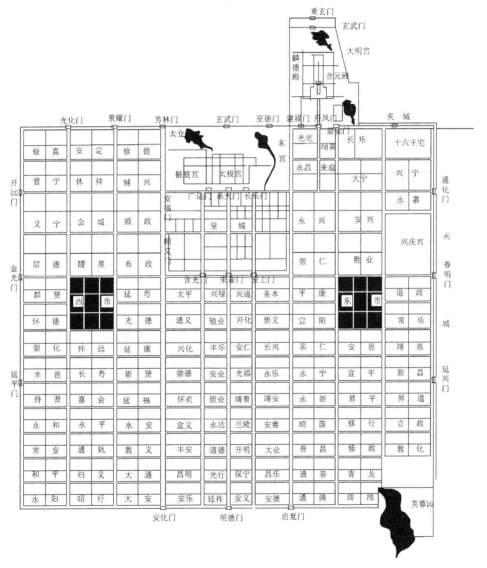

图 1.13　唐长安平面图

城—外郭城（京城）。在规划布局中，宇文恺并未死套《周礼·考工记》中宫城居中的模式，而是依据龙首塬北高南低的地貌形势，宫城居北，皇城南围，坊里外围的层次格局，体现"官民不相参"的规划思想，即符合自然地理形势，又符合汉以后"北为上"的礼制思想。在城市道路布局上，继承《周礼·考工记》中的模式，但由于宫城居北，对城北"旁三门"做了相应的调整，将北侧三门居于西部一隅，既保留了北部三门的名称，又保证了皇家用地的完整性。在东、西两侧的城门布局上，并未采取均等对称的布局形式，而是依据交通流量的大小（北部为宫城和皇城，交通流量大于南部坊里区），按一定比例由北向南布置。在道路宽度上，城市南北主干道的朱雀大街宽达 155m，形成城市南北向主轴，东西两侧街坊道路对称布置。其余道路为 134～88m，最窄的顺城道路为 39m，以保证皇家10 万余人的仪仗队的通行，其道路和通行能力足以让今天的西安城市相形见绌。

4）元大都与明北京城的建设

北京城最早的基础是唐朝的幽州城，辽代北京升格为"南京"，成为边疆上的一个区域中心。公元 12 世纪，金人攻破北宋，模仿北宋汴梁的城市形制，在辽南京基础上，扩建为"金中都"，使北京成为半个中国的政治、经济和文化中心。

a．元大都

从元朝定都北京，并改名大都开始，北京城开始了其发展的辉煌历程。元大都的位置由原来的地址向东北迁移，皇宫围绕北海和中海布置，城市则围绕皇宫布局成一个正方形，继承了金中都的传统，但规模更大（图 1.14）。

元大都是自唐长安以后兴建的最大的都城，它继承、总结和发展了中国古代都城规划的优秀传统，其特点可归结为以下几点：

（1）继承发展了唐宋以来中国古代城市规划的优秀传统手法——三重方城、宫城居中、中轴对称的布局。这种布局从邺城、唐长安、宋汴梁、金中都到元大都逐步发展成三重整齐规则的方城相套，中轴线对称也更加突出。这反映了封建社会儒家的"居中不偏"、"不正不威"的传统观点，把"至高无上"的皇权，用建筑环境加以烘托，达到其为政治服务的目的。

（2）规则的宫殿与不规则的苑囿有机结合。宫与苑的结合，很早就已开始。在元大都规划时，海子绿化区已形成，整个宫城规划，充分利用这一现状，取得了高度的艺术效果。

（3）完善的上、下水道。河道既为人民饮用水源，又使通航河道伸入城内，便利商旅及城市供应。水面又与绿化相结合，丰富城市景色。排水系统完善，施工考究。

（4）元大都的规划与建设，一开始忽必烈就把这项工作交由规划过上都的刘秉忠负责，他主持了全部的规划建设工作，阿拉伯人也黑迭儿和一些外国的建筑工匠也参加了规划和修建工作。城市建设工程有统一领导与指挥，规划设计意图

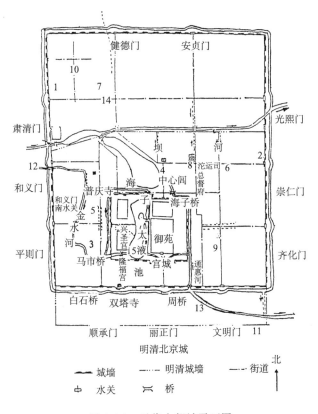

图 1.14　元代大都城平面图

得到执行与贯彻。从选点、地形勘测到先铺筑地下水道，再营建宫殿等，可以看出工作的周密。这就保证了元大都一气呵成建成为当时世界上规模最大、最宏丽壮观的城市之一。

　　b. 明代北京城的建设

　　明初攻占元大都后，曾派大将军徐达于 1371 年修复元大都城垣，改名北平。当时为了减少建城的工程量及缩短防线，将元大都城北郊荒凉的部分五华里划出城外。原来封藩于北平的燕王棣以武力夺取帝位后，决定将都城从南京迁往北京。永乐十五年（公元 1417 年）动工建宫城，建成后，正式迁都北京。明北京城（图 1.15）的特点如下：

　　(1) 明北京城的布局。恢复传统的宗法礼制思想，继承了历代都城规划的传统。皇城部分布局按南京的制度，更为宏丽。整个都城以皇城为中心。皇城前左（东）建太庙，右（西）建社稷坛，并在城外四方建天（南）、地（北）、日（东）、月（西）四坛。皇城北门的玄武门外，每月逢四开市，称内市。这完全附

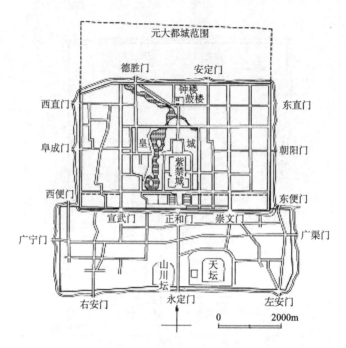

图 1.15　明代北京城图

合"左祖右社、前朝后市"的传统城制。

（2）城市布局艺术方面，重点突出，主次分明，运用了强调中轴线的手法，造成宏伟壮丽的景象。从外城南门永定门直至钟鼓楼构成长达 8km 的中轴线，经过笔直的街道，九重门阙（永定门两重、正阳门两重、中华门、天安门、端门、午门、太和门）直达三大殿，并延伸到景山和钟鼓楼。沿这条轴线布置了城阙、牌坊、华表、桥梁和各种形体不同的广场，以及两旁的殿堂，更加强了宫殿庄严气氛，以显示封建帝王至高无上的权势。

（3）北京城内的街道，基本是元大都的基础。因为皇城居中，把城市分为东西两个部分，给城市交通带来不便。城内主要干道是宫城前至永定门的中轴线及通往各城门的一段大街。扩建外城后，崇文门外一段大街及宣武门外一段大街及联结此二街的横街也是主要干道。

（4）明北京城的商业区市集分布与元大都不同，元大都时商业中心偏北，在鼓楼一带。明时城市向南发展，除鼓楼外，在东四牌楼及内城南正阳门外形成繁杂的商业区。明代行会制度发展，同类商业相对集中，在今天的北京地名中也还可以看出，如米市大街、磁器口等。城市内有些地区形成集中交易或定期交易的市，如东华门外的灯市是在上元节前后开市 10 天，又如西城白塔寺、东城隆福寺是利用大型庙宇集市。

（5）北京城的居住区在皇城四周，明代共划 37 坊。这些坊只是城市用地管理上的划分，不是有坊墙坊门严格管理的坊里制。居住区与元大都相仿，以胡同划分为长条形的居住地段，间距约 70m，中间一般为三进的四合院相并联，大多为南进口，庭院内植树木。全区无集中绿地，但由于住房院落中树木较多，全城呈现在一片绿阴之中。内城多住官僚、贵族、地主及商人，外城多住一般市民。

（6）城市水系基本沿袭元大都，一般居民饮用水多为掘井取水，下水道系统为明代整修的砖砌工程，遗迹尚存。

1.3.3　城市设计的法定含义

1990 年 4 月 1 日正式施行的《中华人民共和国城市规划法》（以下简称《城市规则法》）第二章中明确了各级人民政府组织编制城镇体系规划和城市规划的职责；阐明了编制城市规划应当遵循的基本原则、阶段划分和主要内容；规定了编制、调整、修订城市规划的审批程序。在《城市规划法》中，没有"城市设计"的字眼。"城市设计"本质上是对城市整体或局部的一种筹划，给出城市建设的原则或图式，或者说是城市整体或局部发展改造的一种设计方式。这种设计方式明显是不同于城市规划的设计方式，而是一种更为综合的城市发展筹划的设计思想。

如果说城市规划从城镇体系到修建性详细规划给出了城市规划的层次和类型，形成一环套一环的二维图式，那么，城市设计则是这个二维嵌套图式的横截面，重在表现城市的面部与整体、物质与文化、功能与精神、人与自然环境和人工环境等的种种关系，以及由此产生的城市建设发展原则和基本图式。

在美国，城市设计与城市规划不同于我国的城市规划设计一体化的体制，城市规划不具有法律地位，所以城市设计是独立存在的，城市设计的法律效力在一定程度上通过融入区划法而建立，并且发展成为一种越来越具有城市规划性质的管理城市环境的手段。

国外城市设计发展的经验教训表明，城市设计没有法律地位，就难以形成对开发建设的有力约束，难以实现城市设计的各项目标。城市设计在我国经过广泛深入的理论研究和实践已经得到了很大发展并正趋于成熟，但城市设计的相关法规体系尚未健全，并导致一系列的矛盾，这些矛盾不解决，就会影响城市设计工作的发展，进而限制城市规划水平的提高。

扈万泰认为[52]，由于城市设计的复杂性和时间、空间上的巨大跨度，使城市设计体现为贯穿于城市规划建设管理全过程的指导原则和相关的政策、法规体系，而不仅仅是单纯的设计方案。这些过程管理的内容有必要上升为具有约束力的规章制度，才能保障好的城市设计理念得以贯彻。

尽管《城市规划法》中没有提及"城市设计"，但在第十四条、第十五条提出了城市规划编制的原则和要求，仍具有城市的局部与整体、物质与文化、功能与精神等方面的含义和内容。

建设部发布的 1991 年 10 月 1 日起施行的《城市规划编制办法》中第八条对城市设计方法的运用进行了明确的规定："在编制城市规划的各个阶段，都应当运用城市设计的方法，综合考虑自然环境、人文因素和居民生产、生活的需要，对城市空间环境做出统一规划，提高城市环境质量、生活质量和城市景观的艺术水平。"

这一条款，明确指出"城市设计"是规划方法，这个方法就是要综合考虑城市的自然环境因素、人文因素和社会生产、生活的需要，这个方法的对象是"城市空间环境"，其目的就是"提高城市环境质量、生活质量和城市景观的艺术水平"。

建设部颁布的《城市规划编制办法》是《城市规划法》的配套法律规范，在中华人民共和国的范围内具有法律功效。

令人感到困惑的是，在 1995 年建设部颁布的《城市规划编制办法实施细则》中却只字未提城市设计方法的应用问题，也就是说，在城市规划编制的内容和深度等方面，不明确要求应用城市设计的方法，同样可以理解为"城市设计"是不同于"城市规划"的另外一种规划方法。

在国标《城市规划基本术语标准》中，给"城市设计"做出了一个非常简单的解释："城市设计（urban design）是对城市体型和空间环境所做的整体构思和安排，贯穿于城市规划的全过程。"

国家标准的规范，也是国家法规体系中的一个重要组成部分，如此简单的解释给人一种误导，即城市设计是城市规划过程中对城市体型和空间环境的整体构思和安排。城市设计的综合性、整体性和为人服务的目的性均被淡化了。城市设计究竟是什么？城市设计与城市规划的关系如何界定？至今仍是城市规划学界争论不休的问题。

在各省（市）出台的城市规划地方法规中，大多将城市设计定位于详细规划层面，如 1995 年 7 月 15 日起执行的《上海市城市规划条例》第十五条规定："详细规划包括控制性详细规划和修建性详细规划（含城市设计）。"在《福建省控制性详细规划编制办法》第五章"控制性详细规划的控制体系"中规定："对城市重要地块，需对地块内建筑的形式、色彩、体量、风格提出设计要求。"

上述情况表明，对于城市设计的概念，应当有一个统一的法定含义，当然并不排除对城市设计概念的继续探讨和研究，例如本书对城市设计所给的定义：城市设计是以城市物质形体和空间环境设计为形式，以城市社会生活场所设计为内容，以提高城市环境质量、生活质量、景观艺术水平为目标，以城市文化特色展示为特征的规划设计过程。

1.4　城市设计的内容

1.4.1　城市设计的主要内容

现代城市设计内容大体上可以归纳为两大类型，即工程设计型和政策过程型。前者是以具体方案设计为成果，一般都以规模比较小、内容比较具体的空间地段为对象；后者则以政策导引为成果，一般是规模范围较大地区乃至整座城市为对象。通过政策、导引进行引导或控制。但无论哪一类，都要同时考虑物质空间和社会环境的协调（图1.16、表1.1）。

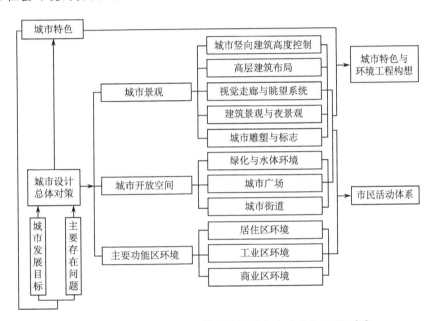

图 1.16　唐山市主城区总体城市设计方案内容体系框架[52]

E. N. 培根认为，城市设计的主要工作为：①城市或区域设计；②系统设计；③项目设计；④城市设计的要素和素材包括空间、活动、序列、交通、表面、自然材料、种植、设施等。

美国现代城市设计的内容分为三种设计[48]，由于没有统一规定，所以各地成果的内容和形式、深度和广度都不相同：

（1）开发设计（development design）。这是城市设计初创性的内容，包括建筑综合体、交通设施和新镇建设等工程设计和政策引导等，其主要目标在于促进城市经济发展。在美国，这体现着私人开发和公共税收与就业的利益，城市设计的任务是通过这些开发项目为市民创造良好的生活环境。

表 1.1　总体城市设计内容例举

项目	旧金山城市设计	英国环境部编制的城市设计纲要	深圳市城市设计研究报告	唐山市总体城市设计	波士顿城市设计发展计划
内容	1. 城市格局 · 地形 · 街道与道路 · 建筑及组群 2. 城市保护 · 自然区 · 历史建筑 · 街道建筑 3. 主要新建筑开发 · 视觉和谐 · 高度和体量 · 超大基地 4. 邻里环境 · 卫生和安全 · 邻里气氛 · 游憩的机会 · 视觉悦目	1. 城市格局 · 中心区与居住区 · 特别地区和核心区 2. 城市设计政策 · 公共空间特色 · 运动系统 · 地形、边界、通道、边缘、节点、视景 · 安全和保障 · 多样化 · 通达性 · 吸引人的功能 3. 建筑设计政策 · 基本问题和目标 · 设计基本原理 · 材质、细部的质量 · 功能效率和持续性 4. 文脉和地方特色 5. 环境敏感区域的开发 6. 设计表达 7. 公共艺术 8. 城市设计计划	1. 结构与形成 2. 道路与交通 3. 人口与密度 4. 高层建筑区域 5. 住区开发 6. 工业发展 7. 旅游开发 8. 广告管理 9. 景观与环境 · 绿化发展 · 污染防治 · 自然区保护 · 旅游与休闲开发	1. 城市景观与风貌 2. 开放空间系统 3. 主要功能区环境 4. 人文活动体系 5. 重点特色环境工程 6. 实施运作机制	1. 整体格局 · 路网形式 · 内城与外城 · 意象 2. 中心地区的格局 · 商业/交通/邻里 · 特别区域 · 中心的形式 3. 组织与机理 · 扩展/紧缩 · 空间机理 · 居住形式 · 系统与自助 4. 运动系统 · 交通/步行 · 旅游 5. 开放空间 · 开放空间的分布 · 开放空间的级别 6. 时间上的计划 · 发展速度 · 开发与更新的策略
成果	研究报告、执行政策	公共政策	研究报告	研究报告、设计图纸	

（2）社区设计（community design）。在 20 世纪 60 年代，这种类型是作为开发设计的对立面出现的，主要任务是在衰退的城市社区中发展，特别是协助低收入者改变居住条件。多年来，这种设计虽然在一些地方有所发展，但总的看来收效不大。相对而言，这是最不受注意的设计。这种类型强调市民参与和社会调查。

（3）保护设计（conservation design）。高度的经济发展对城市环境的适住性带来消极影响，从而刺激了保护设计的发展。这种设计的目的是保护自然风貌、保护城市传统特色、提高环境质量。如旧金山，建筑高楼及随之引起的交通拥挤、视线障碍和天际线混乱等正在损坏这座城市的美丽形象。该市制订了一系列设计导引，对街道、广场、绿化、邻里都提出了相应的政策要求和保护措施。这类设计的实施地区往往也是开发设计的实施地区。

主要成果有：①条例（policy），是城市设计的重要成果和对全部设计过程进行管理的框架，主要表现在有关条例法规中。美国最有代表性的政策——城市用地分区管理条例（zoning ordinance），包含了许多有关城市设计的条款，经过半个多世纪的不断修改完善，这一条例变得更有弹性。②规划设计方案（plans），是城市设计的基本成果。制订方案就是执行政策的过程，不论其成果属工程设计型还是政策过程型，各种方案必须限定在政策框架内。方案的内容常包括目的、政策和设计手段等。③设计引导（guideline），或称为设计指导方针。这是为保证城市物质环境质量，对城市特定地区（如历史保护区）和特定设计元素（如广场）所规定的指导性综合设计要求。导引并不意味着控制和约束，只是一种设计框架和模式，对设计者创造性的发挥留有余地。④计划（program），通常是关于实施过程或设计任务的计划。在美国有各种各样的计划，如投资预算计划、历史保护计划、建设项目计划等。⑤工程设计（project）。

陈为邦认为，城市设计的内容包括：① 城市土地和空间资源的利用；② 建筑形式、体量和风格；③ 城市的标志性地段；④ 道路与交通；⑤ 开放空间，包含各种绿地；⑥ 步行系统；⑦ 广告与细部；⑧ 历史文化的保存。

徐思淑、周文华认为，城市设计的范围包括整个城市——一个广场、一条干道、一个院落、一幢建筑、一件构筑物，或一个城市的小品等，其内容主要研究空间的组成要求、空间构成的特点和要求、空间的布局艺术，创造出完美协调的空间环境与景观。

钟德昆在总结南京市新街口地区城市设计工作时认为，城市设计应包括：① 土地综合利用；② 交通组织设计；③ 合理的空间布局和空间结构，为现代城市生活提供足够的、高质量的场所；④ 对人在城市公共空间的行为方式、心理特点进行调研分析，作为设计适应各种活动要求的空间的依据；⑤ 对城市基础设施的容量、布局和走向做出调整以适应开发要求[56]。

庄宇认为，城市设计的研究可以大到一座城市的整体形态，小及城市广场、干道、绿化等具体要素，按其范围可分为总体城市设计和局部城市设计；也可按城市设计的研究内容，划分为单项设计和综合设计；根据不同的设计阶段，还可分为概念设计、实施设计和工程设计。

郑毅主编的《城市规划设计手册》认为[57]，城市设计的内容隶属于城市规划的各个阶段，这种分类与《中华人民共和国城市规划法》相一致，并提出以下城市设计的内容：

1）城市总体规划阶段

（1）对全市山、水、河流、湖泊、海岸、湿地等生态环境的保护与合理利用。

（2）城市建设与生态环境的协调关系，农田与城市环境的适宜比例及协调关系。

（3）城市传统风貌与文物古迹的保护与利用，地方特色的发扬。

（4）市民在全市范围内的活动分布（居住、工作、学习、商务、购物、文化娱乐、保健、旅游、观赏、出行交通、休闲等），以及其间的相互联络。

（5）全市各类主要公共空间的分布及其网络与层次。

（6）保证和提高城市环境质量的措施。

（7）主要建筑群体及天际线的美学要求。

（8）全市主要景观的分布、保存与完善（城市主次轴线、对景、借景、主要视廊、主要景点、园林绿化、建筑高度分布、建筑风格分布、滨海景观与水边小环境等）。

（9）城市特色的要点等。

2）城市分区规划阶段

（1）主要街区的环境质量与特色的保持和改善。

（2）地标建筑的性质与分布。

（3）主要道路沿街内容与景观。

（4）本分区内和近邻分区相互联通、相互借景的安排。

（5）本分区内市民的特点与安排，包括步行与机动车及大量人流换乘的安排。

（6）公园、街道、社区、住宅组团的绿化分布与体系。

（7）主要城市广场的选址、性质的确定、规模的规定。

（8）主要建筑群的群体轮廓，体量高度的控制，特色的确定，公共空间的设计原则等。

（9）文化、历史、文物特色的保存与利用。

3）片区和小于片区的规划阶段

本文所说的片区系指城市中心区、开发区、城市商业中心、居住区、干道两侧、滨海地段城市主要街区等（表1.2）。小于片区系指城市广场、建筑广场、住宅小区或组团、购物步行街、城市公园与园林、交通枢纽（机场、火车站及广场、长途汽车站及广场、主要换乘站、主要陆路和海路站等）。

（1）对片区和近邻的自然环境分析，明确其在片区的作用。

（2）对片区内有自然保护或历史性保护的保护区划定后，确定其四周的保护带宽度。

（3）在上述两条的基础上，划定允许建设和禁止建设的界限。

（4）对片区内已建的人工环境进行分析，从改善环境质量和宜人活动的角度出发，提出改造和利用的构思方案。

（5）按人的活动内容，将人的静态与动态活动在公共空间内的分布分别做出安排，包括对水环境的设计，人在城市公共空间的停留、观赏和进出集散、交通

表 1.2　局部城市设计内容例举

项目	上海静安寺地区城市设计	上海市中心区城市设计	深圳市中心城市设计	美国芝加哥滨河地区城市设计
内容	1. 用地功能整合 2. 道路交通系统 3. 地下开放空间 4. 开放空间 5. 步行系统 6. 城市形态 7. 整体建筑形式 8. 街廓设计 9. 历史保护	1. 总体规划 · 空间布局 · 系统 · 道路与交通 · 环境开发形态和形式 2. 设计准则 · 建筑特征、体量 · 建筑形式 · 材料 · 色彩 · 停车 · 基地出入口 3. 街道景观设计准则 · 道路及交叉口 · 停车与公共交通 · 区域入口 · 人行天桥 · 公园和开放 · 标志、照明 4. 土地使用和区划	1. 土地使用空间布局 2. 道路交通 3. 开放空间 4. 城市形态 5. 城市景观 6. 市民活动 7. 政策建议与设计导则	1. 土地使用 2. 交通与停车 3. 街道景观 4. 开放空间 5. 特别地区的开发建设 6. 交通保护 7. 区划 8. 设计指导纲要
	设计文本和设计图纸	图则、图纸和文字说明	设计文本和设计图纸	设计说明、图纸

与换乘等提出构思方案。

（6）公共空间的布局与设计，包括广场系列、广场自身、通道、换乘空间、园林绿化等的位置和用地外形，同时按人的不同活动划定用地布局。

（7）公共空间的围合设计，包括主要空间的类型、造型与规模，地形标高的利用，铺装按空间的内容来分布，围合体设计（建筑群、绿化、水面、山体、视觉围合体），空间开口（opening）设计等。

（8）地上、地下空间及与近邻空间的联络与区分，空间引导，主要标志，空间照明，雕塑、喷泉、水池、小品等。

（9）景观设计，包括主要景观视点的布置，近景与远景设计，地标建筑的数量、位置与高度，建筑群的总体轮廓、景点设计。

（10）城市文脉设计。

（11）其他相关专业的专项设计等。

表 1.3 和表 1.4 对总体城市设计与局部城市设计、详细城市设计在编制内容及深度上进行比较。

表 1.3　总体城市设计和局部城市设计编制内容比较

总体城市设计	局部城市设计
·城市形态与空间结构 　　城市总体形态与空间结构及保护、发展原则；主要发展区域和重要节点的位置、内容和控制原则；确定高度分区、城市轮廓线、方向指认/地标	·城市形态结构 　　发展意向和形态结构；功能分区和特定要求；主要轴线和重要节点；轮廓线、建筑高度、地标、重要地块；道路网络和空间布局；地下空间形态
·城市景观 　　景观系统的总体结构和布局的原则；分析自然景观的布局、位置、面积、特点；确定城市公园、城市绿地、景点（区）等布局；确定城市景观、视廊、视域等视线组织；确定城市重要景观地区的设计原则和控制	·城市景观 　　景观区域的分布和保护，更新的原则确定；城市公园、绿地、广场等城市景观要素的布局；对视廊、视域进行分析，并对涉及区域提出要求；对城市景观重要地区的提出设计要求和设计概念；明确城市主要道路、街道等结构性景观的道路断面、植物配置、边界要求及设计原则
·城市开放空间和公共活动 　　明确城市重要开放空间的结构分布及公共活动中的内容、原则、规模和性质；分析城市开放的空间与交通、步行、休憩的联系	·公共开放空间 　　确定公共开放空间（含地上、地下）的位置、面积、性质、权属；确定公共开放空间的活动及设施，与交通体系和步行体系的联系；提出对公共开放空间及周围建筑的设计要求和控制原则 ·市民活动 　　确定市民活动的区域、类型和强度；确定市民活动区域的路线组织与公共交通的联系 ·建筑形态 　　确定高度分布、高度控制依据和控制要求；建筑体量、沿街后退、高度、界面、色彩、材质、风格等；重要建筑群和地标等位置、设计要求和原则
·城市运动系统 　　与总体规划共同确定城市交通骨架；明确城市步行系统的结构、分布原则和控制要求；旅游观光体系的结构及其与城市交通的结合	·道路交通 　　确定道路交通组织、公交站点及停车场的位置、规模；主要道路（街区）的宽度、断面、界面及其性质和特点 ·步行 　　步行系统的组织、设计要求和市民活力；步行街、广场的宽度、面积，界面等；步行区域的环境设计要求 ·环境艺术 　　公共艺术品和室外环境小品的设置位置、原则、设计要求；街道家具和户外广告招牌的设置原则、设计要求；夜景照明的总体设想和设计要求
·城市特色分区/重要地段 　　确定城市特色分区的划分原则；各特色分区的环境特征、文化内涵等对建设活动的控制原则；确定重要地段的位置及划分原则；规定旧城区、传统街区等的保护、更新的原则	·重点节点（地块和街道） 　　确定重要节点的位置、类型、设计概念及设计的要求等8个方面；确定重要节点相邻地块的设计要求；重要节点的概念（意向）设计
·实施措施	·实施措施 　　编制指导纲要、设计图则；编制设计政策；编制设计条件与参数；制定实施工具

表 1.4　总体城市设计与详细城市设计内容及其深度比较

项　目		总体城市设计	详细城市设计
基本特征		1. 以宏观原则和整体对策为主要内容 2. 与总体规划的功能空间分类（如用地分类：大、中、小类）有一定对应关系	1. 以对微观具体要素的设计控制和引导为目的 2. 是对具体要素的形体空间布置的研究塑造
具体要素设计内容及深度	城市特色	搜集挖掘历史、文化资源，提出策略、原则；归纳城市特色，进行特色分区	考虑区位环境和文化传统，在具体地段内研究特色关系
	城市景观	整体竖向利用策略，高层建筑与建筑高度控制宏观策略，视觉走廊系统；设置雕塑、建筑、夜景的原则措施	各地块建筑高度控制，标志建筑，景观性质，景观视廊，落实具体形体要素
	空间结构	宏观关系（景观、空间系统、轴线）	微观关系（核心、人口、景观、轴线），建筑与空间图底关系，位置范围
	绿化与广场	总体结构框架；分类及分布；总体指导原则对策	位置范围，类别系统，具体要素控制内容
	街道与交通	体系发展战略，性质，分类与等级	道路等级和分类，车、人、自行车、出租车流线、站点，场地，消防通道，步行、垂直交通
	功能区域	居住区、工业区、商业区等不同功能区环境评价；问题、原则、对策；地段内功能分布与组织	
	人的活动	构筑行为场所体系，制定发展控制和引导原则	解决具体地段内的活动场所内容
	重点内容深入设计	根据资源挖掘提出项目构想，初步意象性详细规划设计方案	对各地块进行形体意象试做，进行三维表现
	建筑单体控制		红线控制，退线控制，出入口控制，开发强度控制，广场、绿地，高度控制，形体控制
成果形式特征		1. 文本所包含的目标、原则、对策措施占主导地位 2. 图纸以对英语文本的各要素和空间系统图为主	1. 以形体控制图则和三维形体示范为主，并辅以必要的系统图 2. 文本的控制内容是针对单体设计的规划设计条件

1.4.2　无所不包、没有定式的城市设计

城市设计的概念因其内涵丰富、外延广阔而难以有一个统一的定论，其设计内容也很广泛。英国牛津大学 P. Murrai（穆拉依）教授认为城市设计的内容是"从窗口向外看到的一切东西"，也就是说除了建筑物的内部空间之外的整个城市外部空间，大大小小的所有物体和场景，包括人在内，都是城市设计研究的对象。

M. Southworth（索思沃思）对美国 1972～1989 年编制的 70 个城市研究和设计方案的研究结果表明，城市设计对环境品质的研究包括：结构、识别性形式、舒适与方便、可达性、健康与安全、历史遗产保护、活动、自然特色保护、多样性、和谐或一致、开放性、社会性、平等、维护、适应性、意义和控制等。城市设计应考虑的方面有：①土地使用与交通；②建筑街景和外部公共空间；③社会经济因素；④使用者的感受和行为；⑤自然因素；⑥历史（包括场所和建筑空间的历史）。

理查德·马歇尔强调城市设计中的城市性[58]，认为城市设计是城市项目的计划和形式得以确定的过程，这个过程贯穿着一种意识——尽最大可能地塑造和提升城市性，即城市文化。城市性综合表达了许多由于不同原因而生活在一个城市中的人们的各不相同的生活体验，包括日常生活中的行走、谈话、停留、姿态、主张、热情、思考、诱惑、暴力、悲伤、喜悦和自由等行为和感受。城市设计要为这些复杂多样的城市生活筹划适宜的容器，可以说是一种技术性的设计。但是，作为文化意义的城市性是不可能通过设计来限定的。相反，限定它的是来自于控制我们社会的政治和经济等方面的力量，这些远远超过设计的范畴。城市设计作为具体操作环节而存在，除了设计本身，城市的存在和运行是以构成当代社会的法律、文化与社会机制、政治现实和经济结构等问题的综合和相互妥协为基础。基于这样的理解，一批对塑造物化环境和设计城市空间感兴趣的专业人士在从事城市设计，他们的设计是将复杂多样的城市生活纳入物化环境和城市空间。

吴良镛认为，城市设计工作领域是宽广的，从对整个城市进行整体设计到重点建筑物的布局，直至个别要素的墙面、铺地和城市街道小品（street furniture）等都是城市设计的范围。

许溶烈认为，城市设计是以生活在城市中的人为主体对象，以城市物质体量形态以及人们在其中的行为和感受为中心，既要考虑人们的生产、生活、交往、游憩、出行等各类活动的要求，又要考虑到符合人们对环境空间的生理和心理等诸方面的要求，如可居住性、易识别性、私密性、活泼性和肃穆性等环境气氛，尺度、比例、层次、序列、对比、变化、场所感等审美要求。城市设计的内容随设计范围的不同而不同，而其范围大到一个区域、整个城市，小到一排灯具，甚至标志物，任何规模的环境形态的改变或土地开发利用，都需要进行城市设计，

重点是城市和社区的综合环境。

郑正认为，城市设计贯穿整个城市规划建设的全过程，从城市的选址、总体规划、分区规划、详细规划、建筑、道路、园林绿地乃至建筑小品等各个不同性质的规模的布局，无一不属于城市设计的工作范围。

韩冬青认为，城市设计是一种富有弹性的设计，其设计结果所展示的图解形式并不意味着环境建设的最终产品形式[59]，城市设计的创作活动呈现出明显的共同价值取向：

（1）市民向度。城市设计的聚焦点是城市公共环境与市民生活的互动支持。

（2）以关系组合为职责。城市设计侧重于整合结构性的职能关联和空间关联，促进城市各种职能的合理交织。设计者往往扮演建设过程中的协调员，着重于解决矛盾、综合平衡。

（3）过程取向及弹性成果。与规划相比，城市设计的成果更具体且易于操作。与建筑设计相比，其成果具有相对的弹性。城市设计注重过程的价值，它试图引导一个合理的创造性过程，而非某种固定的产品结果。

（4）多类型的委托人与参与者。城市设计者可以受聘于政府机构或民间开发机构，其创作过程鼓励吸纳相关学科的学者、开发商、政府官员及公众代表等共同参与设计。

（5）多方面的知识结构。现代城市设计者需要有社会法律、经济、公共政策、管理及工程技术等方面的基本知识。具有城市设计的基本技巧，精通城市职能、形体及三维空间关系的处理。

传统的城市设计成果主要有两类形式，即政策-过程型与工程-产品型。规模愈大、涉及因素愈复杂，愈趋向于政策-过程型，反之则趋向于工程-产品型。例如，在市中心开发的步行街，这是工程-产品型成果；而指导市中心发展的设计导引则是政策-过程型成果。传统的城市设计是偏于工程-产品型的，把整座城市看作是一项工程，在图纸上描绘理想方案。现代城市设计的成果则多种多样，其设计成果也因设计对象的不同而没有固定的模式。

吴良镛主持北京旧城保护居住区的整治、桂林中心区规划及三亚等地城市设计实践后认为[60]：

（1）城市设计应根据各个城市的历史现状和特点，分析、发展其固有模式。

（2）各项城市设计的内容、任务、重点，要求从实际出发，需要什么，就研究什么，不要有固定的框架。

（3）城市设计有两个方面需要予以重视，即尽可能保护原有自然环境（使之具有空间的连续性），和历史环境特色（使之具有时间的连续性），并尽可能发展这些特色。

（4）城市设计的成果，要有助于城市的科学管理。各种规定的性质，分别采用"控制"与"引导"两种，"控制"是指令性的（刚性的），"引导"是指导性的、推荐性的（有一定的弹性）。这样，对具体地段的规划、建筑设计任务，有明确的指导原则，设计者可以有所遵循，使新建筑与城市周围环境相协调（整体性），并给设计者以充分条件发挥各自的创造才能，使各个建筑具有一定特色（表达性）。

（5）城市设计方案原则上需要地方政府部门以一定法律形式通过，明确规定性内容，具有法律的效力。其中条件成熟者，需要拟定成条例（如土地区划等）加以推行。

参 考 文 献

[1] 芒福德 L. 城市发展史. 倪文彦，宋峻岭译. 北京：中国建筑工业出版社. 1989

[2] 吉登斯 A. 社会的构成. 李康，李猛译. 上海：生活·读书·新知三联书店. 1998

[3] 贺业钜. 考工记营国制度研究. 北京：中国建筑工业出版社. 1985

[4] 段汉明. 城市学基础. 西安：陕西科学技术出版社. 2000

[5] Kroeber A L, Kluckhohn C. Culture：A critical review of concepts and refinitions. New York：Vintage. 1952

[6] Bullock A, Stallybrass O. The Fontana dictionary of modem thought. London：Fontana. 1982. 150

[7] 拉普卜特 A. 文化特性与建筑设计. 常青，张昕，张鹏译. 北京：中国建筑工业出版社. 2004. 87

[8] 波普诺 D. 社会学（第十版）. 李强等译. 北京：中国人民大学出版社. 1999

[9] 墨菲 L F. 文化与社会人类学引论. 王单君，吕乃基译. 北京：商务印书馆. 1994

[10] 联合国教科文组织. 世界文化报告：文化创新与市场（1998）. 关世杰等译. 北京：北京大学出版社. 2000

[11] 联合国教科文组织. 世界文化报告——文化的多样性、冲突与多元共存（2000）. 关世杰等译. 北京：北京大学出版社. 2002

[12] 芒福德. 城市的形式与功能. 宋俊岭译. 贵阳：贵州人民出版社. 1984

[13] 吴良镛. 城市研究论文集合（1986~1995）. 北京：中国建筑工业出版社. 1996

[14] 马歇尔 L，沙永杰. 美国城市设计案例. 北京：中国建筑工业出版社. 2004

[15] 陈立旭. 都市文化与都市精神——中外城市文化比较. 南京：东南大学出版社. 2002. 11~34

[16] 吉登斯 A. 现代性与自我认同. 赵旭东，方文译. 北京：三联书店. 1998. 23

[17] 张鸿雁. 城市形象与城市文化资本论——中外城市形象比较的社会学研究. 南京：东南大学出版社. 2002

[18] Weaver W. Science and complexity. Scientist，1948，36（4）：536~544

[19] 西蒙 H. 人工科学. 武夷山译. 北京：商务印书馆. 1987. 186~197

[20] 盖尔曼 M. 夸克与美洲豹. 杨建邺等译. 长沙：湖南科学技术出版社. 1987. 55

[21] 钱学森. 在香山科学会议第 68 次学术讨论会上的书面发言. 见：张焘主编. 科学前沿与未来（第三集）. 北京：科学出版社. 1998

[22] 杨永福. 复杂性的起源与增长. 见：宋学锋，杨列勋，曹庆仁主编. 复杂性科学研究进展——全国第一、二届复杂性科学学术研讨会论文集. 北京：科学出版社. 2004. 164~176

[23] 成思危. 复杂科学、系统工程与管理. 见：许国志主编. 系统科学与工程研究. 上海：上海科技教育出版社. 2000. 13

[24] 姜璐，许国志，谷可．从复杂性研究看非线性科学与系统科学．上海：上海科技教育出版社．2000．132～141

[25] 周干峙．城市及其区域———一个典型的开放的复杂巨系统．城市规划，2002，(2)：7～8

[26] 李明，威塔涅．描述复杂性．北京：科学出版社．1998．23～26

[27] Grassberger P T. A quantitative theory of self-generated complexity. Int J Theor Phys，1986，(25)：907～936

[28] 段汉明．城市界壳的构成与城市系统的关系．西安：西北大学出版社．1997．159～163

[29] 段汉明．城市学基础．西安：陕西科学技术出版社．2000．1～4

[30] 张鸿雁．侵入与接替———城市社会结构变迁新论．南京：南京大学出版社．2000．203～211

[31] 吉伯德 F. 市镇设计．程理尧译．北京：中国建筑工业出版社．1983

[32] 齐康．城市环境规划设计与方法．北京：中国建筑工业出版社．1997

[33] 赖因博恩 D，科赫 M. 城市设计构思教程．汤朔宁，郭屹炜，宗轩译．上海：人民美术出版社．2005．9～10

[34] 格里芬 D L. 后现代精神．王成兵译．北京：中央编译出版社．1971

[35] 段汉明，王晓辉．城市与居住者．重庆建筑大学学报，2002，(2)：5～7

[36] 布迪厄 P，华康德．实践与反思．李猛，李康译．北京：中央编译出版社．1998

[37] 王建国．城市设计（第二版）．南京：东南大学出版社．2004．8

[38] Ali Madanipour. Ambiguities of urban design. Town Planning Review，1997，68 (3)：381～382

[39] Urban design. Encyclopedia Britannica. 1977，(18)：1053～1065

[40] 林奇 K. 城市形态．林庆怡，陈朝晖，邓华译．北京：华夏出版社．2001

[41] 培根 E N. 城市设计．黄富厢，朱琪译．北京：中国建筑工业出版社．1989

[42] 吴良镛，毛其智．我国城市规划工作中几个值得研究的问题．城市规划，1987，(6)：24

[43] 许溶烈．建筑师学术、职业、信息手册．郑州：河南科学技术出版社．1993．246

[44] 余柏椿．城市设计感性原则和方法．北京：中国城市出版社．1997

[45] 徐思淑，周文华．城市设计导论．北京：中国建筑工业出版社．1991

[46] 王凤武．国外城市规划发展趋势．城市规划，1991，(4)

[47] 张京祥．城市设计全程论初探．城市规划，1996，(3)：16

[48] 郭恩章．美国现代城市设计考察．城市规划，1989，(1)：13

[49] 孙骅声．对城市设计的几点思考．城市规划，1989，(1)：18

[50] 庄宇．城市设计的运作．上海：同济大学出版社．2004．1

[51] 金广君．国外现代城市设计精选．哈尔滨：黑龙江科学技术出版社．1995．11

[52] 扈万泰．城市设计运行机制．南京：东南大学出版社．2002

[53] 刘宛．城市设计概念发展评述．城市规划，2000，(12)：16

[54] 张斌，杨北帆．城市设计与环境艺术．天津：天津大学出版社．2000．4

[55] 贺业钜．中国古代城市规划史．北京：中国建筑工业出版社．1996

[56] 钟德昆．南京市新广口地区城市设计．城市规划，1989．(1)：3

[57] 郑毅．城市规划设计手册．北京：中国建筑工业出版社．2000．329～331

[58] 马歇尔 L. 美国城市设计案例．沙永杰译．北京：中国建筑工业出版社．2004

[59] 韩冬青．城市设计创作的对象、过程及其思维特征．城市规划，1997，(2)：17

[60] 吴良镛．加强城市学术研究，提高设计水平．城市规划，1991，(3)：3

第 2 章　城市设计的基本理论

2.1　城市设计部分理论简介

2.1.1　卡米诺·西特

卡米诺·西特（Camillo Sitte）在《城市建设艺术》一书中[1]，运用艺术原则对城市空间的实体（主要是教堂）与空间（主要是广场空间）的相互关系及形式美的规律进行了深入的探讨，并通过比较分析 19 世纪末欧洲工业化城市空间，对当时欧洲工业化城市空间的平淡、缺乏艺术感染力提出了尖锐的批评，认为工业化城市空间主要有三个体系和若干变体，即矩形体系、放射体系和三角形体系，变体是这三者混合的产物。从艺术的眼光来看，这些体系都是毫无价值的，没有艺术气息，除了标准化的街道模式之外一无所成，它们在概念上是纯粹机械性的。在这些体系中，道路系统仅仅是交通设施，而不是服务于艺术目的的工具，它们不具有任何感染力，因为只能从地图上才能看出它们的特征。

卡米诺·西特主要从视觉及人们对城市空间的感受等角度来探讨城市空间和艺术组织原则。他认为，现代城市规划的骄傲是圆形广场，这充分说明了艺术感情的完全缺乏和对传统的蔑视，而这正是现代城市规划的特征。当围绕这样一个广场步行时，眼前的景象持续不变，使人们不能确定自己所在的位置，转一个弯就足以使一个陌生人在这种旋转木马的广场上无所适从、迷失方向。

卡米诺·西特的城市空间艺术原则，是基于城市物质空间形态，从各实体要素之间的功能关联及组合关系而得出的，其艺术原则的核心表现在注重整体性、关系及关联的内在性。

卡米诺·西特的城市空间艺术原则有其历史的局限性，正如亚瑟·霍尔登（Arthur C. Holden）所言，西特从未体验过摩天大楼，他未必曾经想到过我们的城市有朝一日会为高层的巨大体量所充塞。

2.1.2　凯文·林奇

凯文·林奇是从探求城市的形式、结构和组织开始的，《关于对城市满意情况的记录》是 1952～1953 年他在欧洲考察时对于有关城市的理论基础的回答。在《城市的形式》（1954）一文中，他从历史和形态的角度对城市形式的不同属性进行了探讨，例如城市的大小、密度、特征和模式等。

凯文·林奇的城市美不仅指构图与形式，而且将之分解为人类可感受的城市特征，如易识别、易记忆、有秩序、有特色等。他对于人们对环境的感知与体验格外重视，并认为，好的城市形式也就是这种感知和体验比较强烈的城市形式。林奇 1959 年发表《城市的意象》一书，从视觉心理和场所的关系出发，利用居民调查和实地体验的方法，研究使用者认知图式（cognitive map）与城市形态的关系，从而确定了一种全新的城市分析与设计方法[2]。

对于环境认知的研究，早在 20 世纪初就已开始。在环境心理学中，比较有代表性的理论是格式塔心理学理论。格式塔指形式或图形，作为心理学术语，包含两层意思：一是指事物的一般属性，即形式；一是指事物的个别实体，即分离的整体，形式仅为其属性之一。也就是说，"假使有一种经验的现象，它的每部分都牵连到其他成分，而且每部分之所以有其特性，是因为和其他部分具有关系，这便是格式塔"。因此，格式塔相当于"有组织的整体"。

人对环境的感知，也就是一种格式塔。人总是将感知对象加以组织和秩序化，从而增强对环境的适应和理解。林奇从市民的认知地图入手，探求城市内在关系的秩序。他调查了美国的三个城市——波士顿、洛杉矶和泽西市，要求市民通过草图和语言来描述城市中的环境特征、城市独特要素或体验。然后他将这些个体的认知地图汇总进行统计分析，得到了城市的"公共意象图"，从而总结出市民能够感知到的、能够反映城市特征的城市要素。研究认知方法的基本观点是：认知意象是城市生活的基石，使用者主要通过认知认识城市，城市设计应以满足人的认知要求为目标。

认知研究的重要性在于改变了传统分析方法中物的对象，人成为城市空间设计研究的主体。这就使研究的重点不再是泛义的城市本身，而是居住于具体城市里的居民所认识的城市。研究认知的方法，主要是通过调查来进行。凯文·林奇通过调查，对城市空间提出两个基本要求：易识别性和可认知性。可认知性是林奇提出的城市空间评价的一个新标准，即城市空间应为不同层次、不同个性的人所共同接受。

凯文·林奇指出：市民一般用五个元素，即路径、边界、节点、区域和标志来组织他们的城市意象。

（1）路径（path）。指观察者习惯或可能顺其移动的路线，如街道、小巷和运输线，其他要素常常围绕路径布置。

（2）边界（edge）。指两个不同区之间形成的一条通道，"边"常由两个区的分界线（如河岸、铁路、围墙）所构成。

（3）区域（district）。具有某种共同特征的城市区域，人们在其中活动能得到与其他城市地段明显不同的感受。

（4）节点（node）。指城市中重要的非线性空间，如道路交叉口、方向变换处，或城市结构的转折点、广场。

（5）标志（landmark）。指城市中的点状要素，可大可小，是人们体验外部空间的参照物。通常是明确而肯定的具体对象，如山丘、高大建筑物、构筑物等。有时树木、招牌乃至建筑物细部也可视为一种标志。

凯文·林奇从人的环境心理出发，通过人的认知地图和环境意象来分析城市空间形式，强调城市结构和环境的易识别性及可认知性。并认为城市设计也必须基于市民对城市环境的易识别性，使城市结构清晰，个性突出，而且为不同层次、不同个性的人所共同接受。

凯文·林奇的开创性工作提供了城市设计的独特途径。从市民环境体验出发的工作方法使得城市设计摆脱了高高在上的姿态，切实深入到普通人当中，真正实现了"人本主义"的城市设计价值原则。

2.1.3　克里斯托弗·亚历山大

克里斯托弗·亚历山大（Christopher Alexander）在其广受到关注的著名论文《城市并非树形》中，把那些在漫长岁月中或多或少地自然生长起来的城市称为"自然城市"，而把那些由设计师和规划师精心创建的城市和一些城市中类似的部分称为"人工城市"。他认为[3]，现在人们越来越充分地认识到，在人造城市中总缺少着某些必不可少的成分，同那些充满生活情趣的古城相比，从人性的观点而言，现代人为创建城市的尝试是完全失败的。他写道："今天，太多的设计人员不是去追寻昔日的城镇碰巧具有的、而我们的现代城市概念尚未发现的抽象有序的原则，而似乎一直在渴求昔日具体的和造型的特征。这些设计者们无法使城市呈现生机，因为他们只不过模仿了老城的外表，即老城的实体，没能发掘出老城的内在性质。"

什么是内在性质？亚历山大认为，一个自然城市具有半网络（semi-lattice）结构，而人为构造的城市采用了树形结构（图 2.1），和树形结构的简单性相比，这种极为丰富的可变性标志着半网络结构能有超乎寻常的结构复杂性，正是由于树形的性质缺乏这种结构复杂性，才使我们的城市概念受到损伤。他的分析表明城市空间功能的综合，是产生"交叠"使用城市空间的基础，它使空间具有了多样性和适应性的性质。城市中确实存在的那种功能综合现象，和人对这些功能的物质对应物的重合使用，使城市具有选择性和可生活性。人能根据各自所需在城市中找到属于自己的"生活"，人的个性因此而不被束缚，城市空间功能的综合是城市空间呈现活力的本质。

亚历山大在《关于形式合成的纲要》和《城市不是一棵树》中指出了传统规划与设计只考虑形式而不考虑内容，不考虑场所与人的活动之间丰富的、多种多样的变化和联系，是一种失败的规划与设计。

亚历山大的图式语言（pattern language）中以各种类型、不同范围的使用

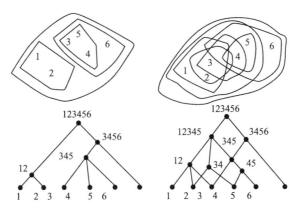

图 2.1　树形结构与半网络结构图

倾向和形态关系为基础，企图研究出满足使用者要求的设计语言。语言主要由三个明确定义的部分组成，即联系（context）、问题（problem）和解法（solution）。每个图式都是为解决某个带普遍性、反复出现的社会、心理或技术问题而提出的，共几百条图式，按不同层次构成一个网络。图式语言中的每个模式并非固定事物，而是复杂的、强有力的场地（field），是一组关系（relationship），可赋予生命活力与深度，它不仅是元素（element），也是规则（rule），是一个生命事物的描述，同时也是产生这一事物的过程，它使发生在空间中的事件模式与几何结构有效地吻合。亚历山大图式语言的研究是对人的行为与场所情感相对应的空间图式的研究。

2.1.4　波纳

波纳（L. S. Bourne）运用系统理论对城市空间进行了研究[4]，认为系统理论强调各个要素之间的相互关系，这正是城市空间结构的本质所在；同时，系统理论的各种立场使之能够运用于不同的观点和理念，尤其是在城市空间物质层与社会文化层的决定作用上保持观念上的中立。

波纳运用系统理论的方式，描述了城市系统的 3 个核心概念：

（1）城市形态（urban form），指城市各个要素（包括物质设施、社会群体、经济活动和公共机构）的空间分布模式。

（2）城市要素的相互作用（urban interaction），指城市要素之间的相互关系，通过相互作用（关系互动），将个体要素整合成为一个功能体，即一个子系统。不同功能节点之间的交通流表示城市要素之间相互作用。

（3）城市空间结构（urban spatial structure），指城市要素的空间分布和相互作用的内在机制，将城市各个子系统整合为城市空间大系统的作用机制，以各种功能活动对于不同区位的市场竞租曲线表示城市系统的构成机制。

　　城市土地利用方式与强度，决定了城市空间构成的二维基面和基本形态格局，"城市形态"是其表现形式，而要素之间的相互作用，以及城市中各种活动对不同区位的竞租过程，带来的动力与压力及其相关效应，形成了城市空间结构的构成机制（图 2.2）。

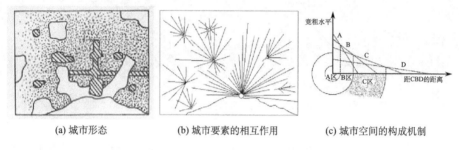

　　　(a) 城市形态　　　　　　　(b) 城市要素的相互作用　　　　(c) 城市空间的构成机制

图 2.2　城市空间结构的基本概念

2.1.5　诺伯格·舒尔兹

　　诺伯格·舒尔兹（Norberg Schulz）提出 5 种空间概念[5]：①肉体行为的实用空间；②直接定位的知觉空间；③环境方面为人形成稳定形象的存在空间；④物理世界的认识空间；⑤纯理论的抽象空间，并对存在空间和建筑空间进行了详尽的分析。

　　诺伯格·舒尔兹认为，空间图式有各种类型，即使是同一个人，一般也有一个以上的图式，因此可以充分感觉各种状况。图式是由文化决定的，要求对环境感情性地定位，结果即具有质的特性。使用空间把人统一在自然有机环境中；知觉空间对于人的同一性来说是必不可少的；存在空间把人类归属于整个社会文化；认识空间意味着人对空间进行思考；理论空间则是提供描述其他各种空间的工具。

　　诺伯格·舒尔兹认为，场所是存在空间的基本要素之一。场所概念和作为各种场所体系空间的概念，是找到存在立足点的必要条件，场所必须有明显的界限或边界线。场所对于包围它的外部而言，是作为内部来体验的。场所、路线、领域，是定位的基本图式，亦即存在空间的构成要素。这些要素组合起来，空间才开始真正成为可测出人的存在的次元。在存在空间中，一般包括几个场所。所谓某个场所，是在更广阔的脉络中安上位置，而不是从别个当中取出来，否则人类的历史就缺少力动性了。一切场所都具有方向，场所一般因路线体系而与各种方向发生关系。存在空间也具有方向性。

　　诺伯格·舒尔兹将存在空间划为几个阶段：①用具；②住房；③城市阶段；

④景观阶段；⑤地理阶段。其中，城市阶段主要是根据社会的相互作用，亦根据社会共同的生活形态来决定。城市的内部结构就是这样"正在那里发生"的个人和社会诸功能作用的复合结果。在城市阶段，个人一般据有"私有"色调更浓的存在空间，必须作为更大的总体中的一部分来理解。

存在空间的诸阶段形成一个结构化的整体，它是与存在的结构相对应的。人与物理、精神、社会、文化的诸对象相关联而存在。存在空间可以说是由相互作用的多重穿插的体系所构成的。这样复合的总体性中，必然产生不定性或矛盾性。

2.1.6　芦原义信

芦原义信认为，外部空间是从自然当中由条框所划定的空间，与无限伸展的自然是不同的。外部空间是由人创造的有目的的外部环境，是比自然更有意义的空间；而自然是无限延伸的离心空间，是消极空间[6]。

芦原义信认为，外部空间具有以下要素：

（1）尺度。芦原义信并没有给尺度下一个明确的定义，而是根据人眼的视角关系和自己的经验，提出外部空间的两个假说。①外部空间可以采用内部空间尺寸 8～10 倍的尺度，称之为"十分之一理论"。②外部空间可采用一行程为 20～25m 的模数，称之为"外部模数理论"。

（2）直线。芦原义信认为在外部空间设计中，距离与直线是极其重要的设计重点。预先了解从距离如何可以看清材料，才能选择适于不同距离的材质，这有利于提高外部空间质量。

在外部空间的布局中，相对于人的活动，可以将外部空间分为运动空间和停滞空间。外部空间设计要尽可能赋予该空间的大小、铺装的质感、墙壁的造型、地面高差等。外部空间布局上带有方向性时应在尽端配置具有某种吸引力的内容。在讨论空间封闭性时，应当考虑墙的高度与人眼的高度有密切关系，以高墙、矮墙、直墙、曲墙、折墙等加以布置，就可以创造出有变化的外部空间。

芦原义信根据外部空间的用途和功能将空间分为以下多个层次和顺序：

（1）外部的→半外部的（或半内部的）→内部的；

（2）公共的→半公共的（半私用的）→私用的；

（3）多数集合的→中数集合的→少数集合的；

（4）嘈杂的、娱乐的→中间性的→安静的、艺术的；

（5）动的、体育性的→中间性的→静的、文化的。

关键在于充分克服和利用一切地理条件，适应该空间所要求的功能种类和深度，创造出空间秩序富于变化的空间。

芦原义信认为，由于改变行进方向，可以得到完全不同的景色，打破空间的单调，在空间中产生跳跃，如日本重要建筑的引道或神社参道与外部空间设计传统手法。

　　由于城市内容是复杂的，并经常进行着新陈代谢，所以虽面临现实也很难掌握。城市规划和城市设计这两个词，在其对象的规模、内容、方法等方面，由于专业不同，在内容上也可能存在一些差别。如果从空间论来阐述，城市规划是以二次元的外部秩序构成为重点的规划；建筑则以三次元的内部秩序为重点的规划。

　　城市如果在各个部分不是多种用途并存，就是枯燥无味而非人性的，这一市民式见解的确也可以肯定。但是，城市本来具有分工和专业化，其方向是被强调的。人口数百万的现代城市整体要求多用途的内部秩序，在技术上是不可能的，反而会引起混乱。不过，如果不只是一个内部秩序，而是由细胞分裂形成几个有变化的内部秩序；在外部秩序的框架中，内部秩序内容丰富地并存着，则可以再度获得效率和人性。日本城市因内部秩序而带来的城市复杂性，把人们导向混乱，看起来似乎是绝望的，但同时由于它带来的多样性和人性，绝望变为了喜悦！

　　芦原义信在《外部空间设计》的后记中，点出了人与空间的关系：外部空间设计就是把"大空间"划分成"小空间"，或是还原，或是使空间更充实、更富于人情味的技术。

2.1.7　罗杰·特兰西克

　　罗杰·特兰西克在 *Finding Lost Space*（1986）一书中提出了图底关系理论（figure-ground）和联系理论（linkage）[4]。图底关系理论是研究城市的虚空间与实体之间存在规律的理论。在城市环境中，建筑形体的主导性作用使其成为人们知觉的对象，周围的空间则被忽视。成为对象的建筑被称为"图"，被模糊的事物被称之为"底"。像这样把建筑部分涂黑，把虚空间部分留白，形成的图称为图底关系（图2.3）；把虚空间部分涂黑，建筑部分留白，形成的图称为图底关系反转。

　　借助图底关系分析方法，可以发现城市或城市局部地段的结构组织及其肌理特征，明确空间界定的范围，不同等级空间的组织效果等，使城市空间设计过程中，通过对城市物质空间结构组织的分析，明确城市形态的空间结构和空间等级，并通过比较不同时段内城市图底关系的变化，分析出城市建设发展的动向。

　　联系理论是研究城市形体环境中各构成元素之间存在的"线"性关系规律的理论，又被称为关联耦合分析。这些"线"可能是交通线、线性公共空间和视线，如各种交通干道、人行通道、序列空间、视廊和景观轴等。通过对这些"联系线"的分析来挖掘形态元素的形式组合规律及动因，其目的在于组织一种关联

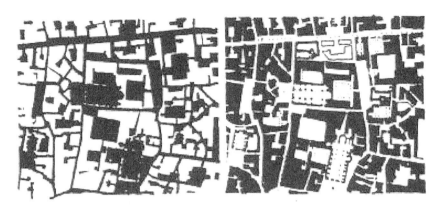

图 2.3　城市空间的图底关系图

系统或一种网络，从而建立空间秩序的综合结构。关联耦合秩序的建立可分为两个层次，即物质层面和内在动因。在物质层面上，关联耦合表现为用"线"将客体要素加以组织和联系，从而使彼此孤立的要素之间产生关联，并共同形成一个"关联域"；由于"线"的连接与沟通作用，关联域也就使原来彼此不相干的元素形成一种相对稳定的有序结构，从而建立了空间秩序，如城市空间中各种轴线的运用。从内在动因看，通常不仅仅是联系线本身，更重要的是线上的各种"流"，如人流、交通流、物质流、能源流、信息流等内在组织作用，将空间要素联系成为一个整体。

　　联系理论为建立城市空间秩序提供了一条主导性思路，它将"关系"、"关联"的重要性置于城市空间构成的首要地位，不仅为理解城市空间结构组织提供理论框架与分析原则，同时也为在此基础上恢复、挖掘和创造和谐、统一的空间，并达到新的结构与原有结构、内部结构及外部结构的有机统一提供了思路与手段。

　　图底关系理论与联系理论都旨在探寻城市空间形态要素间的某种构图关系及相关的结构组织方式，特兰西克将其归纳为 3 种关系（图 2.4），即形态关系（图、底分析）、拓扑关系（关联耦合）与类型关系（场所理论）。可以说，这 3 种关系在结构上的明确组织与确立，是

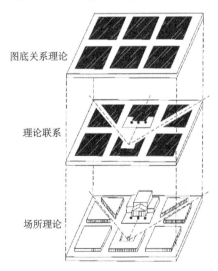

图底关系理论

理论联系

场所理论

图 2.4　特兰西克的 3 种城市空间分析方法

建立一定的空间秩序与相应的视觉秩序的基础和前提。

2.1.8 比尔·希列尔

比尔·希列尔于 1983 年首次提出空间句法理论[4]。空间句法的分析过程（图 2.5），是将城市和建筑形体严格联系起来，并借助于电脑进行模拟实验，以此作为空间分析、评价设计的工具。在空间句法分析中，希列尔引入了"变量"（或称为指标体系）：一是特定空间观察的一维视线长度，称为"轴线"；二是空间都可以赋予一个数值来表示它与给定分析系统中其他空间的关系，并用电脑绘出深度图，根据数字差别，就可以绘出某一特定点审视其所在空间系统相对深度的精确指标，据此，便可对不同城镇空间格局及城市设计方案进行比较分析。

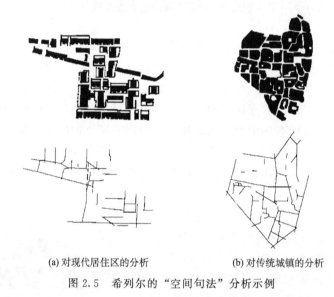

(a) 对现代居住区的分析　　　　　　　(b) 对传统城镇的分析

图 2.5　希列尔的"空间句法"分析示例

通过对 100 多个城镇和城市设计方案的分析，希列尔证明，城市空间组织对活动与使用模式的影响主要涉及 3 个方面，即空间的可理解性、使用的连续性和可预见性。这里，希列尔所感兴趣的空间格局是二维的，因为人在城市中的运动大都是在二维平面中进行的。尽管实践中存在许多问题，但仍不失为空间分析与设计研究迈向社会分析与科学技术相结合的一种尝试。

2.1.9 積文彦

積文彦在《集合形态的研究》一文中指出[4]，耦合性是外部空间最重要的特征。耦合性简而言之就是城市的线索，它是统一城市中各种活动的物质形态诸层面的法则，城市设计涉及各种彼此无关事物之间的综合联系问题。根据積文彦的

研究，城市空间形态可以概括为 3 种类型：构图形态、巨硕形态和群组形态
（图 2.6）。

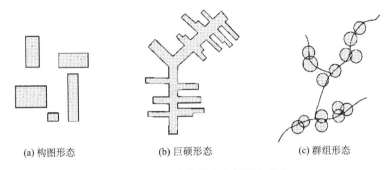

(a) 构图形态　　　　　　(b) 巨硕形态　　　　　　(c) 群组形态

图 2.6　积文彦的城市空间形态分类

构图形态包含了那些以抽象格局组合在二维平面的独立建筑物，其耦合性通
常是隐含的、静态的。单个建筑只是结构网络上的一个"节点"，建筑物本身要
比其周围的虚空间更为突出。

在巨硕形态中，个别的要素均被聚集组合到一个等级化的、开敞的并且是互
相关联的系统网络中，结构的整体性机能较强。

群组形态则是诸空间要素沿一个线形枢纽渐进累积的结果，这在许多历史城
镇形态中极为常见。这里关联性是作为有机物的一个组成部分自然演化而成的，
其发展的动力是基于有机体内部的"生命力"。因此，其形态特征往往表现为非
理性的，然而却是生动的、富有活力的，是有生命的整体，而这种"有机的整体
性"特质往往最能打动人，或者说是最具有人性化的特征。

2.1.10　阿尔多·罗西

阿尔多·罗西（Aldo Rossis）在《城市建筑》一书中提出，城市是一种集
体的人工创造物、一种艺术文化的集体产物，它由时间造就并植根于居住和建筑
文化中。因此，传统的建筑形式、场所和空间，在城市发展及其形态结构形成的
过程中起着至关重要的决定作用[4]。

阿尔多·罗西的建筑类型学概念深受德国心理学家荣格（Jung）有关"原
型"（arch-type）理论的影响，认为人的潜意识与生俱来，是存在于某一个地域
的一个种群的人们世代代所形成的，它凝聚了人类的基本生活方式，并沉积在
每个人的无意识处，共同形成为一种集体的意识，这种意识就是建筑类型学。

建筑与城市类型有两种基本属性：历史性和抽象性。A. 罗西（A. Rational）
与 L. 克里安（L. Krier）都认为，城市是社会生活中最重要的人工制品之一，
它与公众艺术作品相同，都诞生于"集体的无意识生命"（collective uncon-

sciousness life）中，这种集体的无意识创作，在建筑中表达出居民的多重愿望（如对过去经历的回忆），它们在历史过程中共同形成了城市，而建筑师、城市规划师和居民，也是传统的延续，城市形象在经久的建筑环境中保持了历史的延续性和复杂性。

阿尔多·罗西将城市作为某个地域人群"集体记忆"的所在地，城市交织着历史和个人的记录，当记忆被某些城市片断所触发，过去所遇到的经历（历史的故事片断）就会和个人的记忆一起呈现出来，因而罗西从研究场所和记忆入手，形成了"类似性城市"（analogous city）理论的内涵。城市不仅是一个空间，更是一个有意义的场所，城市体现了一种场所精神，因为城市所有的建筑类型是和事件紧密结合在一起的，而城市的广场和建筑物本身是现代的还是古代的则与此无关。

人们对城市的总体认识不能只停留在视觉和触觉层面的建筑实体和城市形象的表层，而且应建立在对城市场所中所发生的一系列事件（有现在的，然而更多是历史的）的记忆的基础之上，这种认识是人类对城市的记忆和心智形象的反映。从结构主义的观点来看，人们对城市的认识基于两个方面的因素，一是空间因素，在现存城市中的建筑形态（共时性）；二是时间因素，在现在城市中的建筑类型（历时性）。罗西的"类似性城市"的思想强调的是两者的结合。

阿尔多·罗西认为，城市空间的物质性显现于现存城市中的建筑形态共时性，这种存在的现实形态凝集了人类生存所具有的含义和特征，城市空间是它们的载体和容器，融合着意义和实体。城市空间形态及场所与人类特定的生活密切相关，它包含着历史与文化，是人类文化观念在形式上的表现，体现在时间因素中现存城市的建筑类型（历时性）。要寻找具有共时性和历时性的集体创作的城市（即城市空间）及某个体参与者（建筑师、规划师和居民）之间的关系，可以借助于形态-类型学的方法：

（1）发现城市建筑环境中变化缓慢或基本稳定的特点，它们构成了城市的不同类型。

（2）确定城市的主要人工环境（街道、市场、建筑物等）在类型学上的归属。

（3）表明这些人工环境的构成关系。

（4）研究城市类型和构成的形式问题。

阿尔多·罗西是新理性主义学派中最有影响力的人物之一。罗西认为，最能够表达城市记忆的是"类似性城市"，即把历史形态分类并重新组合，采用原型浓缩的集中形式，形成众多有意义的和被认同的事物的聚集体。这种原型浓缩，实质上是对古建筑传统产生的不同的诠释。因为是重新解释，不可能完全回归原型，因此就叫做"类似性城市"。

　　城市的记忆和城市的独特性联系在一起，特定的场所包含着过去的一系列事件，从而具有文化上的意义。罗西将城市比作一个剧场，他非常重视城市中的场所、纪念物和建筑的类型，因为这些类型中包含着人类的记忆。罗西在城市的理论上，紧密地联系了建筑与城市的相互关系，类型与不同时代不同地点的特定生活相关联。城市包含着历史，其历史上所形成的形式，亦展示着特定场所的识别性。

2.1.11　黑川纪章

1. 城市的生命时代

　　黑川纪章认为[7]，蛹与蝴蝶是同一生命的连续，它们的形态却完全不同。卵到鸟的变化也同样如此，尽管卵与鸟也是同一条生命，看上去却有着巨大的差异，有令人难以想像的形态上的飞跃性变化。如果把由蛹到蝴蝶看成是急剧性飞跃的话，那么，城市也不是简单的建筑拼凑与堆砌，也有可能产生变异。在构思建筑与城市时，考虑飞跃、跳跃性的空间及规模，是非常必要的。譬如，属于建筑范畴的广场、道路，以及建筑内部的中庭等，一跃而成为城市的一个组成部分，这正是某种变异在发挥着作用。

2. 新陈代谢理论

　　新陈代谢理论由两个基本原理构成：第一个原理是通时性（diachronicity）；第二个原理是共时性（synchronicity）。

　　通时性意味着时间的变化。在建筑及城市空间中，导入这种变化的过程是新陈代谢的第一个原理。不能把建筑当作建成之后就固定不变的东西，而应当把它看作是从过去到现在，以至于未来，一直变化下去的一个过程。

　　新陈代谢的思想是将过去、现在与未来这些各不相同的时间段，在一个建筑空间中表现出来。也就是说，从各自的位置出发，无论是哪个时间段，都可以得到同等的对待。若时间以线性的形式连续，那也不是按金字塔形的顺序连续排列的。它们极其复杂地缠绕着，呈根茎状，这就是对于新陈代谢来说的时间共生。这种各自从目前所处的位置出发，等距离地思考过去、现在及未来的方法，具有通时性的特征。一旦确立了这种思考方式，现代建筑就不再是拒绝、否定过去，排斥历史及传统的建筑了。

　　新陈代谢的第二个原理是共时性，即不同文化的共生。直至目前，西方文化仍然是先进的文化。发展中国家都在追随着这种文化，当然，各国处在各自不同的发展阶段。该观点的依据，是经济学领域中罗斯特的"经济发展阶段说"。从发展图式来看，当今世界将会逐渐地被西方文化所同化、统一。过去，人们认为，世界应该根据西方文化的价值标准，制造一元化的世界文化，这才是理想的文化。借用拉康的说法，那就是同一化的建筑明显地作为世界的主流而存在，不论是在沙漠地区，还是在高温潮湿的东南亚，甚至是在中国，到处都耸立着与曼哈顿相似的玻璃建筑。

对这种同一化的建筑提出异议的，就是新陈代谢的第二个理论，即空间的共时性。戴维·斯特劳斯的结构主义，发现了这样一种结构，即世界上的各种文化并不存在于统一的发展阶段之中，它们以各自的意义自律着，在世界的空间中相互关联。这样来看，西方文化也并不具备绝对的优势，而只是具有相对的优势。人们已经能够认识到，只有多种文化的存在、不同文化的共生，才是丰富多彩的。这种面向不同文化的精神距离的等价性，就是空间的共时性。支撑现代建筑的西方的同一性文化时代已经终结，而利用各种不同的文化脉络来建造建筑，已经成为可能。

2.2　城市社会学等学科对城市空间的研究

2.2.1　早期城市社会学对城市空间的研究

城市社会学是社会学中以城市的区位、社会结构、社会组织、生活方式、社会心理、社会问题和社会发展规律等为主要研究对象的一门学科。

欧洲工业革命促成了城市的大发展，城市出现的住房、食物、交通、职业、卫生设施和医疗保险及社会秩序等方面的问题引起了许多学者的关注。1887 年 F. 腾尼斯发表了《社区与社会》（又译为"礼俗社会和法理社会"），对城市社会与农村社会进行比较和研究。礼俗社会与法理社会分别指传统的农村社会与城市社会，并将礼俗社会视为富有生机的整体，认为法理社会只不过是机械的集合体。

E. 迪尔凯姆提出了与 F. 腾尼斯相对立的观点，认为农村社会的基础是一种机械联合，因为农村每个家庭、每个村庄基本上都自给自足，彼此间互不依存，在这个基础上的联合是真正的"机械联合"；而城市内分工复杂，居民分别从事不同的职业，彼此间相互依存，形成一种不可分割的整体，在这个基础上是真正的"有机联合"。

G. 齐美尔系统地考察了大城市的精神和心理生活，并于 1903 年出版了《都市与精神生活》一书，指出个人应学会使自己适应都市。为了应付繁杂的现象，都市居民要善于对主要的和次要的现象加以区分，以便于关注主要的事情，对次要的现象应默然视之，这种冷漠是对都市的适应和自我保护。

M. 韦伯《城市论》一文是在他去世后的 1921 年发表的，文中提出了"完全的城市社区"的定义，指出城市应该具备贸易、军事、法律、社交和政治等多方面的功能。

2.2.2　芝加哥学派

系统研究城市社会学的是美国芝加哥大学的社会学家 R. E. 帕克（R. E. Park）、E. W. 伯吉斯（E. W. Burgess）、R. D. 麦肯齐（R. D. Mackenzie）和 L. 沃思（L. Wirth）等，他们被称为芝加哥学派。

帕克 1916 年发表《对都市环境中人类行为进行考察的建议》一文，认为都市要把人口和机构安排成一种井然有序的和谐图案，要按商业、工业、交通和住宅划分区域，并按种族、社会和文化的不同的自然分区居住。帕克关注社区，注重人类互动的生物面，认为个人之间的竞争可透过分化而提升到使用的关系，并且各种功能呈现出适当的空间分布。帕克依照 Durkheim E 分工论的分析，认为某地区人口增加、交通网随之扩张，造成该地区的专业化，继之各种经济团体分离出来，使城市土地使用模式呈现出经济互相依赖的模式。

1921 年麦肯齐出版了博士论文《邻里》，指出在大都市里，不同民族、不同文化、不同经济收入的人，往往居住在不同的地区。随着时间的推移，他们将经历竞争、淘汰、分配和顺应的过程。竞争力、顺应力强的向富裕地区迁移，竞争力、顺应力弱的则被淘汰。在这个竞争过程中，会出现犯罪、暴动、自杀等社会问题。

1925 年帕克、伯吉斯、麦肯齐联合发表《城市》一书，为城市社会学的建立和发展奠定了理论基础。他们认为，城市的区位布局与人口的居住方式是个人通过竞争谋求适应和生存的结果。城市空间组织的基本过程是竞争和共生，自然的经济力量把个人和组织合理地分配在特定的功能位置上，使之各尽其才，各得其所，最终导致最佳的劳动分工和区域分化，使整个城市系统保持平衡。

芝加哥学派的基本观点包括：① 生态或区位（ecology）；② 集中（concentration）；③ 集中化（centralization）；④ 分散化（decentralization）；⑤ 隔离（segregation）；⑥ 入侵（invasion）；⑦ 迁移（succession）；⑧ 支配（dominance）；⑨ 竞争（competition）；⑩ 生态社区（ecological community）；⑪ 自然与道德秩序（natural and moral order）；⑫ 自然区（natural areas）。

1923 年伯吉斯在古典都市区位学的基础上，提出了解释都市内部结构的同心圆假设。伯吉斯通过对美国芝加哥市的研究，总结出城市社会人口流动对城市地域分异的 5 种作用力：向心、专门化、分离、离心、向心性离心。在这 5 种作用力的综合作用下，城市地域产生了地带分异。加上各地带不断的侵入和迁移，城市便发生了自内向外的同心圆状地带移动，据此，伯吉斯提出了 5 个同心圆带的结构模式图。

伯吉斯认为各个同心圆地区内的城市土地使用和社会特征相类似，但彼此有别。这个由经验研究而建构的模型反映伯吉斯和帕克的一个观点：城市是一个功能的整体，各部分呈高度的功能分化而又彼此互相依赖。若从生态过程来看，则该模型是竞争、支配、入侵和迁移的结果；若从社会过程来看，由于低收入的社会阶层不断向外扩展，迫使高收入的社会阶层向更为外围的地区迁移，形成了城市内部空间的演替过程。

沃思 1938 年发表《都市性状态是一种生活方式》一文，提出都市性状态有三种主要因素：人口规模、人口密度、人口异质性，并将都市定义为规模大、人口密度高、众多具有社会和文化异质性的人群的永久居住地。

继沃思之后，众多学者在芝加哥学派的基础上，进行了更广泛的研究。

1939 年，经济学家霍伊特（Homer Hoyt）通过对 142 个北美城市的内部结构研究，认为城市的发展总是从市中心向外沿主要交通干线或沿阻碍最小的路线向外延伸。轻工业和批发商业多沿铁路、水路等主要交通干线扩展；低收入住宅区环绕工商业用地分布，而中高收入住宅区则沿着城市交通主干道或河岸、湖滨、公园和高地向外发展，独立成区，不与低收入的贫民区混杂。大部分低收入阶层，由于经济和社会因素的理智的内聚力，很难进入中产阶级和高级住宅区居住，只能在原有贫民区的基础上向外呈条带扇形延伸发展，因此，城市各类土地利用呈现出扇形结构。

1945 年哈里斯（Harriy）和乌尔曼（Uliman）教授在麦肯齐多核心理论的基础上，提出了多核心学说，认为城市是由若干不连续的地域所组成，这些地域分别围绕不同的核心而形成和发展，尤其是大城市，并不是围绕一个中心，而是围绕多个核心发展，直到城市的中间地带完全被扩充为止。而在城市化过程中，随着城市规模的扩大，新的极核中心又会产生城市核心，数目和功能因城市规模大小而不同。形成城市多中心的因素主要有：

（1）某些活动需要彼此接近，而产生相互依赖性。

（2）某些活动互补互利，自然集聚。

（3）某些活动因必须利用铁路等货运设施，且产生对其他使用有害的极大交通量，因此会排斥其他使用而自己集结在一起。

（4）高地价、高房租吸引较高级的使用，排斥较低品质的使用。

多核心理论假设城区内土地是均质的，所以各土地利用功能区的布局无一定顺序，功能区面积大小也不一样，空间布局具有较大的弹性。

英国学者曼恩（Afeer Mann）根据英国中等城市土地利用现状，提出同心圆加扇形的土地利用综合模式，用 A、B、C、D 扇形面表示不同收入阶层所居住的区域，再与同心圆环带结合，说明房屋的类型质量和年期。

1954 年，埃里克森（Ericksen）提出将同心圆、扇形和多核心理论综合的三元结合理论（combined theory），把城市土地利用类型简化为商业、工业和住宅三大类。市中心的中央商务区（CBD）呈放射状向外伸展，在（CBD）的外侧是大工业用地（bulk industry），而住宅用地呈同心环状充填于放射状 CBD 之间，以求其模型更接近工业化城市的发展情况。

2.2.3　多元化的探讨过程

舍尔基（Sherky）与威廉姆斯（Williams）（1949），舍尔基（Sherky）与贝尔（Bell）（1955）认为，作为现代城市社会的一些重要演化趋势的空间表现，城市内部结构可以用经济地位（economic status）、家庭类型（family status）和种族背景（ethnic status）三种主要特征要素的空间分异加以概括。每个特征要素可以用一组相关的人口普查变量加以表征，根据这些变量的组合情况，将人口普查单元划分为不同的社会空间类型，据此判识城市社会空间的结构模式。

康岑（Conzen，1960）认为，固结界线（fixation line）是城市物质空间发展的障碍，包括自然因素（如河道）、人为因素（如铁路）和无形因素（如产权），城市物质空间的发展会在一段时间内受到这些因素的束缚，但最终会克服这些障碍，产生新的边缘地带，直至遇到新的固结界线，从而形成城市物质空间的分布模式。

福利（Foley，1964）认为，城市结构的概念框架应该是多层面的：

（1）城市结构包括三种要素，即文化价值、功能活动和物质环境。

（2）城市结构包括空间和非空间两种属性，城市结构的非空间属性是指文化价值；空间属性包括功能活动和物质环境。

（3）城市空间结构包括形式和过程两个方面，分别指城市结构要素的空间分布和空间作用的模式。

（4）尽管每个历史时期的城市结构在很大程度上取决于前一历史时期，城市结构的演变还是显而易见的，因而有必要在城市结构的概念框架中引入时间层面。

韦伯（Webber，1964）认为，城市结构的空间属性，包括形式和过程两个方面，城市空间结构的形式是指物质要素和活动要素的空间分布模式；过程则是指要素之间的相互作用，表现为各种交通流，相应地将城市空间划分为"静态活动空间"（adapted space，如建筑）和动态活动空间（dannel space，如交通网）。

斯马特利斯（Smatles，1966）认为，城市物质形态的演变是一种双重过程，包括向外扩展（outward extention）和内部重组（internal reorganization），分别以"增生"（accretion）和"替代"（replacement）的方式形成新的城市形态结构，替代过程往往既是物质性的，又是功能性的，特别是在城市核心地区。

1967 年，麦吉（McGee）提出东南亚港口城市空间结构模型，认为东南亚的城市在已分化的中央商务区和外围商业之间存在明显的差异，边缘地带的工业区和内城的家庭手工业之间也存在明显的差异，高密度拥挤的商店、街道和舒适的中产阶级居住区之间，仍保留乡村的特点。

1963年，塔弗（E. J. Taaffe）、嘎奈尔（B. J. Garner）和耶提斯（M. H. Yeatos）提出城市地域理想结构模式。城市的核心是中心商务区（CBD），有集中的摩天大楼、银行、保险公司、股票交易市场、百货商店和大量的文化娱乐场所；围绕CBD的是CBD边缘区，从中心商务区向四周蔓延，由若干扇面组合而成，有批发商地段和工业小区分布其间；中间带是以住宅区为主的混合经济社会活动区，占市区用地较大部分；外缘带属市区的周边地区，或城市的新城区、居住和轻工业混合地带；放射近郊区、沿着城市对外的高速路和快速道路向外辐射、蔓延，包括工业、农牧、住宅区和高、中级住宅形成的卧城。

英国城市学者帕顿（John Pacten）根据城市居民的社会经济地位、生活周期、种族、生产活动和城市扩展，对城市内部结构进行了全面的综合研究，提出了城市内部空间结构的综合模型。

哈维（Harvey，1973）认为，任何城市理论必须研究空间形态（spatial from）和作为其内在机制的社会过程（social process）之间的相互关系。城市研究的跨学科框架就是在社会学科的方法和地理学科的方法之间建立"交互界面"（interface）。

诺克斯（Knox，1982）把城市空间结构的研究工作分为三个类型，即物质环境（physical environment）、感知环境（perceived environment）和社会-经济环境（social-economic environment）。

福贝尔（Forbel等，1980）认为，20世纪70年代以来，劳动力的国际分工发生了根本性的变化。在原有的世界经济格局中，发展中国家作为原料产地，发达国家则从事成品制造，在新一轮劳动力的国际分工中，发达国家仍然掌握着管理和控制、研究和开发的功能，而发展中国家则越来越成为跨国公司的生产和装配基地，其产品市场是全球性的，相当一部分产品将会返销到发达国家。新兴工业国家和地区的出现就是这一轮劳动力国际分工的产物。作为资本主义社会关系的空间表现，城市的物质和社会空间结构也发生了重要变化，内城衰退就是其中的一个例证。

邓肯（Duncan，1989）提出地域化概念，包括社会过程空间属性的两个层面。在第一层面上，宏观的社会过程（如世界经济格局重组和国家经济发展政策）总要落实到特定的地域，因而受到各个地域已经存在的特定社会关系构成和正作用于这些地域的其他社会过程的影响，于是会产生不同的结果。比如，世界经济格局重组对于不同产业结构的地域会有不同的作用，地方政府对国家经济政策不同的实施方式将产生不同的结果。第二层面上，社会过程的发生具有地域内部的因果机制，即地域内部的特定社会关系构成引发了社会过程，而不仅仅影响宏观社会过程在本地域的作用。比如各个地方政府会根据地域内部的利益构成，采取不同的地方发展政策。

1979 年，C. P. Lo 提出中国城市内部结构的解释性模型，模型由 4 个同心圆组成，是多中心功能规划的结果。

1981 年，梁（Leung）提出中国城市空间结构模式，将中国城市概括为大城市、中等城市、小城市三种结构模式。

施特温（R. Stewig，1983）指出，以唯一的城市结构模型来描述城市结构，证明是有困难的，并以利希滕伯格（E. Lichtenberger）的欧洲城市模型（1972）、霍尔茨纳（L. Holzner）的北美城市模型（1972）、萨贾尔（M. Seger）的伊斯兰城市模型（1975）、巴尔（J. Bahr）的拉丁美洲模型（1976）为基础，提出欧洲城市结构、北美城市结构、伊斯兰城市结构、拉美城市结构四个模型。通过建立对应于不同历史渊源和不同文化发展背景的不同城市模型，打破在城市研究中只建一个普遍适用的城市结构模型的做法，见图 2.7。

（1）欧洲城市结构模型：反映了社会中层和高层的优势，社会底层住宅区位于工业区附近及外城，第二产业在城市边缘环形分布，在主要交通线上线性分

(a) 欧洲城市结构

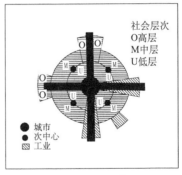

(b) 北美城市结构

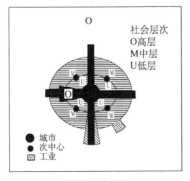

(c) 伊斯兰城市结构

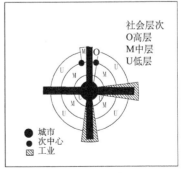

(d) 拉美城市结构

图 2.7　世界不同区域的城市结构模型

布，市中心为城市核心，在城市中心以外有零售业的次中心。

（2）北美城市结构模型：由于种族隔离，低层围绕市中心呈环形分布，市郊化的中层处于外城。第二产业沿主要交通线呈线形分布，在城市边缘环状分布。第三产业集中在市中心，零售业的次中心的位置安排显不出很强的面状社会性。

（3）伊斯兰城市结构模型：中层和高层居于内城区，低层居于边缘地区，第二产业分布于较老和较新的市郊及主要交通干线，第三产业集中在市中心。

（4）拉美城市结构模型：空间安排显示环形和产业的结构元素，第二产业沿主要交通干线线形延伸，第三产业在市中心以外的内城和外城的次中心出现。

埃伦（P. Allen）等根据"耗散结构"理论，提出了城市空间结构的自组织模型。

登德里诺斯（Dendrions）和马拉利（Mullally）根据"协同论"的观点建立了描述结构动态变化的随机模型。

关于城市用地形态的整体生长规律，中外学者都进行了大量的研究，建立了许多城市生长模型，如空间分化的同心圆模型、点轴模型、扇形模型、多核心模型、空间分生的疏散模型、聚散模型、空间扩展的延伸和联络模型及节点法、等高线法、相互作用法、网络法、密度法、系统动力学法、等级体系法等多种角度的研究方法。段进认为，数理模型的建立，从理论上探索了城市空间整体的生长基本规律，但由于以城市个体为出发点，缺乏对周围环境，特别是城市体系的空间互动关系的考虑，并且由于抽象化，在现实与规划设计中发挥作用不大。

2.3　场　　所

2.3.1　场所及其要素

城市的场所是指在一定空间内与人的行为相关联的地方，是一种包含空间、时间、活动、交往、社会与文化意义等多种内容的具体空间，是城市中各种行为或生活过程实现的物质载体，是人们生活与存在的特定空间。从广义的角度来看，人的存在和使用的空间均可称为场所。场所与空间有本质的不同，只有当空间从社会文化、历史事件、人的活动及地域特定条件中获得文脉意义时，才能称为场所，它由城市物质形体环境、人的行为空间和社会空间交织在一起而构成。城市的文脉是指城市文化的渊源、流变和沉积。由于文化包含了人的全部物质、精神活动及其成果，所以城市文脉具有广泛的历史文化意义，同时也泛指人工物质形态的历史沉积，由此可知，场所和文脉是与人的活动、行为有关的一对孪生概念，从人的活动及行为的多重性、多样性及社会活动的复杂性分析，每个场所都有特征，每个城市也同样有独特的、与其他城市不同的文脉，这种场所和文脉，不但包括城市空间和各种物质属性，也包括人所体验的文化联系和漫长时间里形成的环境气氛。

亚里士多德认为场所 (topos) 和虚空 (kenon) 是两个重要的哲学范畴, 并把 "场所" 归结为具有如下性质的概念: ①场所不是虚空, 是物与物之间的关系; ②场所不具备参照系的背景特性, 每一个物体都有自己的场所; ③场所是非几何化的, 虽然欧几里得几何学诞生于古希腊, 但它研究的是几何图形, 而非几何空间; ④场所是局域化的, 它静止不动, 可与物分离并包围着物, 构成闭合、围合的整体, 把物聚合在边界之内; ⑤场所是非均质的, 不同的物体因其本性不同而有不同的天然场所, 不同的场所都有自己的特质; ⑥场所是具有中心性和方向性的, 横向、纵向、上、下、左、右、前、后等, 都具有不同的意义; ⑦宇宙是唯一的, 所有的物体都在宇宙之中, 它们都有自己的场所, 宇宙不是它们共同的背景, 作为最大的东西, 它有自己的场所, 宇宙没有之外, 没有它之外的场所。

1980 年由挪威建筑理论家克里斯汀·诺伯格·舒尔茨 (Christian Norberg Schulz) 在《场所精神》一书中提出场所精神的完整概念, 认为特定的地理条件和自然环境因素共同确定的人造环境构成了场所的独特性, 这种独特性赋予场所一种总体的气氛和性格, 体现了人们的生活方式和存在状况。这里的场所因此与物理意义上的空间和自然环境有本质上的区别, 它是一种深藏在记忆和情感中的 "家园", 并产生了精神的归属感。影响场所精神的主要因素, 是该场所的自然环境, 和由自然环境、地方文化、人文环境、哲学、宗教等各种因素综合形成的人造环境两个方面。

人存在的空间的概念包括 "空间" 和 "特征" 两个辅助方面, 即人对于环境的感知包括空间形态和场所特征两方面。空间形态体现为方位性, 通过定位确立自己和环境的关系, 从而获得舒适感和安全感; 场所特征则产生认同感, 使人识别并把握在其中生存的文化, 从而获得归属感, 也是更高层次的需求。

场所不是抽象的地点, 它是由具体事物组成的整体, 事物的集合决定了 "环境特征"。"场所" 是质量上的整体环境, 人们不应将整体场所简化为所谓的空间关系、功能、结构组织和系统等各种抽象的分析范畴。这些空间关系、功能分析和组织结构均非事物本质, 采用这些简化方法将失去场所和环境的可见的、实在的、具体的性质。不同的活动需要不同的环境和场所以利于活动的发生。人们需要创造的不仅仅是一座房子、一个穿插的空间, 更应是一个视觉化的 "场所精神"。

凯文·林奇认为, 场所不仅要适合人体的结构, 还要适合人脑思维的方式: 我们如何感知、想像和感受场所, 这可以称作 "场所感"。这种感觉因文化、个人气质和经历的不同而异, 由于人的感觉和大脑结构、感知有规律, 我们都能辨别周围的特征, 将它们组织起来成为意象, 并把那些意象同我们头脑中的其他含义联系起来。场所应该有明确的感知特性：可被认知、可记忆、生动、引人注意。观察者可以将可辨认的特征互相联系起来，并且在时间与空间中形成一个可理解的格局。这些引起美感的特征，常常作为"纯美学"而不予考虑，但却是完成实际任务的基础，是情绪安全的源泉，它们能够加强自我感觉。心理和环境的同一性是互有联系的现象，因而，一个场所的关键功能可以是我们内在和谐与连续感觉的支柱。在一个人的心智和情感发展过程中，尤其是在孩提时代，场所起着很大的作用；在以后几年里也是如此。对于好奇的旅游者、专心于某项任务的长住居民及偶尔散步者，必须有醒目的线索发挥作用，这些线索赋予人美的享受，也是扩大眼界的一种手段。

场所必须看作是有意义的，与生活其他方面，如功能、社会结构、经济与政治体制、人的价值观等发生联系。空间与社会的和谐一致推进了这一作用，并使两者相互理解。空间特性可以是个人或群体特性的外在表现。然而，我们很少了解景观的这一象征作用，而不同的群体有着完全不同的意义和价值观。空间的易辨性（legibility）至少是群体能依此凝聚并且建立其自身含意的一个共同基础。暂时的空间易辨性同样是重要的。一个环境使居民面向过去，适应现在的节奏，展望未来及其间的种种希望与威胁。

设计者可以研究现有稳定而且被接受的场所形态，或研究某些社会集团本源的环境，设想这些场所必定发展到适应某些盛行的价值观和活动，因而按这些模式建立的任何新的场所也必然适合已经更换活动场所的人们。这就是设计者非常熟悉的先例研究。研究过本源环境后，如无其他理由，就要感觉什么是新的、什么是熟悉的。形态的某种连续性肯定是需要的，在有着损伤城市形态的人口流动时尤其是这样。在没有连续性的地方，居民通常也会塑造它。但是，人们并不十分肯定什么环境要素效果良好或者它们在新的城市文脉中如何起作用。

1965 年黑川纪章提出场的理论，他认为城市的构成要素有"自然的要素"、"建筑的要素"、"人的要素"之分，自然和建筑是场的构成要素，人的要素是生活的构成要素，可以把它们定义成由一些领域所构成的在现在某个时间上的"场"，这些领域可以通过上述要素的距离、位置、方向、通路、意义而加以认识，当人们在场中相互发生关联时，便会产生空间的场单位。

所谓城市空间的总体，也可以说是人的行动的场与人之间相互关联的时间的变化，即空间的时场单位的总和。时间的变化不仅表现为人的行动，还会以场的领域本身的变化表现出来。因此，我们并不把变化和对应的过程本身情节化，而是将某一瞬间的场与人的相互关系，作为由象征和符号组成的经验加以把握。

1980 年布伦特·C. 布罗林从新老建筑视角，以众多的实例论述了建筑与文脉的关系[9]，并认为，建筑师的责任明显不同于其他艺术家的责任。绘画作品是挂在展览馆里的，人们可以选择是否要去参观它们，而建筑则未必被邀请而闯入每个人的日常生活。建筑要优美地与其文脉相结合，不能强调生硬的创造性变化——以新奇求得创造性——而要强调在已知的视觉文脉审美范围内的精炼，无论这种文脉是现代的还是传统的。尊重现有文脉的准则应包括文化、传统、历史的重要性、引人注目及视觉上一致性的程度。

A. 拉波波特在《造成环境的意义——非言语表达方式》一书中探讨空间的意义，并将建筑环境与人类精神活动结合起来，认为在很多情况下，物质条件（如气候、地理条件、建筑材料、技术水平）都只是起着"修正因子"的作用，人工环境形象的"决定性因子"则存在于礼数、习俗、礼仪等精神文化方面。特定的社会文化是空间意义的基础渊源，空间环境所以具有意义、具有怎样的意义，以及该意义的作用如何在人的行为环境中得到体现，均是受到特定文化及由此形成的脉络情境所决定的，这种决定作用还体现在对人的认识方式与途径的影响上。

A. 拉波波特十分强调环境线索的重要性，认为人正是通过对线索的解读才进而领悟环境的意义，从而做出与之相应的恰当行为。人通过认识环境线索而形成环境意象，纳入图式，与原有图式对照，完成解码过程。在解读线索，形成环境意象，纳入图式这一知觉过程中，另一种心理过程组织机制——记忆——也起到了至关重要的作用，因为环境线索的意象纳入图式，其同化-顺应的建构过程，必须通过与原有的图式进行比照才能得以进行，而这种与过去知觉经验的比照，正是记忆的组织机制。

从更深的层次分析，建筑物精神层次的意义远比实用层面更为重要。场所的意义或精神是指场所的空间组织、形态元素和材质特征等综合传递和反映社会、文化等思想和价值观念，并在人与场所的特定关系互动中加以体现和认知。不同的社会、文化，不同的社会团体（年龄、性格、民族、宗教的差异所构成），不同的人的认知（主要通过场所的分类、命名、认知地图、印象、记忆和识别等来完成）对场所意义均有不同的理解。

安东尼・吉登斯对场所做了精彩的论述[10]，场所可以是屋子里的房间、街角、工厂的车间、集镇和城市，乃至由各个民族、国家所占据的有严格疆域分界的区域。但场所的典型特征是它们一般在内部实行区域化，而对于互动情境的构成来说，在场所之内的这些区域又是至关重要的方面。现在让我进一步深入探讨情境（context）的概念。之所以使用场所，而非位置，原因之一就在于，在跨越空间和时间的日常接触中，行动者经常不断地运用场景的性质来构成这些日常接触。其中有一个显而易见的要素，就是赫格斯特兰德称为"停留点"所具有的物质性质。这些停留点就是各种驻留的位置，在这些停留点中，为了进行具有一定连续时间的日常接触或社会场合，行动者活动轨迹的身体流动会停止或者减少，这些停留点就此成为不同人的例行活动相互交织的场所。

　　场所是指利用空间来为互动提供各种场景；反之，互动的场景又是限定互动的情境性的重要因素，人以例行的方式，运作场景的各种特性，来构成互动的意义和内涵。情境就将主体最亲密、最细微的组成部分与社会生活的制度化方面远为广泛的性质关联起来了。

　　罗杰·特兰西克认为，人们需要一个相对稳定的场所，来发展他们的文化和社会生活。城市设计者的任务，不是仅仅组织构筑物或者空间，而是要综合运用自然和社会环境来创造场所。

　　布莱恩·劳森认为[11]，场所常常是非常复杂的，两人在他们不同的人生阶段参观了同一个场所，可能会从中提取完全不同的特征。在对于年轻人在成长的过程中如何感受场所的研究中，马林诺夫斯基（Malinowski）和舍伯（Thurber）向我们展示了一种直觉上可以被视为合理但往往被科学研究所忽略的持续发展倾向。这表明，小孩可能往往把建筑同谁相联系来看待建筑。当长大一些后，他们就会以场所中的活动来认识它，并最终以美学的观点来评价它。最重要的不是我们与空间或建筑之间直接的关系，而是我们彼此之间的关系、人与人的关系。

　　场所通过对事件的有效记录也为我们在生活中提供安全感和稳定感。时间的增长和流逝提供了人类连续不断活动的显著证明，我们对此加以看重。人们通常不愿拆除旧建筑物，不仅因为旧建筑有着特别的建筑学价值，还因为这会抹去一些珍贵的记忆。有些场所修建起来后就能以某种方式让时间留下痕迹，甚至度量时光的流逝，这样的场所常常对我们有一种安定的效果。尤其是能表达日复一日的节律或者季节更替的场所能使人平静和安心。

　　简舜认为[12]，在场所理论对城市广场的研究中，场所的构成要素可以被归纳为三个主要的层次——可识别性、可达性和活力。这是从另一个方面对广场特性进行的分类，其中"可识别性"指场所的特征，包括具体形象的特征和抽象意义上的特征，比如氛围、文化、历史，甚至可能是功能。"可达性"是指场所的交通状况，包括区域位置、外部交通状况和内部各部分之间的交通联系。而"活力"是场所的灵魂所在，它主要由广场的环境、视觉效应、空间功能组织及人的行为来决定。

　　"视觉效果"只涉及视觉的愉悦，然而人的感觉是多方面的，听觉、触觉、心理、生理、物理等多种因素都会改变人们对场所的评价。在城市广场中，"微气候"就有着影响以上大部分因素的作用。微气候是指"场所"这个局部的天气状况，其中阳光、气温、湿度和风对城市广场的舒适性有主要影响。

　　王鲁民等认为[13]，场所的重要性与场所占据者的重要性相关，在许多场合，场所占据者的身份地位对于场所的重要性有着明确的支配作用。实际上，场所占据者的重要性具体表现在对人的影响力和对周围环境的操控力上。

R. 阿德利认为[14]，城市是安全之所，令人兴奋之所，是可以识别和交流的地方。没有达到这些标准的聚居地，就不是城市。城市建立在满足人的基本需求的基础上。

安全性意味着：①聚居地和小区一目了然（不是无限制的、乱糟糟的居住，各个区域间的关系紧凑、明了）；②由清晰的空间组成和边界组成来定位，地形、特征也很重要；③公共空间的围合，有活力的房屋立面组成（外观）；④间接的监控（朝向道路的视线）；⑤密集的道路网，由此进行便捷的交流；⑥尽可能高的密度和多样使用，形成活跃的氛围；⑦公众与私密的明显界限，内部和外部的明显分隔（明确的空间使用，"自我防护"，疏散的可能，独立空间的可能，至少有一面朝向安静区域）；⑧联系的简便，但要避免强制的联系（分门出入，与公共空间、与地面的紧密联系，条件是层数最高 4～5 层，私密自由区域的明确界定）；⑨经济上的多样性（就业岗位充裕，维持生计的保证）；⑩基本设施和供应的正常运转，足够的住房供应；⑪建筑和空间形式的持久性（可重复识别），谨慎地、逐渐地改变；⑫所有交通参与者的危险降到最低（以威尼斯为典范）。

可识别性意味着：①从外面可以辨别出城市、小区（严格确定界线，与地形相关，特征的强调）；②营造特征化的空间场景和室内的空间效果（确定界线，强调着重点和边界限制——这样就构成了空间段，可远眺和鸟瞰，其间形成明显的对比）；③典型地区建筑形式和特征的强调、引申；④在总体排序之内赋予建筑和住宅独特的外形；⑤市民对于环境、城市的责任意识；⑥居民参与本区的政治、文化活动；⑦因其独特的标志而自豪（令人感兴趣的历史、优美风景、特色工业、有名的足球协会……）；⑧参与和筹划所在地区的民间节日和大型活动；⑨典型的、通透的社区及小区的构筑（不仅是建筑一空间上的，而且涉及使用结构和居民结构——胡格诺派教徒聚居区）；⑩家乡的感觉。

革新、使人兴奋和诱惑力意味着：①能不断看到和感受新鲜事物（重要的前提是公共道路、公共广场，"在大城市的道路和辖区里发生的形形色色的事"）。②观察与被观察，得到好评和给予好评（空间上的围合、每条通道和广场都要用直接划定界线的、有活力的房屋立面、转角的挑楼、阳台和平台来防护）；内外相互渗透（城市是剧场，是舞台）。③混合使用的底层，高密度（许多人在不同时段路过）。④空间的张力（对立面：密集建造的城市-开放风景；对立面：紧凑的居住区一宽阔的绿化带/公园；对立面：道路-广场；对立面：建筑-院落；对立面：内-外）。⑤隐秘性，由好奇所引起（栅栏、界线、围墙；窥视阻隔区域——不是所有的地方都可以通达）。⑥丰富的大型活动和文化项目的提供（前提是高密度），个人教育、创造、艺术和工作的可能性。⑦不同的、明确的使用中心；竞赛场景（高密度、场地的专门化）。⑧不断的更替（广告、集市、公众演示、交通、改建），其前提是固定的空间框架和相关联的排序。

　　约翰·O. 西蒙兹认为[15]，运动的序列、速度及特性都会给运动物体带来可遇见的情感和心理效应，应认真加以考虑。对接近的目标和空间的路径或线路的抽象性质应谨慎设计，由此引发的运动必须进行满意的处理。这些都是显然的，但是正像许多显而易见的事物，常常因为司空见惯而在规划中被忽视了。

　　人有如下感应反应：对熟悉的事物感到轻松，对不熟悉的事物感到兴奋；在统一性、多样性及宜人的场合中获得快乐；在有序中感到安全的保障；在奇异、有活力、富于变化的事物中找到乐趣和欢娱（图 2.8）；在僵硬死板的环境中，

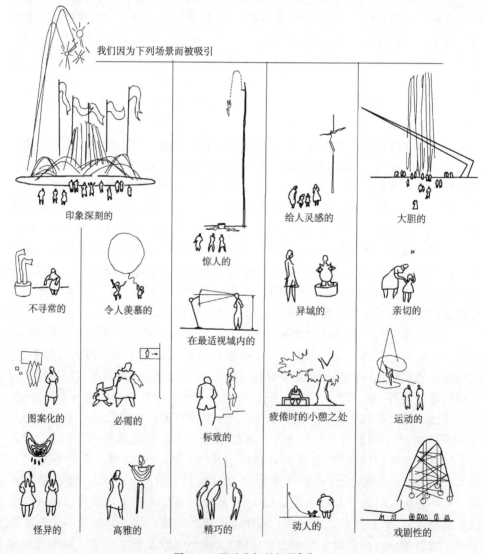

图 2.8　吸引我们的场景[14]

人的身心会憔悴、萎靡。

驱策因素使我们的运动趋于：沿着逻辑的演进序列；沿着最小阻力线路；沿着最省力的坡度；沿着有指向性造型、标志或符号的线路；朝向令人愉悦的事物；朝向想要的事物；朝向有用的事物；朝向变化之处——从冷到暖，从阳光到阴影，从阴影到阳光，朝向有趣的事物；朝向刺激好奇心的事物；朝向入口点；朝向接纳型的地段；朝向高反差的地点；朝向颜色、质地丰富的点；抵达目标；为抵达最高点、跨越长距离、克服障碍而自豪；匆忙时，直道而行；悠闲时，绕道而行；与交通格局相协调；与抽象的设计形态相谐调；朝向美丽和入画的景物；寻求运动的适宜感；寻求体验空间的变动；朝向暴露处，如果喜欢冒险；朝向庇护处，如果受到威胁；朝向并穿过令人愉悦的空间和地域；朝向有序之处，如果苦于混乱；朝向混乱之处，如果倦于单调；朝向适合我们情绪或需要的事物、地域和空间。

我们排斥下列因素：障碍；陡坡；令人不快的事物；单调的事物；乏味的事物；沉闷的事物；一目了然的事物；不想要的事物；没有激情的事物；禁止的事物；费劲的事物；危险；摩擦；无序；丑陋的事物；不适之物。

场所将历史文化价值、生态价值和人们对城市社会活动场景的体验和需求与空间的概念结合起来。场所具有关注人的行为活动与空间环境关系的特征，它不仅涉及空间的物质几何形态，而且涉及社会风俗、历史事件、人的活动等城市文化的传承，并使空间的物质几何形态构成某种意义或者符号。

场所必须具有以下要素：

（1）适合某种社会活动、人的行为发生所需要的空间，是人的行为活动的载体。

（2）这种社会活动和人的行为空间具有历史的或长时间的延续性。

（3）这种时空的连续性为所在城市（或场所周围）的人所认同。

（4）是整个社会环境和城市环境的有效组成部分。

（5）具有一定的结构层次和关系维度。

场所可以用以下图式来表述：

2.3.2　场所进化的不可逆过程

在城市发展的过程中，场所的活动主体（居住者）也呈现出不断"进场"和"退场"的过程。新"进场"的活动主体，对原有场所的意义、符号的认知、社会的约定俗成、社会文化的影响等，构成新"进场"的活动主体对原有场所的解码（认知），这种解码（或认知）连同原有城市空间场景的物质载体与城市社会活动（或城市的发展过程）相融合，构成新的城市生活场景和新的城市空间场所，即在原有城市空间场所的基础上，演绎新的社会文化、新的历史事件，包括在场的人的活动，并构成新的物质几何形态的意义、符号等。

历史是事件的集体记忆，城市被赋予形式的过程是城市的历史，持续的事件构成了它的记忆。"城市精神"存在于它的历史上，一旦被赋予形式，它就成为场所的标记符号，记忆则成为这个结构的引导。这样，记忆就代替了历史。罗西认为城市是集体记忆的所在地，它交织着历史和个人记录，当记忆被某些城市片断（线索）所触发，过去所遇到的经历（即历史）就与个人的记忆和秘密一起呈现了出来。而这也正表明了城市空间所具有的"意义"。

场所是城市物质空间形态与城市活动主体的社会活动、人类认知记忆的不断叠加融合的不可逆的过程：原有的城市活动主体退场（逝去）与新的城市活动主体进场都是不可逆的，一代接着一代地演替着，尽管每一代人对场所的认知与老一代并不完全相同。如图 2.9 所示。

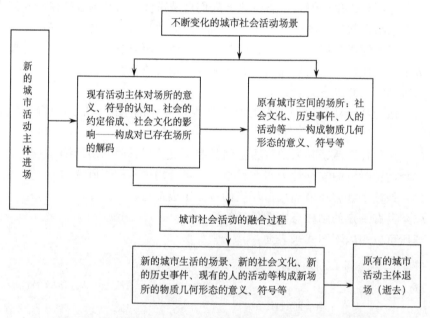

图 2.9　城市社会活动和人类认知不断叠加融合的不可逆过程

与空间的概念相比，场所更强调人对环境特定部分的占有，以满足人对场所的社会使用需求。场所的研究注重将人类的活动（特别是社会性活动）与物质空间紧密结合，旨在把握空间与人之间的互动关系与特定关联，而这也正是空间的意义之所在。

场所环境的意义主要表现在以下四个方面：

（1）环境的功效（影响人的行为），即意义之所在，正是意义暗示了环境的潜在用途，人类行为是基于环境所具有的意义。

（2）事物的意义产生或起源于社会的相互影响过程，而在社会的相互影响过程中，起主导作用的是文化。

（3）从意义的传播与认知途径来看，空间环境意义的表达是一种信息传播过程，包括从现实环境到人脑中的知觉图式再到选择决策行为的复杂过程。

（4）空间意义的传达是非语言的形式，强调潜移默化的行为，强调一切隐藏的方式，特别是文化濡染与环境脉络的内在决定作用。

1983 年比尔•希列尔和汉森提出空间句法，是具有很大影响力的场所度量法。空间句法实质上是一种场所的理性几何度量法。希列尔及其追随者提倡记录建筑空间及城市空间的一系列度量法。从根本上讲这种方法是控制围合空间的拓扑学的实际应用，它可以有效地辨别不同的空间拓扑关系。比如，这类研究使我们清楚了现在创造出的许多极其不同的结构布局，其实是基于传统的城市形态。

1999 年新西兰学者克莱尔•弗里曼（Claire Freeman）在英国利兹市对各场所进行评价时，提出了一种简单易行的场所调查与评价方法[16]，为了符合城市生境的特点，除了进行生态调查之外，还应对城市场所的其他特征进行调查，如宜人性、开发价值等（表 2.1）。

布莱恩•劳森认为，城市空间常常不是一个完全封闭的和容易定义的单元。可以肯定地说，一旦空间被精确地围合，我们就理所当然地把这看作建筑！相当的城市空间是敞向天空的，从一个渗透到另一个，相对而言，很少被门这样的开启设施分离开来。那么在这样的空间组织中，我们怎么能够肯定起点和终点呢？典型的空间语言已经发展成为了一种分析形式。这种分析依靠视线可及的一条最长的直线应用于所有的城市空间，这些直线因而能在平面中进行研究，对直线的交点和节点的研究有点类似于单元研究，这使统计学的有趣排列得以汇编，也使空间拓扑学得以扬名。

通过城市路线的几何度量，空间语言学的追随者认识到当进行有意识的设计时，我们可能正在创造非常不同的场所，正如在新城镇和新房地产中所做的那样。1996 年希列尔认为，传统的城市形态并不是通过一时的宏伟规划所能实现的，而是通过长时间的生长，使其几何形态尽可能具有功能作用。现代城市表面产生的问题在城市形态的进化中，它们的空间逻辑的各个核心方面都被完全颠倒了。

凯文•林奇认为[17]，如果受访者对一个场所做畅所欲言的描述，以唤起他们的感知、感觉和知识，那将是淋漓尽致的。一般可以在现场进行，但更常见的是通过回顾，使受访者留存的这些意象显现出来。

表 2.1　城市场所评价方法

场所调查中评价场所价值的传统标准	将传统的场所调查与评价方法应用于城市场所的局限性	城市场所的特征	用于评价城市场所价值的可选标准
(1) 大小：越大越好	(1) 聚焦于废弃地或乡村景观	(1) 具有高度灵活的城市物种	(1) 活力（植被和野生物对生境变化的反应能力的指标）
(2) 未破碎化	(2) 聚焦于城镇边缘的乡村地带	(2) 具有通常被认为"很难看"或"不受欢迎"的物种和生境类型	(2) 健壮性（忍受人类压力的能力）
(3) 典型性	(3) 传统的生态标准，例如稀有性、自然度等，在城市地区的适用性有限	(3) 看起来不整洁并且可能含有大量的枯枝落叶	(3) 位置（例如临近学校或住宅，且位于自然贫瘠的地区）
(4) 稀有性（存在稀有的或濒危的物种）	(4) 没有对城市物种的价值给予重视	(4) 具有许多"外来种"，有点可能被看作"有害物种"	(4) 宜人性和使用价值
(5) 多样性（物种数量常常作为一个评价指标）	(5) 状况良好且很适应城市环境的生境可能被评为具有较低的价值	(5) 持续时间短暂	(5) 城市物种
(6) 脆弱性（对变化和利用的敏感性）	(6) 没有对场所的教育、休闲和其他价值给予重视	(6) 具有不同范围的生境类型	(6) 多样性（典型性一般是一个外来的概念，所有的场所都有很大的不同）
(7) 年龄	(7) 场所的价值不确定，可能根据位置而变化，例如市中心可能比外围场所的价值更大	(7) 在生境和物种类型中历史的延续可能是明显的	(7) 特殊的特征（这包括小路、围墙和树篱等）
(8) 生态位（与生境的关系）	(8) 许多场所是新建的，以成熟的标准来评价则价值较低	(8) 废墟，包括花园的遗迹和适应当地环境条件的园林植物	(8) 生态特征的稀有性
(9) 有记录的历史	(9) 除了场所目前的特征之外，考察其潜力也是必要的	(9) 多样化的景观，包括围墙、建筑物和其他人类遗迹	
(10) 自然度		(10) 需要给予较低养护水平的状态良好的生境，并能经受频繁的使用和滥用	
(11) 内在要求		(11) 地方的特性和乡土物种	

　　探索场所意义时语意差异是一项已经得到发展的技术。一长串用以描述场所的两极对仗的形容词已经确立，如"好-坏"、"冷-暖"，"粗糙-光滑"，"安全-危险"等。这类经过试用的术语清单可供应用。当每一项模拟向受访者展示时，要求受访者指出最适合于那个场所的形容词。这座教堂平静、干净而高耸；那间酒吧粗犷、肮脏而格调低下。一群人合起来的答案就能加以分析，看哪几个形容词联起来能最恰当地反映场所的整体组合。这些适合场所的形容词组可能具有某种易于表达的概括性含义，如权力或危险可能是人们辨别世界主要含义的尺度。这些词所描述的场所因而就可以顺着这个尺度加以安排。

2.4　生态城市的理念和绿色城市的设计

2.4.1　生态城市的理念

生态学（ecology）是由德国生物学家赫克尔（Ernst Heinrich Haeckel）于 1869 年首次提出并于 1886 年创立的。至今，生态学得到了前所未有的发展和应用，并与其他学科相互渗透，产生了许多分支学科，如农业生态学、城市生态学、人类生态学等，并将继续深化和扩大自身的学科内容和学科边界，形成庞大的综合性学科。

城市生态学是研究城市生态系统的结构、功能及其运动规律的生态学分支学科，即研究城市人口与自然环境和社会环境之间的相互关系的应用生态学的新兴学科，其学术思想却有着悠久的历史渊源。从中国的商鞅、管仲，希腊的美勒，到霍华德、帕克等，人与城市环境关系的研究不断被深化和系统化。

联合国教科文组织的"人与生物圈计划"（MABP）开创了在全球范围内将城市作为生态系统来研究的新途径，"关于人类聚居地的生态综合研究"专题是该计划的重点研究内容，促使对城市生态学的研究达到了前所未有的广度和深度。

"生态城市"是 1971 年联合国教科文组织在第 16 届会议上"关于人类聚居地的生态综合研究"中提出的。1990～2002 年，分别在伯克利、阿德莱德、约夫、库里蒂巴和深圳共召开了五次生态城市国际会议，使生态城市规划设计与建设的理念得到更为广泛的普及。1984 年前苏联生态学家杨诺斯基（O. Yanitsky）提出生态城市是一种理想的城市模式，其中技术与自然充分融合、人的创造力和生产力得到最大限度的发挥。1987 年美国生态学家理查德•雷吉斯特（Richard Register）提出，生态城市追求人类和自然的健康与活力，生态城市即生态健康的城市，是紧凑、充满活力、节能，并与自然和谐共处的聚居地。黄光宇于 1989 年提出，生态城市是社会和谐、经济高效、生态良性循环的人类居住区形式，具有自然、城市和人融为有机整体、形成互惠共生结构的特点。王祥荣于 2001 年提出，生态城市是指社会、经济、自然协调发展，物质、能量、信息高效利用，基础设施完善，布局合理，生态良性循环的人类聚居地。2001 年黄肇义、杨东振等认为，生态城市是基于生态学原理建立的自然和谐、社会公平和经济高效的复合系统，更是具有自身人文特色的自然与人工协调、人与人之间和谐的理想人居环境。

还有众多的中外学者为生态城市理论做出了贡献，如恩格维特（D. Eng-wicht）、唐顿（P. F. Downton）、麦克哈格（L. Mcharg）、索勒瑞（P. A. Soleri）、舒马赫（E. F. Schumacher）、施奈德（K. Schneider）、布里兹（R. Britz）、格洛

弗（P. Glover）、伯格（P. Berg）、罗斯兰（Roseland）等，中国的马世骏、王如松、沈永昌、沈清基等。

在城市生态化建设方面，美国的伯克里、克里夫兰、波特兰都市区，丹麦的哥本哈根，新西兰的怀塔克尔，印度的班加罗尔，巴西的库里蒂巴、桑托斯等城市均取得了不少经验和良好的效应。澳大利亚于1994年在阿德莱德城市开展生态城市计划。日本建设省1992年提出，生态型城市至少包括：①节能、循环型城市系统；②水环境与水循环；③城市绿化。北九州市提出"零排放"生态城市建设的构想。2000年日本提出建立循环系统社会，提出基本原则，力求通过建立循环型社会，促使产业结构的重大变革和科学技术发展方向的转变，改变人们的工作方式和生活方式，树立新的价值观念。第五届国际生态城市大会深圳宣言指出，建设生态城市包含生态安全、生态卫生、生态产业代谢、生态景观整合、生态意识培养5个方面，并提出9项推动生态城市建设的行动措施。

1972年我国参加了MABP（人与生物圈计划）的国际协调理事会并当选为理事国，1978年建立了中国MABP研究委员会，1979年中国生态学会成立，1984年成立了中国生态学会城市生态专业委员会，为开展城市生态研究和学术交流开辟了广阔的前景。在生态城市建设方面，江西宜春市从1986至1991年开展生态城市的试点建设，上海、南京、天津、哈尔滨、成都、扬州、秦皇岛等城市纷纷提出了建设生态城市的目标。

生态城市的概念具有广泛的外延和丰富的内涵，从理论上各国的学者仍在不断探索和研究，但至今尚未形成统一的定义和标准。在生态城市建设上，各个城市的目标、方法、建设重点等均不相同，与生态城市建设相关的概念，如"绿色城市"、"健康城市"、"园林城市"、"环保模范城市"、"山水城市"等各具特色，均从不同侧面对生态城市建设具有一定的推动作用。阿尔基布吉（F. Archibugi，1997）认为，城市是一个特殊的、需要加以精心保护和组织的环境实体，大多数的严重污染和自然环境衰退的根源来自城市本身，来自不适当的城市规划，不适当的城市管理和环境不相协调的发展，而环境危机和城市规划之间紧密的关系未得到充分的重视和正确的认识。

城市生态化是指一般城市向生态城市的转化过程，是从生态环境、经济社会等多个层面促进生态城市建设的重要环节，其建设目标是致力于城市基本生态条件的改善，引导和推动城市向生态城市的目标迈进，为城市向更高层次的社会经济发展转化奠定生态基础。

当前各国城市迫切需要从国情和城市发展的实际出发，寻求和探索适合自己发展的生态城市建设道路，城市生态化建设将最终在确保城市区域经济和社会获得稳定增长的同时，使城市经济发展、社会进步、资源环境支持和可持续发展能力之间达到一种理想的协调发展的优化组合状态，以便在空间结构、时间过程、整体效应、协同性等方面使城市与周围区域的能流、物流、人流、技术流和信息流达到合理流动与分配，从而提高城市的可持续发展能力。

2.4.2　城市系统的生态特征

城市是人类按照自身的生存和发展需要有目的地建造和创造的自然、经济和社会复合系统。城市的各种功能、建筑物、构筑物、园林等所形成的文化载体，表现了人类的精神和意志，使人类获得物质和精神的满足。同时，城市是一个开放的系统，是与周围环境、区域、城市网络不断交流能量、物质、信息的系统，是自然环境中特定的生态系统，这个系统有自身的生命节律和生成、发展、衰落的过程。

城市系统从诞生起，就是对其生成环境的一种对立、反叛和破坏。从城市生态系统自身来看，自然环境系统的非生物部分，如大气、土壤、水体等，已被城市中人类的生活和生产弄得面目全非，部分已经成为污染源（如发臭的城市水系、部分没有植物生长能力的土壤、烟光混合的空气等）。因此，城市生态系统并不是一个能量和物质流动有益于人类活动的系统，要满足城市生态系统中人的需要（包括洁净的饮用水、充足的食物和清新的空气），必须依靠周围环境的支撑和供给（或城市腹地的支撑和供给）。其大部分能量与物质，如粮食、淡水、原材料、能源等，均依靠从其他生态系统（如农业生态系统、海洋生态系统等）人为的转入，形成城市生态系统的支撑体系。同时，城市生态系统中人类生产和生活所产生的废物、废水、废气却被转送到其他生态系统，形成不同于自然生态系统的能量流动和物质循环。

从社会-经济的城市子系统分析，城市生活的居住者，可以分为生产者和消费者两个大类。从更广泛的意义上看，城市居民既是生产者，也是消费者。城市并不是供个人或单个家庭自产自用的生活场所，而是由社会经济实体及其众多的子系统所构成，子系统之间相互关联甚至互为因果。子系统又可分出众多的子子系统，精细化的社会分工使城市中的每一个人都在这个庞大的社会经济体中占有比较确定的位置，形成相对稳定的社会生产形态。同样，城市中的每一个家庭，也在城市系统中、在城市的空间分布结构中占有一个比较确定的位置，构成城市社会中基本的消费单元。

从城市中的社会-经济子系统的更微观的状态分析，生产者和消费者之间存在随机的自组织的过程，如家庭的组成、产品的消费过程，正如艾根（M. Eigen）在超循环理论中所证明的，这些随机效应能够反馈到它们的起点，使其本身变成了某种放大作用的原因；在因果之间多重相互作用的条件下，可能建立起一个宏观的功能组织，包括自我产生、选择进化到高度有组织的水平，这个水平上的体系可以摆脱其在起源时所需要的先决条件，并按照自己的利益改变环境。

在社会-经济体系这个庞大的功能组织中，包含着众多的个人、家庭和小范围自组织的、随机的微循环系统，这种微循环系统由社会-经济体系中的制度、法律、运行规则等组织，甚至为文化及社会习俗所左右，成为整个社会-经济体系中的构成单元，这种微循环的基本构成单元具有广泛的开放性和随机性，从而使社会-经济体系中的各种超循环系统具有生动的涨落起伏和不断进化的能力。

城市生态系统的基本功能是通过物质、能量的流动和信息的传递，将城市的生产与生活、资源与环境、时间与空间、结构与功能等有机地联系起来，满足城市居民的生产、生活需求，促进城市向更高层次发展，突显城市的社会功能、生产功能和生活功能，以带动人类社会的进步与发展。

现代城市的高速运转，使大量的人流、物流、能流和信息流涌入城市，城市并不仅仅是个"容器"，而且是由能量、物质、信息和人类共同组成的"核反应堆"。它产生新的能量、物质、信息，并向周围的辐射，同时大量的"核废料"以各种形式滞留在城市之中，或排泄在周围的环境之中，形成日益严重的环境污染。

2.4.3　生态城市建设的层次、内涵和基本目标

自然生态系统与城市系统（包括城市生态系统）是两个截然不同的系统，在基本要素、系统层次、结构、功能和复杂程度等方面各不相同。如果说城市生态学科注重的是自然与社会这两个层次，城市学科则更注重社会与文化意识（人）这两个层次，问题在于这两个学科对社会-功能的研究切入点、方向、方式及科学表述等均各不相同。但是无论是自然生态系统还是城市生态系统，从整体层面上分析，自然、社会、人（文化意识）三个层次均不是独立的互不相关的，而是相互关联、相互影响、相互生成、相互制约地嵌套在一起的，在生态城市设计、建设的层次内涵和目标方面都是一致的。

生态城市的设计、建设和评价应从人—社会—自然三个层次和城市的结构、功能、协调几个方面来进行定位，最终达到完善结构、提升功能、增进协调、城市优美和谐的目标（图 2.10）。

在图 2.10 中，自然生态环境是城市生成发展的基础，社会-经济系统是城市发展的动力，城市中的人是城市发展的主体、也是城市系统的灵魂，市民的生态意识、生态价值观念和日常行为的生态理念是自然生态环境和社会-经济系统协调发展的主导因素、也是生态城市建设的基本保证。城市的结构、功能和协调发展是生态城市设计、建设的基本内涵。从横向的层面分析，在自然—社会—人的不同层面，具有不同的结构和不同的功能、不同的协调关系和不同的发展建设目标。例如，社会层面，在结构上包括城市社会结构、经济结构和城市空间结构三个最基本的部分；在功能上则更为复杂，包括城市的职能、城市社会生活、城市

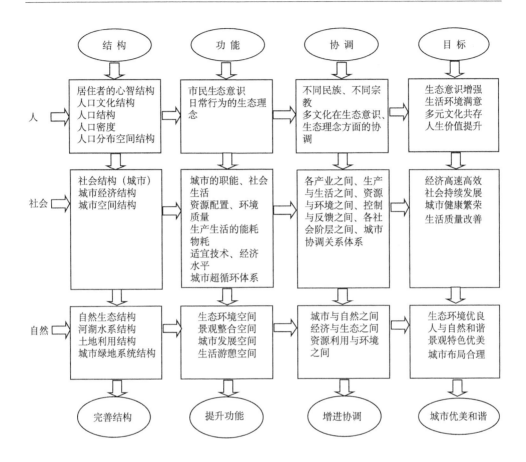

图 2.10　生态城市研究、设计、建设的层次、内涵和目标

经济水平、资源配置、生产生活的能耗物耗、清洁生产、城市超循环体系、环境质量等众多的方面；在关系协调方面，表现为各产业之间、生活与生产之间、资源利用与环境保护之间、控制与反馈之间、社会各阶层之间，以及城市和协调管理体系等一系列的复杂关系和协调度；在社会层面，生态城市建设的最终目标是经济高速高效、社会持续发展、城市健康繁荣、生活质量改善这四个方面。

　　从层次分析，生态城市的结构在自然层面不仅仅是自然生态结构、河湖水系结构，还包括城市土地利用结构和绿地系统结构，以形成城市与自然交融的生态景观格局。在城市社会层面，城市的社会结构、经济结构和城市空间结构，构成城市社会-经济系统的三个主要维度，从本质上看，这三个维度的结构体现了城市建设发展的基本格局、城市经济的基本层次和城市社会的基本框架，这种建设的基本格局、经济的基本层次和社会的基本框架并不是互不相干的，而是相互嵌套在有限的城市地域中，形成紧密关联的耦合共生的城市整体性。在城市居住者的层面，人口的年龄结构、文化结构、人口分布结构等表现了城市生态系统主体——人的基本状况，也表征了城市社会的基本状况（如老龄化社会等）和空间分布的基本状况、人的心智结构等，表征了城市遗传密码和文化传承的最为基本的方面，也构成了市民生态意识、日常行为的生态理念等产生的基础。城市居住者的心智结构，对城市生活中的每一个人，都是各不相同的，但由于城市场景的潜移默化和城市文化的传承，在城市中生活的所有人均具有某些共同的心智结构特征，表征在价值观、生活习惯、性格、气质和对城市的认知等众多的层面。

图 2.10 中所表达的人-社会-自然三个层面的结构，仅仅是城市结构的最为基本的维度，城市结构具有的多维性和复杂性，表现在城市的各个层面和各个子系统中，表现在人-社会-自然之间的复杂联系、关联耦合的过程和动力机制等诸多方面，在有限的城市地域空间中，形成了多层面多维度综合的城市总体结构。

2.4.4 城市空间生态化的城市设计

今天城市空间的生态化发展已成为城市空间建设的主导方向。麦克哈格在《设计结合自然》中指出："生物及其形式朝着适应环境的方向运动就是创造，适应也就能定义为创造，适应也就是生命的提高。"适应的根本目的是为了保证有机体的生存与进化，对城市而言，适应代表着现代城市系统的发展方向。城市系统是由自然、社会、人工环境共同组成的复杂系统，其适应机制更为复杂。城市系统的生态化是以适应机制（共生使系统协调，适应使之演化）为前提的，使城市系统的秩序提高，使城市系统获得更为平衡和协调的方式发展。

城市空间形体环境的生长是对自然生态环境的适应性发展，为城市提供了一个生态安全性较高、规模容量合理的城市结构。充分发掘山水之美，并引入城市复合生态系统之中，使城市与自然山水环境相伴相生的良好关系，人与自然共生、共存、共荣、共雅。城市空间生态化的建构应注重以下几个方面：

（1）生态系统的空间位置选择必须建立在摸清自然本底状况的基础上，这离不开对自然环境的已开发程度、适宜性及开发容量的分析评价，它们是设计的基础和依据。生态学的方法建议应按土地的自然演进过程来选择，即该土地应是内在地适合于"绿"的用途，才是城市中需保留而不宜开发的用地。

（2）生态系统的空间格局要与城市结构形态相协调。城市生态系统的空间分布，一方面要从自然本底出发，另一方面还要结合城市结构形态、拓展来综合考虑，既保证城市的发展环境结构合理，又要保证生态支持系统主骨架的连续性，形成体系。这种连续性、系统性对自然生态系统发挥生态效能具有决定性意义。

（3）生态系统设计要与一定的污染控制目标相结合。根据城市功能区的性质，有针对性地进行具体的"纳污"、"降解"设计，系统的组分选择、布局等因地制宜，数量上也要得到保证，使之发挥有效的作用。

城市生态系统的适应性主要表现在以下三个方面：①通过对社会环境的适应，把握时代脉搏和现实需求；②通过对自然环境的适应，创造适合地方物理环境和资源条件的舒适空间；③通过对地形文化脉络的适应来继承的生态经验。

在空间设计的理念上，传承是对过去的适应，发展是对未来的适应，以人的环境、社会环境和自然环境相互适应协调为目标。

1. 设计原则

（1）满意原则。满足居民心理需求和生理需求，涉及城市人工环境功能的完善，满足现实需求和发展要求。

（2）高效原则。对资源的有效利用、对文化资源的发掘、利用和最少的人工投入，增进城市生态系统的自我维持力和时空生态位的更迭作用。

（3）共生原则。即人与自然、人与社会的共生环境，城市空间具有的净化环境、减少污染和促进生态系统的调控能力，开启城市生态良性发展的机制。

（4）整体原则。尽可能发挥整体意义上的城市生态系统自我调节机制，以全面系统的理念促进可持续演进的人居环境（如深圳市总规——生态景观规划）。

2. 设计对策

1）可控的设计程序

城市空间的生态化并不仅仅是引进生态技术或增加绿地面积，而应首先建立一个可控的程序系统。城市空间的生态化与设计决策步骤的合理性密切相关，其完备性将在实际运用中不断地受到检验和调整。可控程序一般如下：

（1）观念更新。首先是设计者和决策者的观念更新，这种观念更新是先导性的，并引导其在大众意识中扩散和传播。

（2）生态调研。通过调查、收集、整理，建立动态的生态库资料，作为空间发展的依据，通过对资料的系统分析（包括自然、文化资源调查和社会调查），针对城市环境问题确立发展的主题和目标。

（3）规划控制。对具体空间的整体的生态系统发展状况，提出生态优化的方向和规划目标。

（4）生态设计。着眼于城市人工空间环境的生态综合，既包括适应现代生活方式的空间置换，也包括有效利用自然资源、保护植被、继承传统等，并注重空间运营的技术和经济性。

（5）实施管理。收集反馈信息和总结经验，启动城市生态系统的良性运转体制，进一步适应未来的可持续发展的空间生态特征。

2）落实各层次的环境目标

对于保持良好的生存环境应有长期和近期的思想及行动，阶段性和层次性地提高经济效益和生活环境品质。在总体城市设计中，必须根据城市近、远期生态指标，对城市空间景观和自然生态系统进行宏观调控。在各功能分区的城市设计中，应落实各个功能分区的地块密度、容量、绿地率和建筑密度等有关环境品质的定量控制指标。

在各小地块的城市设计中，应制定相关的生态引导法则，积极倡导空间场所多功能设计、立体绿化、城市空间的社会经济和环境效益的整体优化。

3）注重经济效益与环境效益平衡

城市空间生态化与建设投资的利益有直接的关系，开发者能否得到一定回报是城市空间生态化目标实现的关键。城市空间效益的不平衡性决定了土地经济效益的明显差异。公共空间生态环境的建设不能产生经济效益，应采取一定措施对开放的生态环境空间进行补偿式开发，进行综合城市设计，寻找环境与收益平衡点，对经济和环境效益进行恰当地评估。同时更多地运用空间布局的技巧，采取合理的生态技术，使城市环境质量得到最大限度的提高。

4）体现社会价值

空间生态化设计是否符合其社会心理价值是十分重要的。城市空间既要满足安全便利等要求，又必须以开放的形式促进交流，为未来的发展提供新的视野。城市空间的生态化除了要提高城市生活物质环境品质外，更应重视社会环境心理品质的提高，使城市空间更加温馨、亲切、舒适和宜人。

5）空间环境的整体和谐

人与自然的关系始终是城市空间生态化的主题，在城市设计中，应摈弃人工环境与自然环境的对立，而应采取城市与自然环境、乡村环境融为一体，倡导可持续的整体计划。城市空间生态化设计不能仅仅局限于对城市局部空间的改善，而应通过城市整体生态机制的分析，把握城市空间与自然生态的和谐发展。应充分发挥城市设计的能动作用，遵循生态设计原则，提高城市空间的适应能力，促使城市生态系统功能的完善。

2.4.5　绿色城市设计的目标和方法

绿地系统的空间布局，不能把绿地在建筑布局之后用于填空，而应以绿色生物系统所要达到的生态功能为出发点，以自然过程的整体性和连续性为原则，重视城市生态格局薄弱和缺失环节的弥补与重构，重视绿地的镶嵌性和绿地廊道的贯通性。自然山水的空间格局奠定了山水型城市绿地系统的基本框架。应综合地把街道绿地、公共绿地、单位环境绿地及大小公园、郊区林带和区域大范围的自然山水等相互渗透、相互结合，使整个城市生态健全、环境良好，且有美的风貌，使人心旷神怡，置身于一个比自然更集中更优美的环境之中。

对于城市旧区来说，应尽量结合自然山水增加局部的自然生态要素，在一切可能的地方种植绿色植物，以增加绿地面积，提高环境的绿化覆盖率，并采取多种绿化手段，具体途径如下：

（1）从城市的本底出发，形成一个适应当地气候、土壤等自然生态条件的绿地系统。注重乡土树种的选择，不仅能增强地区城市的绿化特色，而且乡土树种代表了自然和社会历史的选择，是城市生态要素达到良性循环的骨干，它们可以加强城市生态系统的稳定性和自维持能力。

（2）以城市公园绿地、环境大型绿带、楔形绿地和各类防护林为主体，建立城市绿地系统。通过点、线、面、楔、环形成一个绿色网络，既通过城市外环绿带抑制市区向农村扩张，又将自然引入城市，使城市及其次生自然环境与城郊原生自然环境形成了亲密无间的共生关系。实现从市域到市区、由自然生态环境向人工生态环境逐级过渡，创造良好的生态环境。

（3）开辟沿江河、道路沿线及环境绿化带，形成各种各样的"绿化走廊"，既能保护自然生态系统的完整性，又能在景观上形成多层次的活跃空间，使城市富有生气，又有利于城市生态环境的改善。

（4）在城市的各个开放空间，建立小型的面状绿地。完善城市绿地系统，为城市增添生机和活力。

1. 目标

（1）寻求城市人类生态与自然生态的有机结合。

（2）力求增加城市内部景观的多样性，协调各景观空间的交织、共融、镶嵌、内在等级、梯度和多核心。

（3）强调创造城市景观的特色，形成多层次的城市特色区体系，使整个城市、每个地段、每个结点都具有其自身的内在凝聚力和个性。

2. 绿色城市设计的要素

（1）自然环境与城市基础设施。两者的结合决定城市空间的形成、开合和大小，影响城市空间的开发强度、开放空间布局、绿道与蓝道系统的交织等方面。如图 2.11、图 2.12 所示，昆明的生态格局和生态网络规划。

（2）开放空间。包括自然风景、河流、森林、山体等，也包括人工建造的广场、道路、庭院等形式，它们是绿色城市设计的最基本要素。

（3）建筑空间。是满足人的各种需求的空间载体，可根据绿色城市设计的区域特色要求，对建筑形式、体量、色彩、质感等进行控制。

（4）交通与停车。城市交通的通达性和运营能力，直接影响城市效率，在保证城市运营效率的同时，不得破坏和割裂城市开放空间，可采用立交、下沉式交通等方式。

图 2.11　昆明生态格局

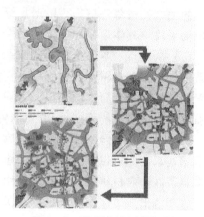

图 2.12　昆明生态网络规划

（5）人行步道。人行步道系统不仅是车行道路的辅助部分，而且必须形成独立连贯的体系。尤其是在家庭轿车日趋普及的情况下，人行步道系统是保证城市开放空间整体性的重要措施。

（6）社会活动及活动场所。城市中人们的交往、集会、表演、观赏、休憩等活动是城市活力的关键因素，如何组织上述行为活动，形成富有吸引力的空间场所是绿色城市设计的重要任务。

3. 绿色生态城市设计原则

（1）整体优先。不是单单追求环境优美或自身的繁荣，而是从社会、经济和环境三者的整体效益考虑，兼顾不同时间（今世、后代）、不同空间（地域）的资源合理配置，协调发展与限制、发展与公平的关系，即强调人类与自然系统在一定时空整体协调的新秩序下寻求发展。

（2）生态优先。以生态为导向，尊重自然，维护和发展自然生态格局和物种多样性，并努力探求人与自然的生态连接，建立新的生态伦理观念。在此，生态系统不是为人类表演的舞台提供装饰性的背景，或者是为了改善一下肮脏的城市，而是把自然作为生命的源泉、社会的环境、诲人的老师和神圣的场所来维护。

（3）可持续发展。是绿色生态城市设计的核心原则，强调发展兼顾当代与后代、自身与区域（乃至全球）的利益，即整体考虑有限资源的合理利用，实施清洁生产和绿色消费，保护自然资源和生命支持系统，不断提高环境与生活的质量。正如 J. O. 西蒙兹所言，城市规划师所面临的最重要的任务可能就是构建和协助形成一个广阔的、相互联系的且永久的开放空间保留地，并以此作为可持续发展的框架。齐康指出，城市与城镇都应以绿色来"打底"，这个"底"是"绿色系统",是"网络的",是"楔形的",更是生态的,它与城市自然及对外交通紧密结合。于是从大地、区域到城市,"留出空间,组织空间,创造空间"就成为规划师要遵循的总的设计原则。

2.4.6　绿色生态的空间环境创造——生态设计控制与引导

1. 人性化的生态城市空间环境设计

英国学者瓦隆索(Walonso)曾指出规划师犹如一个翻译,其职责在于把公众的需要"翻译"成物质的环境。人类有 5 个基本需求(生理、安全、社交、心理、自我实现),而真正按人类自身需要规划建设并取得成功的并不多见。因此,保护生态和环境,为居民营造一个宁静、亲切、便于交流的物质生态和人文空间,已成为城市规划与设计艰巨而紧迫的任务。

"以人为本"的生态城市空间环境设计正是充分考虑了人们的使用特点,根据人群的规模、特征(年龄、性别、职业等)与流动、集散和停留时间的规律,以及活动方式选择与休闲文化取向等,研究和预测人们对空间形态、环境品质的相应要求。如城市门户开敞空间可集中组织休闲、游憩、交往、交通等多种功能,广场、道路、公共设施、绿化等都是为满足人类自己活动需要与生态效益功能而设计,既能形成易于人们交往、停留的人性化空间,又能生动地展现城市景观,同时减少物质、能量的消耗——这就是对时空"生态位"的重叠利用。此外,需认真研究城市门户开敞空间中人的行为心理特征和行为时差,合理安排各种空间的关系,并在必要时考虑地上、地面、地下空间的立体化综合利用,提高空间的利用效率。

2. 生态城市形象设计

应用生态设计的思想,注重可持续发展的能力,并在城市形象(景观与意象)的设计与运作上依循因地制宜、实事求是的方针,塑造"城在树林中,路在草丛中,楼在花园中,人在景观中"的绿色生态城市形象。具体控制与引导如下:

(1)城市的生态形象往往都与城市文脉相关。生态城市不仅是用自然绿色"点缀"的人居环境,而且是富有生机与活力,关心人、陶冶人的场所,在此自然与文化、历史相互适应、共同进化,人类的天性得到充分表现与发挥,人们"诗意地栖居在大地之上"。因此,文化成为生态城市不可或缺的重要功能,必须树立生态城市形象文化价值观,在总体特色风貌目标的控制下,充分考虑环境主要空间的艺术风格和文化主题等方面的设计。成都市城南门户地段中沿人民南路高架桥以"老成都艺术走廊"为文化主题立意,通过一系列细部的城市设计对成都的历史文化进行挖掘与诠释，创造了人文气息浓郁的城市文化生态之延续。

（2）生态城市的绿色形象，包括城市大地景观、生态公园绿地、生态道路绿化、防护林带网络体系等，应强调纯"绿道"（greenway）设计理念，下大力气清理视觉污染，改变城市到处黄土露天的状况，或者只见生硬的混凝土和玻璃幕墙的"水泥楼林"而不见"绿色树林"的城市景观。

（3）生态城市中的水体形象，即对河湖、水池、喷泉、瀑布等水体形式、护岸材料、铺装方式及与水体有关的各种设施，尽可能恢复其自然生态模式，强调纯"蓝道"（blueway）的生态景观设计形式。

（4）生态城市的道路形象，包括机动车路面形式、材料与步行道的铺装形式，以及相关的各种设施，表面不做"镜面处理"，充分考虑与绿化的结合和毛细透水性，如尽量利用天然材料形成的"灰道"（greyway），停车场采用露草方砖等。

（5）生态城市的视觉形象，包括空间视觉线、天际线、眺望走廊（平视、仰视、鸟瞰）等，应强调结合绿色自然进行对景、借景、场景、背景的生态环境设计。

（6）生态城市各种设施的形象，从形式到色彩突出生态本色的设计理念。标志性设施（标识、广告、宣传栏、雕塑等）强调"简洁"模式；环境管理设施（消防栓、垃圾箱、噪声与污染显示牌等）和专用服务设施（生态公厕、电话亭、邮筒等）强调"纯净明快"的设计思路。只有从"生态城市设计"思想出发，理解和把握生态城市的形象设计，逐步尝试、积累，探索生态城市形象可持续发展的道路，才能使生态城市的形象越来越美。

3. 注意具体设计中相关的生态问题

在城市门户开敞空间具体的生态设计中必须考虑的因素如下：相关重大项目的环境生态影响；注意大面积玻璃幕墙的限制使用；在热带城市注意主导风向，增加城市透水面积，减少城市与自然隔绝的硬质铺面面积，保护景观水面以蒸发降温，而在寒带城市则可利用高大建筑物和道路的布局，避免不利风道的形成，降低空气流速；水体、大气、噪声与固体废弃物等的污染防治规划。除此之外，还可以利用生态设计中的"环境增强原理"，加大绿化强度的措施，根据气候、地形特点组织立体绿化和水面，重视对建筑物的绿化种植——屋顶绿化、复层绿化、垂直绿化，从而有效地弥补人工环境建设中生态的负效应改变。

4. 绿色城市系统的组成

1）绿道、蓝道系统

（1）绿道和蓝道的基本内容。城市的自然和人工河流及滨河绿化带；娱乐休憩的休闲林带；生态意义上的自然走廊（图 2.13）；风景名胜和历史文物地带；
综合性的区域公园、水库；适当尺度的城市林阴道及人工流水系统。

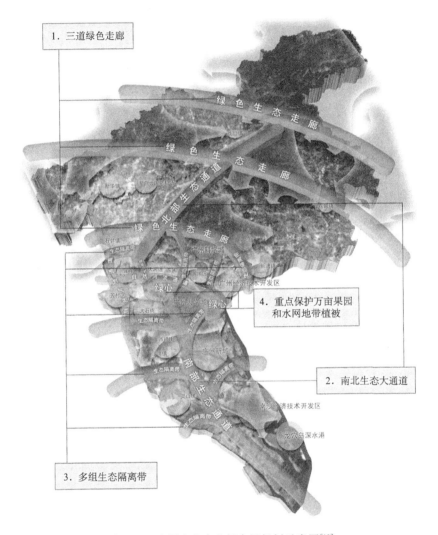

图 2.13　广州市生态空间布局规划示意图[18]

（2）绿地、山体（水系）规划成城市中的网格结构。

（3）建立不同层次的动植物园、公园、自然保护区、城市森林之间的廊道，
有意识地将动植物栖息地引入城市内部各个地段，改变以往城市规划中公园和休
憩绿地"见缝插针"的配角地位。

（4）疏浚城市原有的自然河流系统和海岸线，形成贯通全市的多层次的水
系，与城市雨水排水系统结合设计，形成城市中"活"的流动城市水系。

（5）联通性，是绿道和蓝道的最为重要的评价指标。不论绿廊和河道的宽窄变化，但它们都必须在各个层次上相互联通，不得被任何其他城市空间或设施阻断。

（6）人行步道系统是维持绿道和蓝道整体性的重要手段，也是绿道和蓝道的一个重要组成部分。

2）汽车道路系统

一个城市不可能没有汽车道路系统，但在绿色城市设计中，汽车道路系统将不再是决定城市空间的唯一因素（或首要因素）。优秀的生态化城市设计，必须处理好汽车道路系统与绿道、蓝道之间的关系，形成相辅相成的城市网络结构——双路网结构。

3）特色区域系统

特色区域是指城市中以人群的综合性生活行为为特征的区域，可根据行业、人口来源、阶层、建筑风貌、生活方式等来划分。从功能分区的角度来分析，特色区域是明显的功能混杂区域，也是城市中最有活力的地方，同时也是绿色城市计划的重要对象。如北京的中关村、画家村，南京的夫子庙、汉中门，深圳的东门老街，西安的钟鼓楼、回民街等。

绿色城市设计的特色区域系统构成的基本思想是：当城市中某个地区的人群聚集形式具有某种特征的区域时，这种聚集必然具有某种生态学的原因，城市设计的任务就是促进和强化已经形成的区域凝聚力，而不是反其道而行之，将其硬性分割或简单地进行功能分区。

2.4.7　绿色城市设计的三个层次

1. 区域-城市

区域-城市层次的绿色城市设计，主要侧重于对城市的空间布局和整体形态进行设计，如图 2.14，图 2.15 所示。

（1）从本质上理解城市与自然环境的关系及城市发展过程，做好生态调查，一方面充分利用原有的城市自然素材，另一方面还要设计出人工的自然要素（如人工河流、人工森林等），将它们在整个区域和城市范围内进行有机交织，形成交叉互融的立体网络。

（2）从总体上对城市的特色区域进行研究，并针对每一个特色区域制定特定的政策，促使其具有更强的凝聚力。

（3）应特别重视城市重大基础设施的思路和手段的问题，例如城市干道、高速路建设往往割断自然景观中生物的迁移、觅食路径，而绿色城市设计则强调加强自然景观的连接度。

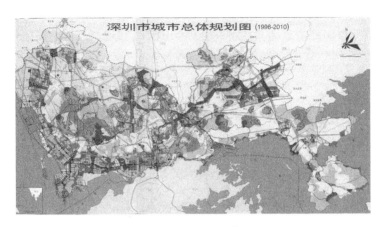

图 2.14 深圳城市总体规划

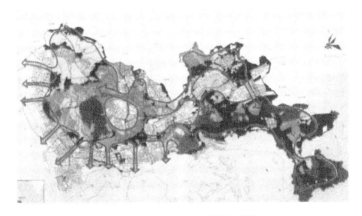

图 2.15 深圳生态结构图[19]

2. 城市分区级绿色城市设计

主要任务：在分区级层次上落实绿色城市设计要素，如绿道、蓝道、步行道系统等，保证其与上一层次的各项要素连通成网。特别应注意，在分区之间的连接地段，一般均以绿廊进行分隔，以形成团状结构。这里所说的分区，不是行政界线，而是城市团状结构的组分。

3. 地段-建筑级

设计原则如下：

（1）利用生态设计环境增强原理，尽量增强局部的自然生态要素并改善其结构，如主导风向、绿化布置、雨水-景观水面等。

（2）遵循资源经济原则，在建筑中减少和有效利用非可再生资源。

（3）遵循全寿命设计原则，在建筑寿命期内，尽量减少消耗和对环境的影响。

参 考 文 献

[1] 西特 K. 城市建设艺术. 仲德昆译. 南京：东南大学出版社. 1990

[2] 林奇 K. 城市意象. 项秉仁译. 北京：中国建筑工业出版社. 1986

[3] 亚历山大 C. 城市并非树形. 严小婴译. 建筑师，1985，（3）：207～208

[4] 黄亚平. 城市空间理论与空间分析. 南京：东南大学出版社. 2002

[5] 舒尔兹 N. 存在·空间·建筑. 尹培桐译. 北京：中国建筑工业出版社. 1990

[6] 芦原义信. 外部空间设计. 尹培桐译. 北京：中国建筑工业出版社. 1985

[7] 黑川纪章. 城市设计的思想与手法. 覃力译. 北京：中国建筑工业出版社. 2004

[8] 林奇 K. 城市的印象. 项秉仁译. 北京：中国建筑工业出版社. 1990

[9] 布罗林 B C. 建筑与文脉——新老建筑的配合. 翁致祥，叶伟，石永良等译. 北京：中国建筑工业出版社. 1988

[10] 吉登斯 A. 社会的构成. 李康，李猛译. 上海：生活、读书、新知三联书店. 1998

[11] 劳森 B. 空间的语言. 杨青娟，韩效，卢芳等译. 北京：中国建筑工业出版社. 2003

[12] 简舜. 场所精神在城市广场中的体现——重庆市三峡广场评析. 中外建筑，2004，（1）

[13] 王鲁民，袁媛. 场所和社会生活秩序的形成. 城市规划，2003，（7）：76～77

[14] 施马沙伊特 S. 城市设计基本原理. 陈丽江译. 上海：人民美术出版社. 2004

[15] 西蒙兹 J O. 景观设计学——场地规划与设计手册（第三版）. 俞孔坚，王志访，孙鹏译. 北京：中国建筑工业出版社. 2000

[16] 林奇 K. 城市形态. 林庆怡，陈朝晖，邓华译. 北京：华夏出版社. 2001

[17] 陈波，包志毅. 城市场所调查和评价方法在城市规划中的应用. 城市规划，2003，（2）：71～76

[18] 上海市城市规划设计研究院. 城市规划资料集第 5 分册城市设计. 北京：中国建筑工业出版社. 2005

[19] 段汉明. 城市学基础. 西安：陕西科学技术出版社. 2000

[20] 杨志峰，何孟尝，毛显强等. 城市生态可持续发展规划. 北京：科学出版社. 2004

第3章 城市设计基础：空间与城市空间

3.1 空间形态与空间组合

3.1.1 中国古代的空间观

古代中国人认为，元古时期天地不分，宇宙是一片混沌。据《易纬·乾凿度》记载："夫有形者生于无形，故太易者，未见气也；太初者，气之始也；太始者，形之始也；太素者，质之始也；气形质具而未分解，故说混沌。"将混沌分为太易、太初、太始、太素四个层次（或阶段），通过这四个阶段而形成混沌。

《山海经》中混沌的故事表明，当人们对时间和空间分别有了明确的认识，并试图用这种认识来对待混沌时，混沌死掉了。

宋代的"河图"（图3.1）和"洛书"（图3.2），是古人对空间观念的一种表达。由司南演化而来的罗盘（图3.3），更为复杂地表达了时间和空间的观念。

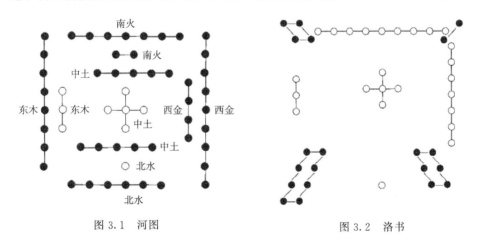

图3.1 河图　　　　　　　　　图3.2 洛书

在汉语中，空间是由"空"和"间"复合而成的，"空"是虚无而能容纳之处；"空"是触摸不到、不能实测的，但是可以向四个方向作无限制的延伸扩展，就像天地之间的空旷、广漠一样。

唐朝刘禹锡《天论》"若可谓无形者，非空乎？空者，形之希微者也"指出"空"并非无形，只是非固体之形。明清之际，王夫子《张子正蒙注·太和》"凡虚空皆气也，聚则显；显则人谓之有；散则隐；隐则人谓之无"，将"空"看作是气。"间"是两扇门中有日光照进，具有"空隙"、"空当"之意。"间"也表示

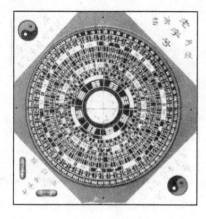

图 3.3　罗盘

隔开、不连续的意思，如"间接"、"间断"。"间"也表示暂时中止，如"剧间"。"间"还表示两个物体之间的相互关系，如"天地之间"、"同志之间"。由此可知，"空"是指形之希微，像气一样；"间"是指形之可藏，有一定范围的"空隙"。

现代科学表明，"空"中充满了物质，包括"真空"中也不是绝对的"空"，仍有能量存在。不同的生命体，有不同的"空"。鱼认为水就是"空"，因为鱼就生存在这种"空"中，离开"空"就会死亡。人认为地表的上面就是"空"，因为人就生存在这种"空"中。从太空看，地球上的人和陆地上的动物就像地表"空"中的"鱼"一样，离开了地表的"空"就会死亡。

3.1.2　空间的静态构成与组合技巧

1. 空间的限定

　　1）界线

界线包括抽象的界线（建筑红线、道路红线、绿线、蓝线等）和具体界线。具体界线又包括天然界线（河道、山脊、沟谷等）和人工界线（城市道路、建筑界面等）。

　　2）界面

界面是空间与实体的交接面，即实体的表层。城市空间的界面包括地面和侧界面；宏观界面（街面、广场、庭园、地面等）和微观界面（在宏观界面内，由小品、绿化等再围合的次一级空间）。界面展示出物体的形状、色彩、质地、明度、组合方式等物理特性。

任何界面，无论是宏大的建筑，还是精致的建筑小品，都能通过其表面的处理给人以不同的心理感受，与人交流或对话，因此，界面是城市设计中十分重要的具体内容之一。

　　a. 地面——空间的底界面

地面有组织人们活动、划分空间领域和强化景观视觉效果等作用。构成底界面的材料质地、硬度、平整度、色调、尺度、高差等是城市设计中不可忽视的工作。

　　b. 侧界面

侧界面是观赏面，在一定的视距情况下，常成为空间的背景和轮廓，被作为景物来考虑，其功能如下：

（1）利用侧界面的质感或色彩来渲染空间气氛；

（2）利用侧界面的高低、前后的错落来增加空间的深度感，丰富空间；

（3）侧界面是沟通室内外空间的要素。在城市设计中应重视侧界面的设计效应，并把它们和底界面统一起来。

宛素春将界面分为硬质界面和软质界面，并对界面对空间的影响进行了如下的分析[1]：

（1）硬质界面。硬质界面包括底界面和侧界面，底界面主要指由砖、石、混凝土等物质铺装成的地面，如广场中的硬质铺地和城市道路等；硬质界面的侧界面通常主要指建筑物的立面，是沟通室内空间与室外空间的要素。建筑立面既是组成连续界面的片断，又是建筑物的形象标志。这种双重特征决定了界面的矛盾性与复杂性。作为建筑立面，应新颖且与功能一致；作为空间界面的一部分，又必须与"左邻右舍"相协调。因此，界面的连续性是城市空间设计中的一个长期的研究课题。

（2）软质界面。软质界面是指由木材、绿化、水体、镜面等物质所构成的界面，具有自然、活泼、安全、温暖和消遣的感觉。植物和水体是城市空间中最常见的两种软质景观，它们与空间所限定的界面是我们研究的重点。①植物。植物包括乔木、灌木、藤本、花卉、草地及其他地被植物，是创造城市优美空间的要素之一。它和建筑一样，可以围合空间、限定空间，并起到引导、控制人流和车流的作用，它们之间的区别在于植物围合形成的空间形态较为模糊。②水体。水体在城市空间中的表现形式主要为静水、流水、落水和喷泉等。静水、流水在空间围合的作用是构成空间的底界面，而落水、喷泉则可以形成空间的垂直界面。

2. 界面对空间的影响

界面对空间的影响是直接的，空间界面中不同方位的部分、界面之间的位置关系和高度等对空间的氛围有很大的影响。由于围合界面限定的程度不同，空间的封闭性质就会发生变化，一般封闭性强的空间易于界定，具有较强的内聚力和向心性，地域感或私密性强，可增进人们的彼此交往；而封闭性差的空间，则常表现出更多的扩散性和外部化。

由于硬质界面与软质界面所围合空间的气氛不同，二者的结合就尤为重要。在当今高楼林立的都市中，人们更渴望自然亲切的环境，因而小品、绿化、水景等就起到了有效的缓和作用。设计者要从空间对人的心理感受等角度去考虑软硬景观的结合，对不同的界面进行处理。

张鹏举认为，界面是城市空间设计和建筑设计之间互动的中介体和结合点，并提出界面设计的 6 条原则：①连续原则——纳入城市整体秩序关键；②围合原则——基于整体秩序，赋予领域性；③谦让原则——表现城市空间为设计宗旨；④多样原则——人对环境的要求，鼓励创新；⑤识别原则——满足人对环境的心理要求；⑥适配原则——从更广泛的方面尊重人的需要[2]。

3. 界面的围合和变化

1) 侧界面的围合方式

(1) 四面围合——感觉非常封闭，具有向心性。

(2) 三面围合——封闭感较强，具有一定的方向性，有向心感、居中感和安全感。

(3) 一个面围合——封闭性消失。

2) 侧界面的高度

F. 吉伯德认为，城市空间是以人的视野距离分类的。在 80ft（24.38m）左右时产生亲切感，这是可以辨认出人脸的距离，是优美的旧居住街道的尺度。宏伟的城市空间最大不能超出 450ft（137m），除非引入一些中介因素以维持这个空间的特性，否则就太大了，宏伟的大街和广场很少有超过这个距离的。当然，巨大的广场和有列树的狭长空间可以作为一个纪念性建筑的前景。但是超过4000ft（1219m）时就看不到人了，这时我们所看到的景物与人的形状就没有关系了。

城市空间的基本要求是真正的封闭，或者说是城市形式的强烈结合。封闭的空间如同碗形和管形的空间。在一个广场内必须在各个侧面都有足够的封闭，才能使人的注意力集中在空间内，并给人以整体感。一条大街只在两个侧面封闭，只有使它成为一个空间的"河道"才能抓住人的注意力。

布莱恩·劳森认为，空间的一个功能是创造一种环境，一种有利于人们按照日常生活中身份的范围来行事的环境。这在很大程度上并不是由建筑师完成的，而是由行为者自己完成的，毕竟，空间实际上是其自身行为举止的外在延伸。相应的，对建筑师的挑战是如何创造一个能够引发并有助于占据和人格化的空间。

当建筑立面的高度等于人与建筑物的距离时（1∶1），水平视线与檐口夹角为 45°，大于人向前的视野的最大角 30°，因此有很好的封闭感。当建筑立面高度等于人与建筑物距离的1/2时（1∶2），和人的视野30°角一致，这是使我们的注意力开始涣散的界限，是创造封闭感的低限。当建筑立面高度等于人与建筑物距离的1/3时（1∶3），水平视线与檐口夹角为18°，这时空间外面高出的建筑物就如同组成空间本身的建筑一样。当建筑立面高度为距离的1/4时（1∶4），水平视线与屋檐夹角为14°，空间的容积特性便消失了，空间周围的建筑立面则如同是平面的边缘了。

3）侧界面的连续与变化

（1）建筑物布置疏密不同，则空间感觉不同：密——强封闭；疏——弱封闭。

（2）建筑物的高度不同，空间感觉也不同，界面相对太高，封闭感强，令人产生压抑、紧张、烦闷、不安等感觉。

（3）建筑界面的质感，砖、石、金属、混凝土等，给人以冷峻、生硬、力量、安全等感受。

（4）建筑界面多变化，如凹凸变化，会破坏界面的连续性，使封闭感弱化。

4）界面的对比与变化

空间界面的对比与变化，可以使空间更生动和富于活力，如图 3.4 所示。对比因素包括：界面的主次、高低、大小、形式、方向、明暗、虚实、硬软、色彩、光影等。对比手法包括：突出轴线上的界面为基础，易获得庄重、严谨的效果；不对称式界面，由于各界面组成部分大小不一、高低不一，易给人以轻快、明朗，且富有朝气的感觉。

建筑物的天际线　　　建筑物的地平线与高低凹凸　　　建筑物的空间要点与进深　　　建筑物的后退层次

图 3.4　E. N. 培根对空间的理解

（1）着天。建筑或城市的轮廓线。

（2）接地。台基——建筑物升高或降低。

（3）空中的点。从一个点到另一个点中间跨越空间，彼此之间张拉关系确定。当观察者在构图中往来移动时，这些点也在运动，彼此之间以一种连续变化的和谐关系滑动和移动着。

（4）后退的面。建立一个参考的框架为后部的形式提供尺度和度量。

（5）设计纵深。两个拱门之相互关系，建立起纵深运动的感觉，而且，当各个建筑形式之间有联系时，空间进深的大小是由相似的建筑形式通过透视缩小的效果而得以理解的。这个范例是一种在空间中使形式统一的做法，使设计通过城市的尺度赋予连贯性。

　　（6）升与降。在设计构图中运用不同标高的平面，作为一种积极的设计因素。

　　（7）凸与凹。正与负、体量与空间，这些形式包围我们，使我们完全介入空间的生动活泼性之中。设计并不局限于依赖地面作为基本的连接物，空间的每一层次以各种新的联系方式都在发挥有效的作用。

　　（8）与人的联系。建筑形体尺度与人的关系。

3.1.3　时空的一体性

　　无论是在中国还是外国，时间、空间的概念都可以追溯到遥远的古代。当人们谈论起时间和空间这两个抽象的概念时，均认为它们是两个独立的系统。历史上的一切，都是在时间的长河里演变、在空间的舞台上演出的。

　　1908年，闵可夫斯基在其演讲中说道："从今以后，空间自身及时间自身必像影子般地渐渐消退，只有两者的某种结合保持为独立的实体。"第一次宣布了时间-空间的一体性。爱因斯坦的广义相对论认为，时间-空间不是事件发生的固定舞台，而是动力量；当一个物体运动时，或一个力起作用时，它影响了空间和时间的曲率；反过来，空间-时间的结构影响了物体的运动和力作用方式，而且被发生在宇宙中的每一件事所影响。史蒂芬·霍金指出，时间不能完全脱离和独立于空间，而必须和空间结合在一起，形成所谓的空间-时间的客体。

　　捷尔吉·凯派什认为，我们生存在一个多变的世界，地球在自转，太阳在移动；花开花落，云聚云散；阴阳明晦，形态飘忽，对物质世界的认识不可能回避运动，对空间和距离的确切理解，离不开时间的概念——时空一体，这便是运动。闵可夫斯基在他的相对论原理中说："没有人会抛开空间看时间，也没有人抛开时间看空间。"

　　当我们努力去理解这些著名学者的时间-空间思想，并将目光转向宇宙、大自然和我们自身时，就会深刻地认识到：宇宙中没有独立于物质、能量、信息及各种事物之外的所谓的时间和空间，时间和空间是物质、能量、信息及各种事物的基本属性。世界上所有的物质、能量、信息及各种事物中，没有不含时间因素的空间，也没有脱离空间的时间，时间与空间是一体的。从宏观到微观，只有尺度上的不同，而没有本质的区别。时间并不是空间的一维，而是具有与空间整体存在的某种不可逆的性质。时间的这种性质与空间的种种特性，都是世界的一个最为基本的事实。从分子到宇宙天体，每一物体均占据一定的空间，有自己的运动轨迹和内部结构，有自己从诞生到消亡的转化历程，而且其空间尺度与时间尺度是相对应的，例如天体时间（以亿年计）与宇宙空间、人类时间（以年计）与地表空间等。时间尺度所对应的空间尺度，表征了宇宙间物质形态中的时空一体性，表征了宇宙间物质形态在时空上的嵌套和自相似结构[3]。

3.1.4　空间形态复杂性的描述——分形

1. 分形的定义

分形（fractal）一词是由分形几何的创始人 B. B. 曼德布罗特（B. B. Mandelbrot）1975 年提出的[4]。今天，分形方法及其基本思想已被人们应用于各个领域。

1982 年和 1986 年，曼德布罗特分别提出了分形的两种定义：

定义 1——如果一个集合在欧氏空间中的 Hausdoff 维数 D_H 恒大于其拓扑维数 D_T，即 $D_H > D_T$，则该集合为分形集。

定义 2——组成部分以某种方式与整体相似的形体称分形。

有的学者认为，对分形的定义可以用生物学中对"生命"定义的同样方法处理，可将分形看成有下列性质的集合（如果称集合 F 是分形）：

（1）F 具有精细的结构，即有任意小比例的细节。

（2）F 是如此的不规则，以致它的整体与局部都不能用传统的几何语言来描述。

（3）F 通常有某种自相似的形式，可能是近似的或是统计的。

（4）F 的"分形维数"（以某种方式定义的）一般大于它的拓扑维数。

（5）在大多数令人感兴趣的情形下，F 可以以非常简单的方法来定义，可能由迭代产生。

这里应当注意：大部分分形维数的定义都基于"用尺度进行度量"这样的指导思想，并不存在严格的规则来确定某个量是否合理地被当成一个维数。当确定一个量能否作为维数时，通常是寻找它的某种类型的比例性质，在特殊意义下定义的自然性，以及维数的典型性质。对任一维数应当从定义来研究其性质，Hausdoff 维数所具有的性质，别的维数未必都具有。

2. 分形对复杂空间形态的描述

曼德布罗特认为，分形研究的一部分是调和分析的几何方面。调和分析（即谱分析或傅里叶分析）对大多数读者而言是陌生的，而许多使用者也并不熟悉它的基本结构。分形方法和谱方法都有各自的口味和特性，最好首先对这些方法本身加以研究，然后再进行评估。最后，与调和分析相比，分形研究较为轻松和直观。不同线性尺度的等价性在许多应用中是很有用的，再加上时间和质量的扩充就构成了一种有效的工具，即物理学家所谓的"量纲分析"。

1）自相矛盾的维数结果

然而，在多数情况下，线性尺度之间的等价性显得令人难以理解。例如哺乳动物的大脑满足

$$(\text{体积})^{1/3} \propto (\text{面积})^{1/D} \tag{3.1}$$

其中，$D \approx 3$，远远超过预期值 2。Hack（1957）测量了流域中主河流的长度，并发现

$$(\text{面积})^{1/3} \propto (\text{长度})^{1/D} \tag{3.2}$$

其中，D 肯定大于预期值 1。早年的作者对最后一个结果的解释为，流域并非自相似的，主流瘦长而支流矮胖。遗憾的是这种解释与实际情况不符。伯努瓦 B 曼德布罗特用的工具是一种新的、分形的长度-面积-体积关系。

2）分形长度-面积关系

为了点明论据，考虑一个具有分形海岸线（维数 $D > 1$）的、并在几何上相似的岛屿的集合。在此，标准比值（长度）/（面积）$^{1/2}$ 是无限的，但它有一个有用的分形对应物。我们把用长度为 G 的标尺测量得到的海岸线记为 G-长度，并把用 G 作为单位测量得到的岛屿面积记为 G-面积。注意到 G-长度对于 G 的依赖性是非标准的，而 G-面积对于 G 的依赖性是标准的，构成广义比值

$$(G\text{-长度})^{1/D} / (G\text{-面积})^{1/2} \tag{3.3}$$

曼德布罗特断言这个比值对几何相似岛屿均取相同的值。其结果是，可以用两种不同方式来计算每个岛屿以 G 为单位的线尺度：标准表达式（G-面积）$^{1/2}$ 以及非标准的（G-长度）$^{1/D}$。新的特点在于，如果用另一标尺长度 G' 代替 G，诸线尺度之比用（G'-长度）$^{1/D}$/（G'-面积）$^{1/2}$ 代替，它与原式的差别只在于因子 $(G'/G)^{1/D} - 1$。作为线尺度的比值，它对相互相似的有界图形构成的不同的族是不同的，不论它们是分形的还是标准的，都是如此。因此它定量地表征了图形形状的一个方面。值得注意的是，长度-面积关系可以用来确定环绕标准区域的分形曲线的维数。

关系式的证明过程如下：

首先，用内在的与面积有关的标尺 $G* = (G\text{-面积})^{1/2}/1000$ 来测量每一条海岸线的长度。当我们把岛屿的每一条海岸线用周长为 $G*$ 的多边形来近似时，这些多边形也是相互相似的，它们的长度正比于标准线尺度（C-面积）$^{1/2}$。

其次，把 $G*$ 用所述的标尺 G 来代替。测量长度以比值 $(G/G*)^{1-D}$ 改变。从而

$$(G\text{-长度}) \propto (G\text{-面积})^{1/2}(G/G*)^{1-D} \tag{3.4}$$
$$= (G\text{-面积})^{1/2 - 1/2(1-D)} G^{1-D} 1000^{D-1}$$
$$= (G\text{-面积})^{1/2D} G^{1-D} 1000^{D-1}$$

最后，对两侧作 $1/D$ 乘幂，就可以得到前述结论。

伯努瓦 B. 曼德布罗特还论证了河流的面积-长度、微滴凝聚的面积-体积关系、哺乳类大脑的折叠等分形的思路、分数维和基本特征，详见伯努瓦 B. 曼德

布罗特的《分形几何》。

3. 分形作为空间形态描述的艺术

从分形产生、运用和发展过程可知，分形几何是大自然的几何，是混沌的几何，是复杂性的几何，分形从提出的那天起，就紧紧地与空间形态描述联系在一起。无论是英国的海岸线、雪花片，还是星系和涡旋，直至布朗运动、河流、岛屿盆地等各种各样的空间形态，均是分形描述的对象。

刘华杰认为，分形是一种艺术，是具有真、善、美的艺术[5]。分形艺术包括分形音乐和分形图形艺术。分形图形艺术主要有以下特点：① 有科学内涵，作品有内在的数学结构；② 一般采用计算机数值计算；③ 画面一般具有多重自相似结构；④ 有后现代的风味，一般不强调作品的稀缺性，美感是其考虑的主要因素。

分形图形艺术始于 1984 年，德国布莱梅（Bremen）大学动力系统计算机图形室的培特根等制作出第一批、第二批和第三批优美的分形图片，在两位参议员的支持下他们成功地举办了一个展览。后来图片先后在英国和美国展出，引起轰动，最终出版了影响最大的《分形之美》一书，以无可置疑的艺术美向所有专业和非专业人员展示复解析动力系统的奇妙。

分形含义的图形在中国古代即有，如佛教的千手千眼观音（图 3.5）、道教的

图 3.5　千手千眼观音[6]

图 3.6　《性命圭旨》中的"化身五五图"

化身五五图（图 3.6）等。

　　然而，在中国为什么没有出现分形理论？刘华杰认为[5]，分形思维是讲究生成关系并力求层次贯通的整体性思维，但仍然能分出"知性"和"思辨"两种类型，中国传统文化所具有的只是思辨、体悟的整体性思维，而当今非线性科学揭示出来的整体性思维却是知性的。从价值层面两者无法直接对比，可是后者能够重新发现前者的意义，而前者不能简单、直接地发展到后者，并且在一定程度上拒绝接受后者。

3.2　城市的空间形态

　　城市空间形态与城市形态是两个不同的领域，城市形态是城市整体和内部各组成部分在空间地域的分布状态。城市空间形态则仅从城市空间的角度研究其形式和状态，研究内容包括城市形态空间的构成、演化过程、空间形态布局及设计、评价等内容。

　　在空间形态中，实体是"凭借物"，"空"的凭借物，它创造了空间形态的两个方面，即正形（实体）和负形（虚体）。从表面上看，是正形（实体）决定了负形（虚体），但其实，正形是由负形所决定的。正如老子《道德经》中指出的："埏埴以为器，当其无，有器之用，凿户牖以为室，当其无，有室之用，故有之以为利，无之以为用。"

　　布莱恩·劳森在《空间的语言》中认为，空间语言是一门真正的国际性语言[7]。我们通过对空间语言的运用达到各种各样的目的，既可以表达出我们的个性，也可以传达出与其他人的共性。我们可以表达自己的价值观、生活方式及是非善恶观念。我们使用空间语言传达出或激动或平静的情绪。在社会行为中，我们可以通过它传达自己的意愿，或者反过来，接受别人传送的信息，诸如打搅、招呼或忙于事物。我们可以掌握与人交流的程度，可以表达我们主导或从属的地位及社会身份。通过它我们能够使人们聚集或分散开来。通过它我们能够传达一系列关于可接受行为的规则。同样的，通过它也能够传递我们有意打破这些规则的信号。建筑和城市的空间可视作一种容器，一种可容纳、分割、结构、促进、提高甚至褒扬人类行为的容器。同时，它们又可以被看作是心理、社会、文化的部分现象。

　　城市空间主要由城市范围内的建筑物、构筑物、道路、广场、绿化、水系等共同界定与围合而成的空间。组成空间序列的空间类型，主要有广场、街道、前庭、中庭、院落、边界等。D.K. 弗朗西斯在其所著《建筑·形式·空间和秩序》一书中[8]，讲述了许多空间组合的原理，尽管多是对建筑对象的论述，而对于我们探讨城市空间问题同样具有意义。他将空间的关系总结为空间内的空间、穿插式空间、邻接式空间，由公共空间连起的空间。一个大空间可以封闭起来，在其中包含一个小空间。在这种空间关系中，封闭的大空间是作为小空间的三度的场地而存在。为了感知这种概念，两者之间的尺寸必须有明显的差别。穿插式空间是由两个空间构成，各空间的范围相互重叠而形成一个公共空间地带。这个公共地带可为各个空间同等共有，或与其中一个空间合并成为其整体体积的一部分，也可以自成一体成为原来两空间的连接空间。邻接是空间关系中最常见的形式，它允许各个空间根据各自的功能或者象征意图的需要清楚地加以划分。相邻空间之间的视觉及空间的连续程度，取决于既将它们分割又把它们联系在一起的那些面的特点。

空间组合秩序的原则有轴线、对称、等级、韵律和重复、基准、变换。轴线是应用最广泛的原则，它与基准线最大的区别是轴线为直线。轴线首先是线，有长度和方向性；其次轴线应至少有一个轴点或轴心，一般的线需要两个点，轴线的另一个点可以是明确的方向。轴点或轴心可以是实体，也可以是精神上的空间；实体通常是一个标志性的建筑物，空间多是一个广场。在北京，南北向的轴线是一连串节点标志的排列组合，东西向的轴线主要是后来形成的长安街。长安街的轴点就在它与南北轴于天安门城楼前的交汇处，虽然是精神上的，但却很明确地存在。

从城市整体的空间组织来讲，设计者应根据设计对象的尺度、功能、性质等有选择地进行空间的设计，要使人们在城市中更多地感受到空间秩序和空间的类型，关键在于对尺度的把握和应用。

3.2.1 建筑的尺度与时空特征[①]

1. 尺度的定义与特征

1）尺度的定义

尺度是人类自身（包括肢体、视觉和思维）衡量客观世界和主观世界相关关系的一种准则。

2）尺度的特征

尺度的特征包括以下三点：① 尺度是人类认识自身及客观事物的一种方式；② 比较和差别是尺度的基础；③ 尺度具有无限多个层次。

人以自身为万物的参考坐标系，建筑是人按自身的需要和社会需要建造的静态的物质实体，人体的尺度是建筑尺度的基础，人体活动的尺寸是确定建筑内部各种空间尺寸的主要依据。人类学家爱德华 T 霍尔在《隐匿的尺度》一书中分

---

① 本节内容曾发表于新建筑，2000，(5)。

析了人类最重要的知觉及与人际交往和体验外部世界有关的功能。根据霍尔的研究，人类有两种知觉器官：距离型感受器官——眼、耳、鼻和直接型感受器官——皮肤和肌肉。这些感受器官有不同程度的分工和不同的工作范围。其中，距离型感受器官有特殊的重要性。

嗅觉只能在非常有限的范围内感知到不同的气味。只有在小于 1m 的距离以内才能闻到从别人头发、皮肤和衣服上散发出来的较弱的气味。香水或者别的较浓的气味可以在 2～3m 远处感觉到，超过这一距离，人就只能嗅出很浓烈的气味。

听觉具有较大的工作范围。在 7m 以内，耳朵是非常灵敏的，在这一距离进行交谈没有什么困难。大约在 35m 的距离，仍可以听清楚演讲，比如建立起一种问-答式的关系，但已不可能进行实际的交谈。超过 35m，倾听的能力就大大降低了，有可能听见人的大声叫喊，但很难听清具体内容。如果距离超过 1km 或者更远，就只能听见类似大炮声或者高空的喷气飞机发出的极强的噪声。

视觉具有更大的工作范围，可以看见天上的星星，也可以清楚地看见已听不到声音的飞机。但是，就感受他人来说，视觉与别的知觉一样，也有明确的局限。在 0.5～1km 的距离之内，人们根据背景、光照、特别是所观察的人群移动与否等因素，可以看见和分辨出人群。在大约 100m 远处，在更远距离见到的人影就成了具体的个人。这一范围可以称之为社会性视域。下面的例子就说明了这一范围是如何影响人们行为的：在人不太多的海滩上，只要有足够的空间，每一群游泳的人都自行以 100m 的间距分布。在这样的距离，每一群人都可以察觉到远处海滩上有人，但不可能看清他们是谁或者他们在干些什么。在 70～100m 远处，就可以比较有把握地确认一个人的性别、大概的年龄及这个人在干什么。在这样的距离，常常可以根据其服饰和走路的姿势认出很熟悉的人。70～100m 的距离也影响了足球场等各种体育场馆中观众席的布置。例如，从最远的坐席到球场中心的距离通常为 70m，否则观众就无法看清比赛。

距离近到可以看清细节时，才可能具体看清每一个人。在大约 30m 远处，面部特征、发型和年纪都能看到，不常见面的人也能认出。当距离缩小到 20～25m，大多数人能看清别人的表情与心绪。在这种情况下，见面才开始变得真正令人感兴趣，并带有一定的社会意义。一个相关的例子是剧院。剧场舞台到最远的观众席的距离最大为 30～35m。在剧场中，一些重要的感情都能得到交流。尽管演员能通过化妆和夸张的动作等方式来"扩大"视觉表现，但为了使人们完全理解剧情，观众席的距离还是有严格限制的。

布莱恩·劳森认为，从视觉感知到我们周围的世界都会涉及眼和脑非常复杂的相互反应。因为进入我们中心神经系统的神经纤维中 2/3 的感知来自眼睛。这个结构特点决定了我们的感知绝大部分由我们的视觉来支配。这也使人很容易忽略空间实际上还可以由听觉、味觉甚至触觉来支配。实际上，感知决不仅仅是感觉。感知实际上就是我们感觉周围世界的一个积极的过程。要感知周围的世界，我们通常都会在不自觉的情况下将我们所有官能的感受综合起来。首先是物体展现的尺寸；其次是随着我们移动头和眼时物体看起来在空间中移动的方式；最后，根据两只眼睛传来的信息，我们的大脑能做出令人吃惊的智慧的分析，使看到的景象有轻微的不同。

2. 建筑的尺度

在各种交往场合中，距离与强度，即密切和热烈的程度之间的关系也可以推广到人们对于建筑尺度的感受。在尺度适中的城市和建筑群中，窄窄的街道、小巧的空间、建筑物和建筑细部、空间中活动的人群都可以在咫尺之间深切地体会到。这些城市和空间令人感到温馨和亲切宜人。反之，那些有着巨大空间、宽广的街道和高楼大厦的城市则使人觉得冷漠无情。因此尺度不是抽象的建筑概念，而是一个含义丰富、具有人性和社会性的概念，它甚至具有商业和政治价值。它是空间语言中一种最基本的要素。尺度并不仅仅与尺寸有关，在小建筑里出现的大尺度和在大建筑里出现小尺度都是可能的。所以尺度是建筑反映其使用者社会角色的重要部分。建筑的使用者往往不是个人而是一个群体甚至一个机构。

人体活动形式包括人的身体尺寸、活动尺寸、视觉范围、思维感知能力四个基本方面，与建筑的关系见表 3.1。人体活动形式与建筑的关系中，人体尺寸、人体活动尺寸均在建筑设计中经常运用，同时也是人们所熟悉的。人的视觉有感光能力的差别和视角、视线的范围，人通过视觉对外部世界的认知能力各不相同，视觉所表现的速度和维度是人脑（人体本身）的思维速度、反应速度、感知能力、经验积累等多种因素与所视对象的动态性、表现方式（如形态、体量、色彩等）等诸多方面共同作用的结果。人的思维感知能力与人的知识水平、思想方法、悟性高低等因素有关，有时直接表现为高速甚至光速的无限多维，"观古今于须臾，抚四海于一瞬"（陆机《文赋》），随着信息工业和科学技术的发展，人类的思维感知能力的速度和维度将大大提高。

表 3.1　人体活动形式与建筑的关系

人体活动的形式	表现的速度	表现的维度	与建筑的关系
人体尺寸	静态①	三维	统计常量
人体活动尺寸	低速	四维	平面或空间
视觉范围	中速—高速	有限多维	空间＋运动
思维感知能力	高速—光速	无限多维	象征、联想 分析、创造

注：①人体尺寸变化的过程，与人体其他活动相比，是一个相对较为缓慢的过程，故被看作是静态的。

人体活动形式与建筑的关系表明：建筑的尺度是人体尺度的延伸和扩展，但无论是外部的尺度还是内部的尺度，与人的运动速度有关。从马车、汽车、火车、轮船、飞机到宇宙飞船、光缆传输，运动速度的变化是人类改造自然、利用自然方面最为杰出的成就之一。运动速度的改变，影响了人类生活范围的尺度，也影响了人对建筑实体与空间的体验，以及建筑本身尺度的改变。

3. 建筑的时空特征

人所创造的建筑与城市是一个不断变化的、有限的时空过程。建筑是人类智慧与大自然相结合的产物，建筑所表征的不仅仅是使用功能和建筑艺术，而且还包括社会、经济、文化、技术、思想、意识及人类自身存在的方式。建筑的生成是与当时当地人类社会的政治、经济、技术、文化等多种因素紧密相关的，而这多种因素本身就是一种历史的延续。建筑生成时所需的自然条件和物质、能量、信息（或经济、技术、文化）等基础，是在某一时空范围中的聚集过程。建筑本身的功能和形式，也是社会历史不断演化的产物。建筑本身具有的空间形式和时间因素紧密相关，构成建筑的时间-空间形态。无论多么伟大的建筑，其时间-空间形态生成所需的能量、物质、信息的基础，都不会超越人创造建筑的初始时段（大约在公元前3000年）。同时，无论多么平凡、渺小的建筑，都有其时间-空间形态，也有其能量、物质、信息基础。建筑的时空特征可以用时空锥体表示（图3.7）。

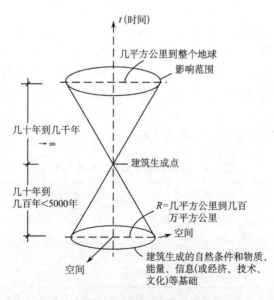

图 3.7　时空锥体示意

建筑的时空形态，构成城市时空序列中的一个点——建筑生成点。这个生成点是由每个建筑特有的不同广度和深度的时空过程凝集而成的，也许不完全表现为锥体，而表现为其他的多维的形式。而且，每个建筑的时空锥体是不同的，不但凝集范围和时段不同，内容和特色也不同。

当建筑生成以后，其功能、性质、体量、高度、色彩、造型等对周围建筑、环境、某个街区、整个城市，或整个国家都开始产生不同程度的影响，产生不同的张力和引力。

瑞典尼尔斯·卡尔松认为，建筑和城市环境的艺术无时无刻不在影响着每一个居民，他们无法回避它，而大多数其他艺术表达形式，如文学、绘画、音乐、芭蕾等，人们只能去主动寻求。

随时间-空间的变迁，大多数建筑颓废了。甚至在城市没有重大社会变迁的平稳时期，建筑也是不断地繁衍，少数杰出的、具有顽强生命力和艺术感染力的建筑保留下来，成为某个时代的标志物和信息源，在时空中的影响范围不断扩大，成为国家级或世界级的保护对象。从理论上讲，这部分建筑物时空锥体的影响范围可由几百年至无穷大，由几平方公里至整个地球，每一个历史悠久的民族和国家，都可以找到这样的建筑实例。建筑的时空锥体，在建筑生成以前，是一个有限的时空阶段，这个时空阶段有一个起点，这就是人类诞生的时刻；而建筑生成后的时空锥体，则是一个近似无限的时空阶段。人类、城市、地球生存多少年，则人类创造的建筑也将伴随地球存在多少年。这是一个不对称的时空锥体，也是一个不可逆的时空锥体。

建筑并不是永恒的，它有生成的时刻，也有灭亡的时刻。其生成的前提是为人类生活服务，而它的灭亡却有以下两层含义：

（1）人是城市的灵魂，也是建筑的灵魂。当建筑丧失其社会生活的使用功能时，便灭亡了，宛如一具没有灵魂的躯体。如郑光复所指出的："古建筑的生活与功利本质全部湮没，其物虽存犹亡，失去了生命。"但是这种灭亡和"失去了生命"，仅仅是指为人类社会生活服务这个层次。

（2）建筑灭亡的另一层含义是物质实体的消失。历史上无数壮丽的建筑，在顷刻之间化为灰烬瓦砾；许多城市及其建筑，在战火、风沙、洪水、地震中消失。但是这些消失了的城市和建筑对人类及整个世界的影响是否也转眼之间就消失了呢？不，没有，古代城市及建筑对今天及将来的影响是无处不在的，如同宇宙大爆炸后残留的黑体辐射一样，关键是我们今天如何去认识这个影响——是熟视无睹，还是善意维护。

如果说在狭小的城市内部，新的建筑代替旧的建筑、新的城市时空形态代替旧的城市时空形态是一种历史的必然，那么，城市研究者、城市设计和建筑设计人员，不能单纯用现代的新建筑去取代过去的旧建筑，而要使新的建筑、新的城市时空形态与老的建筑、旧的城市格局交相辉映，相得益彰。

3.2.2　城市的尺度与人的运动速度

如果说建筑尺度是以静态比较为主，是建筑物整体与局部给人感觉上的大小印象和其真实大小之间的关系问题，那么，城市的尺度则表现为动静结合以动为主，是以人自身的运动为参考坐标来判断认识周围事物的感觉印象与客观现实之间的关系问题的。由于人自身的运动水平（如速度等）是一个发展的过程，而城市的尺度的变化是与人自身的运动水平（如运动速度）相一致的。

1. 农业时代的城市尺度与人的速度

在农业时代，如中国古代封建社会，自周、秦以来，城市的规模日趋扩大，城市内部的建筑也有一定的等级，如《周礼·考工记》中所规定的那样："门阿之制，以为都城之制。宫隅之制，以为诸侯之城制。"就是同一类建筑，其形式上也有等级的差别，例如故宫是皇家建筑，其屋顶形式重檐庑殿、重檐歇山等也有不同的等级。像宫殿、庙宇这一类的建筑体量较大，包括皇城中的街道，都充分体现出其政治统治、宗教精神所需要的尺度。而一般城市的内部，道路的宽度，建筑物的高度，建筑物体量均不大。我们现在无从亲自考察古代的城市和社会，但是可以通过考古发掘、历史文献及古代的绘画（如张择端的《清明上河图》）来认识和研究古代的城市和社会。如果说，城市道路、可以通航的河流湖泊等是人体运动的基线，大多数人是以步行为主，轿、牲畜车、船（这是指以风和人力为动力的船）等交通工具就其运动的速度和本质来讲，是十分有限的。在这种运动速度的基础上，人们建造了与之相适应的城市，形成了以步行为主体的城市尺度感：城市大多数道路宽度较小，部分道路线形弯曲，道路两侧一层为主、二层为辅的土木或砖木结构的房屋，形成当时的城市形态、城市环境和城市风貌。

2. 工业时代的城市尺度和人的速度

工业时代是随着社会、经济、科学技术和文化教育等的发展而产生的新的社会形态，是社会经济、科学技术推动社会变革，促进生产力高速发展的产物。

随着制造、加工业的兴起，机械、电子、通信等行业的不断发展，城市像一块具有强大磁力的磁石，不断吸引着大量的人力、物力、财力向城市聚集，城市的规模也急剧膨胀。飞机、汽车、火车、轮船作为运载工具，把城市建造者（人）的运动速度成倍地提高了，原有的城市基础设施（如道路、码头、给水、排水等）远远不能满足日益变化的城市需要。城市中旧城区的改造和新城区的建设，成为工业化城市的一种外在标志。机械的运载工具使人的速度大大提高后，人在运动中的尺度感增强了，并影响到人类城市生活的各个方面，人们需要宽阔而通畅的城市道路体系、需要与城市发展相适应的城市基础设施。建筑中新材料、新技术的运用，使建筑体量大大超过旧建筑。建筑的形式、色彩和风格也发生与农业时代根本不同的变化，产生了与新的城市相适应的建筑尺度。董春方提出："运动方式的改变，影响了人类生活范围的尺度，也影响人对建筑实体与空间的体验，以及影响建筑本身尺度的改变。"在城市发展的时空区间内，新的城市形态、环境和风貌代替旧的城市形态、环境和风貌，新的城市尺度取代旧的城市尺度，是必然且不可逆转的。

在新的城市形态中，城市交通体系发生了根本的变化，成为一种多时空层次的多维系统，但是，人作为城市的主体、作为交通体系的主体，并没有改变。城市道路网络，包括城市间的高速公路、城市内的快速路及若干道路层次（地铁、航空港、车站、码头等）使城市的内部与外部、一座城市与其他城市，相连成一个整体，成为多维的开放系统。在这个多维的开放系统中，多种运载工具形成的多种运动速度，作为运动主体的人在不同的运动速度中，形成多种尺度感，这种尺度感的变化，使城市建设中形成多种建设尺度，从巨大的航空港、车站、码头、宽阔的城市干道，宽畅而大体量的行政中心，金融界的巨型建筑，繁华的商业中心到亲切宜人的居住小区、步行商业街、小游园、街头绿地等，形成多层次的、错综复杂的尺度系统。

"同时运动诸系统"是培根提出的一个重要的概念，在现代的城市中，设计结构如何反映同时发生的不同的运动系统，是城市设计所必须关注的问题。培根的理论核心是必须为现代城市的各种运动方式和运动速度的同时性找到合适的形态。培根认为，现代城市中的快速运动和巨大的尺度同样可以被城市设计结构组织在一起，他引用科斯塔和尼迈耶为适应汽车交通而采取的巴西利亚城市形态、格里芬所作的堪培拉规划和美国费城市场东街的城市设计过程说明了这一点。

从空间与运动的关系出发，培根发展了城市设计结构的概念："要影响城市的发展，设计者就要有一个清晰的基本设计结构的观念，以推动城市建造的全过程。单幢建筑或一组建筑设计中的方法不能套用于整个城市规模的设计，其原因主要有两点：第一，城市的地理范围是如此之大，以致人的思想不可能为整个地区同时制定清晰的三维空间的规划；第二，以城市的规模而论，它的各个部位的建造和重建需要经历一个很长的历史时期。"

布莱恩·劳森认为，现代交通已将曾为恒定的速度改变了，并且使人失去了这多维度的感觉体验。当以某个速度行驶时，我们很可能是在远离建筑，或是以更快的速度经过它们，或是在一个将除视觉外所有感觉隔绝开的封闭环境里，比如汽车。这从根本上改变了我们通过时间对建筑的体验。以步行速度阅读建筑的方式并不一定适用于在快速移动的车辆上阅读建筑。

黑川纪章于 1965 年提出，古代城市、中世纪城市的城墙、广场、通道，当然也具有超人类的尺度，这形成了向城市人类尺度的建筑发展，具有尺度层次的协调与秩序的连续的空间流动。与此相比，进入城市的高速公路、巨大的高层建筑、宽广的停车场，实际上突然切断了连续的空间，在那里完全没有从超人的尺度到人的尺度之间的过度层次，奔驰在高速公路上的汽车的超人速度和走在人行道上的人的速度之间，也完全没有时间的秩序。汽车从在商业街休闲购物的人们的头上呼啸而过，在巨大尺度的单轨铁路和高速公路的柱根下建有木质平板房街。现在人们正在体会从前人们讲到的人类世界的两极，"技术和人类"、"科学和艺术"在城市空间中被形态化的这种感觉。即使在现代，技术和人类之间的问题也是本质性的问题，这一点仍然没有改变。

随着人类运动速度的变化，人对外部世界的尺度感也在不断地发生变化，而人们的生存环境却相对缩小了；随着地铁、城市快速路网络的建成和延伸，城市变小了；随着高速公路的延伸，城市与城市的间距变小了；随着航空业的迅速发展，地球变小了。我们把世界的未来寄托于光缆传输的时代，寄托于接近光速的信息传递，寄托于计算机的互联网络……到那时，我们随时可以看到世界的任何地方，可与世界上任何人立即通话，我们还需要思维感知能力吗？尺度感是消失了还是更大了？我们还需要城市吗？无疑，当人的运动速度和人所操纵的速度达到一定的极限后，城市原有的功能、作用、性质等，将发生质的变化，并随之产生新的城市形式。

信息时代的来临，无疑将是工业化城市衰亡的时代。全球化的信息网络系统改变了我们的世界（包括我们的生活、工作、社会交往等原来固有的模式）。在我们没有获得将物质（包括人）进行信息和能量分解、传输和重新组合的技术以前，城市最基本的物质构成和社会构成难以发生根本的变化。当人类的科学技术发展到能将世界上一切物质、信息、能量彻底地进行相互的分解、转换、转输和复原时，高级的信息社会才算真正地来临。此时此刻，我们无法想像那时的社会生活场景。

在信息社会中，城市还有其原有的价值吗？我想，城市的价值也将发生根本的变化。城市的价值不仅应该向工业社会一样，随着城市的性质而变化（如国家政治文化经济中心、区域的政治经济中心、工业城市、商业城市、交通性城市等），而且也将随着使用者的身份、使用时间或使用方式而变化。在不同时代的"城市人"眼中，城市（指具体的某一城市），具有迥然不同的价值、意义、特征和性质，同样也具有迥然不同的城市生活和城市社会。

3.3　城市空间的结构与形态

3.3.1　城市空间

城市空间（urban spatial）一直是建筑学和城市设计研究的重要领域，主要侧重于城市空间物质性要素为基础的三维空间环境品质的研究。在古典建筑学及城市设计中，注重视觉艺术及形体秩序是其主要特点，目的是探索如何创造良好的城市三维空间环境，设计师对城市的兴趣"在于人造形式方面，而不是抽象组织方面"（N. Schulz）。一个良好的城市形象体系，包括多种多样的空间，这些空间应该是平等的、开敞式的和社会整体意义的，即在重要层次上表现城市社会空间的共享意义。

空间作为一种社会与文化的存在形式，有很多种解释理论，从空间社会学的意义上，赋予空间以政治、文化、时间、结构等意义。"在某种程度上，以前所有的社会学问题思考的是回到静态的空间结构：边界、距离、确定的位置和邻近性，就像（会变成人性结构的）空间结构的增加物，它们在这个空间中被分离。"[9]在城市结构变迁的意义上，研究一个变化的、流动的，甚至是虚拟的空间结构。曼纽·卡斯特对城市空间有多种层面的解释："城市是社会的表现（expression）"，"空间是结晶化的时间（crystallized time）"[10]。这些观点表现人类正从更高的或理性的层面认识人类创造的空间形式——城市。

城市作为一个生态结构系统，从城市社会学的角度来看，"空间，特别是生态位置意义上的空间是一个重要的资源，可以用它来支持对经济利益的追求"[11]。城市每一天都在创造新的空间意义。

R. 克莱尔在《城市空间》一书中讨论了城市空间的形态和现象[12]，将城市空间理解为由街道和广场两种要素构成的，并且以广场空间的三原型（方形、圆形和三角形）与街道之间的相互关系来描述城市空间，从三种基本广场形态可通过变形、融合、重合、集合、切除和变换等方式演变为多种多样的空间形式（图 3.8）。

R. 克莱尔认为，现代城市规划设计在忽视公共空间这一点上是失败的，克莱尔的空间概念主要是指城市中物质性的实体空间，即由各种建筑、构筑物及环境组合而成的"虚空间"，其研究主要基于传统的欧洲城市。在传统欧洲城市空间中，广场占有十分重要的地位，而这种现象在很多东方国家并不明显。

约翰·O. 西蒙兹认为[13]，当我们在一个空间布置一棵树或放置一个物体时，不仅要考虑它们与空间的位置关系，还要考虑其与所有享用空间的人的关系，应该通过一系列关系的设计来充分展示物体最吸引人的特性，从而控制人对物体的感知。对于一个通过形状、线条、颜色和质地来实现其用途的地方，我们

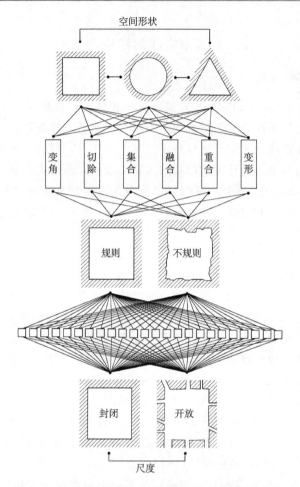

图 3.8　R.克莱尔广场形态构成图解[12]

会乐此不疲。我们也明白，地段围合程度经过调整，处理成为一个或一系列的立体空间以更好地发挥效用，将会妙趣横生。我们乐于穿越空间，环绕或经过物体。我们也乐于从一个空间进入另一个空间、一种序列的空间过渡体验。

　　有时候过渡是巧妙的，人们可能在不知不觉中就通过了一系列功能和感受完全不同的空间；有时候过渡是强烈的，如通过规划刻意使人从一个低矮、狭窄和黑暗的空间转换到宽敞、明亮的空间而取得惊人的戏剧性的效果。无论哪种情况，熟练的规划师都能通过空间处理的手法来控制人的情绪、反应和心理，这与熟练的音乐家利用竖琴、笛子和鼓有异曲同工之妙。

　　赫兹伯格主张把设计的对象和空间想像成"乐器"而不是"工具"。空间应该像一个乐器并表明它应该如何被弹奏但不要指望单独奏出所有美妙的音乐，这种区分对我们是非常有用的。设计的窍门看来就是对时间及人在空间中的行为更深刻和成熟的理解。与其他事情相比，设计师更需要知道什么时候在空间中引导行为产生并形成运动，什么时候使空间更具模糊性。

杨·盖尔指出，电话、电视、录像、家用电脑之类的东西引入了一种全新的接触方式。公共空间中的直接交往现在可以为间接的远程通信所取代。身临其境、参与和体验也可以通过被动地观赏画面、了解他人在别处已经经历过的场景这种方式来代替。汽车使人们可以随心所欲地外出会朋友和观光，而不必积极参与当地自然发生的社会活动。

在许多地方，以汽车为主要交通工具的市中心被改造成了步行街系统，公共空间中的生活有了显著增加，大大超过繁忙的商业活动。一种综合性、消遣性的城市生活已经形成。综合性的、大规模的节日并不是研究的重点。相反，日常生活的一般状况及日常生活所依赖的空间才是应受到重视和关心的焦点。这是一个基本的概念，它对公共空间有三条不算太高，然而非常广泛的要求：为必要性的户外活动提供适宜的条件；为自发的、娱乐性的活动提供合适的条件；为社会性活动提供合适的条件。

在公共空间及其周围各种活动和功能的综合，使人们能水乳交融、互相启迪和激励。此外，各种功能和人群的混合也反映出周围社会的组成情况及其运行机制。应该指出，综合并不是建筑物和主要的城市功能在形式上的综合，而是在非常细小的尺度上各种活动和人在实际上的综合，它决定了接触面是单调乏味还是丰富有趣。重要的不是工厂、住宅、服务设施之类的功能是否按建筑师的图纸紧密地布置在一起，而是工作、生活在不同建筑中的人能否使用相同的公共空间并在日常生活中建立关系。

在许多情况下都可以发现，物质环境能不同程度地影响居民的社会状态。物质环境自身可以设计成阻碍甚至扼杀所要求的接触形式，从建筑着手完全可以做到这一点。相反，物质环境也可以设计来为更加广泛的交往机会创造条件。这样，社会关系就能和建筑布局相互协调。正是在这种情形下，才可能观察到公共空间的作用和户外生活。这种可能性既可以受到抑制，也可以受到促进。

建筑的规划布局，在视觉和功能上要支持住宅区内理想的社会结构。在视觉上，围绕着组团的广场或街道布置的住宅以物质形式表现了社会结构。在功能上，通过在分级结构的各个层次上建立室内外的公共空间，支持了社会结构。公共空间的主要功能是为户外生活提供舞台；日常的、自发性的活动，如步行、短暂的逗留、玩耍及简单的社会性活动能发展成居民们所要求的其他公共活动。

周俭认为[14]，城市生活是城市空间形成的基础，一个良好的城市空间应该具备与社会生活密切相关的活动内容，以及与这种活动内容相符合的布局结构和空间景观特征。城市空间中蕴含着社会观念和人的价值，它反映在活动在其中的人们的生活之中，这在城市的旧城区可以明显地得到体验。现代城市的趋向之一是着力寻找关心人的需求、增强社区感和空间识别性的途径，即通过物质空间的人性化设计为满足人们使用方便、心理平衡、社会交往和视觉舒适等方面的需求提供可能性和选择性。

功能是维持城市空间存在的基础，空间、功能、活动三位一体并构成相对固定的某种关系后，人才与空间产生了联系，空间也因此成了容纳人们行为和寄托人们精神的场所，同时又是维系各式各样城市生活活动的网络。

约翰·O. 西蒙兹认为，规划的序列是一种空间元素的有意义的组织，它有开始和结尾，结尾通常是高潮，当然也不尽然，有时有多个高潮，每一高潮都必须服从整个序列的完美。通过序列所提示的运动和趋势，人们会感到受某种动力驱使，从序列的开端向结束运动，所以一旦开始，序列或引发的运动应有一个合理而且至少是令人满意的终结。显而易见，所有规划空间是通过一系列的感知和事件被体验的。序列亦是设计中需被控制的重要因素。一个成熟的设计不仅决定高潮的特性，而且对高潮出现的时间、强度、演进过程都起到决定作用。

规划的序列可以是随意的，也可以是特意组织的；它可以是刻意营造的漫不经心，也可以为了某种目的而设计成高度条理化。规划过的序列是一种极为有效的设计手段，它能激发运动、指示方向、创造节奏、渲染情绪、展现或"诠释"空间中某个或一系列实体，甚至引发一种哲学概念。如果序列以一种或更多的空间特性——尺度、形状、颜色、光照及质感——反复出现，其韵律会很明显。根据它的性质、强度及出现频率的不同，这种韵律对于运动的主体会造成轻微的或相当强烈的情感冲击，其效果有时是令人满意的，有时是灾难性的，这充分说明规划任何一个以步行或其他交通工具进行运动的空间对其空间调节和空间韵律的把握是非常重要的。

设计师的大忌是在序列的规划中给主体引入与规划功能相悖的情绪反映或期盼。相反，如通过空间与形式序列的设计使主体产生并强化了与设计意图相一致的体验，那才是成功的设计。

布莱恩·劳森认为，建筑师在思考人和建筑的关系的方式上存在一种有趣的矛盾，这一矛盾以 20 世纪中常用的一句"形式追随功能"名言为中心。在这里假设功能是能够被理解的，而形式则是围绕其展开的设计。这本没什么不好，问题是，我们并不能像所想像的那样真正地理解功能，而且，功能也是随时间而改变的，它可能与其他功能相结合，甚至会因为社会和技术的改变和发展而被取代。这个观点暗示，一旦形式，更准确地说是空间，被设计好之后，功能将保持不变。事实上，这是不可能的。因为人总是受空间影响的，所以功能也会试图去适应形式。正如温斯顿·丘吉尔在关于英国国会下议院议会大厅设计时所说的名言："人民塑造了建筑，建筑反过来又塑造了人民。"

空间不是抽象的，我们可以通过一系列复杂的、含义丰富的建筑语汇来控制它。这样的语汇是隐含、含糊的，而不是直接、清晰的，在大多数人看来，除了现代建筑师以外，大家都理解这种语言。当设计者询问普通人对场所的感受时，他们往往不善于表达。这是因为空间语言被人们感知的方式是模糊的，而不是清晰的——他们不习惯将空间语汇用语言表达出来。

传统城市设计理论中多用三度空间的图式原则来评析城市优劣，如克里尔的《城市空间》一书讨论的是从古典和传统欧洲城市中抽取城市空间创造的规律，重视城市街道和广场等城市空间的塑造。凯文·林奇和芦原义信等人则从空间与人的行为之间的关系来揭示城市的价值，对城市空间环境的研究开始拓展到人与环境的关系方面，包括人的心理、行为与环境的关系，城市空间环境被赋予人文精神及历史、文化意义。

但从广义的城市空间属性来看，城市空间的丰富内涵远不限于此，如空间形态上将趋向开放与封闭结合，空间的使用及功能将更趋向于复合，空间的人性化、自然化将更加受到重视，空间的整体化设计也将更加强化。1980 年以后，由于可持续发展思想的广泛传播，人们开始注重城市空间环境的生态质量。城市空间问题也是社会科学研究的重要领域，但侧重于城市空间结构与形态的历时性与共时性特征、演变过程及其内在机制等方面的研究，目的是为城市发展的引导与控制提供理论依据。

由于当代城市的功能日益复杂化，城市与区域逐步走向一体化，城市空间也不断呈现出新的结构与形态特征，为了解和掌握它的变化规律，迫切需要建构新的空间分析理论与方法。这也正是城市空间研究意义之所在。张鸿雁认为[15]，任何结构都存在着所谓的"结构空洞"，我们也可以把这种"结构空洞"视为一种空间，而这种"结构空洞"是一种价值存在形式，任何一种"结构空洞"空间都是一种经济价值的表述。人们经常会对自己感官所感觉到的城市空间赋予特定的"社会文化意义"，它可以是人们对空间本身的一种解释，也可以是人们附加给空间的某种表征意义，而这种解释与意义即成为人们的空间观念、成为空间与社会文化之间特定的关联、成为城市空间结构一个非常重要的性质。

由于城市本身的独有特征、定义和本质，城市空间是城市各种活动的载体，各种活动要素及其相互作用直接影响并制约着城市空间分布格局和运动过程，其主要因素如下：

（1）政治因素。政治权力的相互作用往往决定了城市空间决策的最后形成，政治对城市空间结构和形态的变化具有决定性作用。

（2）社会因素。社会文化变迁、人的价值观念的变化、社会行为及其空间趋向等，构成城市空间结构与形态变化的深层因素（或隐形因素）。

（3）经济因素。城市经济发展的涨落、经济职能的变化、经济效益的高低、经济吸引力和辐射力的大小，成为城市空间结构与形态变化的动力因素。

（4）自然生态因素。城市地域的自然生态条件及其要素（如气候、地形地貌、水体、植被等），在塑造城市空间的过程中起着重要的作用。

（5）交通通信因素。在工业时代及其之前的时代，交通因素是关系到城市兴衰的重要因素，对城市空间结构和形态具有重大影响。在信息时代，通信技术（包括微电子技术、信息技术等）同样对城市空间结构和形态具有重大影响。

（6）城市土地使用因素。城市土地使用过程中内在的规律性及表现形式、土地使用强度和使用方式、土地集约利用程度等，都深刻地影响着城市空间结构和形态。

上述 6 个因素，仅仅是城市空间结构和形态变化的主要基本因素，由于城市系统的复杂性，影响城市空间格局和形态变化的因素也是多种多样的，并且是相互作用的、错综复杂的。除城市自身的众多因素外，现代城市空间发展过程，还受到其他诸多因素的影响，如城市与区域的互动、城市在全国及国际经济中的分工、城市规划理论的引导等，所有内部的与外部的、显性的与隐性的、直接的与间接的等各种影响因素，会随着社会的发展而此消彼长、动荡起伏，所有因素的共同作用，决定了城市空间结构与形态的基本走向。

要设计城市，首先必须了解和认识城市，不但要仔细观察和认识城市显性要素、物质形态、社会活动及城市生活，还需仔细研究其内在的发展规律、深层结构、演化机制及精神文化，通过对城市空间的深刻而全面的解析，来认识城市在其自然环境中的过去、现状和未来；充分理解其根植于自然环境的环境格局、地域特征、历史演替、人文精神和文化内涵，充分理解城市的社会属性和其自身的发展规律，并对城市的发展趋势和动力因素进行前瞻性研究，只有如此，才能通过我们的设计引导城市健康、协调地发展。

3.3.2　城市空间结构

城市空间结构（urban spatial structure）有时被简称为城市结构（urban structure），城市空间结构作为城市存在的理性抽象，虽然难于被直接地触摸，但是其内蕴有城市各项实质的与非实质的要素在功能与时空上的有机联系，引导或制约着城市的发展。丹下健三曾说："我们相信，不引入结构这个概念，就不可能理解一座建筑、一组建筑群，尤其是不能理解城市空间。"

城市空间结构是指城市各要素在一定空间范围内的分布和联结状态。或是指城市的各种物质与非物质的要素，在城市成长过程中，在城市地域空间中所处的位置和在运营过程中的形态。就其广义来说，除了由城市物质设施所构成的显性结构，还包括社会结构、经济结构和生态结构等内在的、具有相对隐形的结构内容。虽然这些结构内容有着各自不同的形成过程和变动水平，然而它们均以一定的组织方式相互支撑并推动城市的运转。城市空间结构的主要特征有可辨识性、持续性（系统性）、动态性（变化性）、层次性（不对称性）。

城市的基本功能是塑造城市结构与形式的基本力量。功能是指一切可以满足居民和机构为了生活或运作而产生的各种需求和设施，功能反映了社会生产和生活的变化。功能的作用表现在城市空间结构上就是各种需求、活动与设施的区位分布与服务圈组织。

城市空间结构的性质包含两个层面的意义：第一、人们通常会依照自身社会文化背景、生活需要、价值观与象征意义等方面来选择、利用空间，因而对于空间结构的形成产生最直接的影响；第二、人们作为社会中行动的代理人，在社会中所有的实践行为、决策过程、选择结果均会积极地影响空间结构塑造的结果，而并非只是消极地被空间结构所决定。

美国威斯康星大学的安德鲁斯（R. B. Andrews）认为，任何空间结构在观念上应具备三个性质：①实质结构（physical structure），指的是一个城市的建筑形式、地形、配置、土地使用类别及其分区和所有的基础设施。②结构系统（structural system），指的是各种土地使用类别或分区在经济与社会观点上的功能性关系。更广义地说，结构系统可以涵盖许多相互作用和影响的部分，包括人类价值观与制度、自然地形、技术，以及社会、经济与政治力量。③结构系统的变迁过程（structural process），强调结构处在一种变化过程之中[16]。

富利提出四维的城市空间结构的概念框架[17]，并认为城市空间的概念框架应是多层面的。①城市空间具有 3 个结构层面，分别是物质环境、功能活动、文化价值，也可称之为城市结构的三种要素。②城市空间结构包括"空间的"与"非空间的"两种属性，"空间的"是指上述物质环境、功能活动和文化价值在地理上的空间分布；"非空间的"则指除上述空间要素外，在空间中进行的各类文化、社会等活动和现象。③对城市空间应从"形式"和"过程"两个方面去理解，形式即空间分布模式与格局，过程即空间的作用模式，形式与过程体现了空间与形成的相互依存性。④城市空间结构的演变、发展的历时过程，不但要看到某个阶段的共时态特征，还要将其作为置于历时性的发展链上的一个环节，历史地、动态地看待和研究，即有必要在城市空间结构的概念框架中引入时间层面。

韦伯认为[18]，城市空间包括 3 个要素：①物质要素，指物质空间各要素的位置关系。②活动要素，指各种活动的空间分布。③互动要素，指城市中的各种"流"，如人流、货币流、信息流、物质流等。

城市空间结构的形式是指物质要素与活动要素的空间分布模式，过程则是指要素之间的相互作用，表现为各种"流"。相应地，城市空间被划定为"静态活动空间"（adapted space），如建筑；"动态活动空间"（channel space），如交通网络。城市空间被视为在共时态上的形式特征与诸形式相互作用形成的历时性过程的统一性。人、活动、功能之间相距甚远是新城区的特征，以汽车为主的交通系统使户外活动更加减少。此外，建筑群中机械而冷漠的空间设计也对户外活动产生了极大的影响。戈登·库伦（Gordon Cullen）在其著作《城镇景观》中引入的名词"荒漠规划"恰如其分地描述了功能主义规划的结果。

哈米德·胥瓦尼（Hamid Shirvani）认为，一个良好的城市设计主要取决于城市各个局部地段物质元素的空间组织与处理，也就是格兰德·克兰纳（Gerald Cryane）所说的"城市设计是研究城市组织结构中各主要要素相互关系的那一级设计"。哈米德·胥瓦尼提倡的是一种综合实用的、注重可操作性的城市设计方法，理论的完整性稍弱，空间设计注重于各个独立的物质要素的组织与处理。而对于城市整体的空间结构与形态，城市景观体系及风貌轮廓、城市公共的人文活动空间系统等城市宏观物质空间形态基本未涉及。

日本《新建筑大系 17——都市设计》从"质"和"量"两个方面来研究城市空间的构成及其要素。所谓城市空间的"质"是指城市空间的功能（function）；"量"则指其强度（intensity），包括人口密度、土地单价、容积率、建筑高度、建筑密度、开发速度等。

从城市空间的"质"（即功能）看，可分为两类，一类是基础空间（infrastructure）；另一类是活动空间（activity infill）或称目的空间（objective space），也就是城市中不同活动性质的特定区域，如居住区、商业区、办公区、工业区、娱乐区及附属农业用地区域等。

基础空间分为两种类型，一是骨架空间（framework space），二是象征空间（symbolic space）。骨架空间以"流动"和"服务"为特点。具体来说，"流动"可包括：①步行系统；②汽车交通；③铁路；④舟、船；⑤空中交通。象征空间指城市中具有"视觉焦点"特质的一些景观要素，如"水"——各类水景、河湖水面；"绿"——城市绿化、植被、山林、绿化景点；"场"——城市广场、集市、开放空间等；"公共建筑物"——具有标志性的大型建筑、"历史纪念物"和"标志"等。

与感知环境角度的城市空间研究不同，城市空间的"质"和"量"的分析更多偏重于从城市功能活动的地理特征及规划控制指标来辨析城市空间，并注重功能活动与空间的相互依存和支持，同时考虑物质空间与社会环境的协调，具有一定的可操作性和借鉴意义。

迪特马尔·赖因博恩认为[19]：城市结构的一个清晰的表现就是城市平面布局。尽管我们在地图上经常面对城市平面布局，但这个概念至今还没有得到研究者们的重视。对此只进行了一小部分的研究：城市的基本功能、物质环境的可读性和识别性，以及城市景观的变化阶段。城市平面布局中，城市的基本功能的定位或者作为连接元素的特性都非常重要。另外，各种功能在城市平面布局中的融合，对于城市结构来说也是意义重大。对于城市设计者来说，对城市结构和城市平面布局有一个总体的了解是十分必要的，由此可对其设计要求进行"定位"。对居住区的新的设想或者旧建筑区的部分更新工作需要对过去的空间结构变化有基本的了解，也要求对今后的发展轨迹有一个正确的估计。

段进认为[20]，城市空间具有社会的、经济的、环境的和体制的深层结构，但又不是对这些深层结构的简单反映。任何一种单一的因素都不能全面反映空间发展的特征，同样，任何一种规划也不能替代空间规划。众多因素的综合作用使城市空间这个复杂的载体形成了自己的发展规律和任务。城市空间发展的深层结构主要为：空间发展的社会文化结构、经济技术结构、建设环境结构和政治政策结构。城市空间的设计应遵循以下四个方面的原则：

（1）结构原则。注重建筑在整体中的关系，这种关系是形态、空间、景观、行为、文脉、肌理等各方面的结构，通过建筑本身和群体组合形成以外部空间为主体的城市视觉环境，达到与其相关的结构有机结合。

（2）线型原则。建筑设计中要寻找城市空间中的基准线，形成组群的有序形态。基准线可以是一条河岸、坡地、基地等自然线，也可以是一条空间轴线，一条步行街、景观游览等特殊流线。它是统一城市空间中各种活动和物质形态的法则之一，它使空间形体在基准线联系下协调统一，同时也适应不同流线的需求。如满足步行、观赏、车流等不同群体对空间的不同要求，使空间对行为支持，构成空间与行为的相互依赖性（interdependency）。

（3）层次原则。这其中有三层含义，其一是指社会使用的层次性，政府办公、商业经营、公园游览与居住生活等空间具有不同的层次性，设计中应根据其性质需要不同对待。其二是指空间形态的层次性，建筑物在不同的空间层次发挥不同的作用，如在区域或城市总体宏观层次中主要起肌理作用、在形体中起轮廓作用；在街道等中观层次起街景或标志作用；而在微观层次主要起空间构成、纹理、风格、气氛等作用，因此不同的空间层次，其设计的侧重点各有差异。其三，对某具体的空间地段来说，应注重空间的层次感，使其产生良好的空间效果。

（4）特色原则。城市设计是塑造城市形象的重要途径之一，毫无疑问，建筑设计在其中起着十分重要的作用，特色的创造是其重要的任务之一。形体、风格、材料、形式等的突变与对比是突出特色的重要手法之一，但历史演进、文化特色、居民心理、行为特征、价值取向等绝不可忽视。因此特色的创造应该是地方形式要素的提取，文脉的强化，由人与空间建立起有地方意义的场所，成为城市与区域的象征标志。特色的创造不是单纯视觉上的刺激，同时，特色的创造应该从整体出发，因为整体的特色十分重要。因此协调等其他途径也是有效的方法，如南京夫子庙的旧城改造就采用了协调的手法。还有独特的人文活动，植物、小品、环境等都能形成城市空间的特色。

　　在遵循以上4个原则的同时，紧紧抓住5个要素设计：①界面（各种空间界面，包括建筑立面、轮廓、小品、植物等的设计）。②轴线（空间轴线、地面、对景设计）。③核心（广场、绿地、空间结点的设计）。④网络（与原有环境的结合，空间结构等）。⑤群体（运用连、封、重复要素、连续景观等进行设计）。

　　黄亚平认为[21]，从城市规划与设计角度出发，完整的城市空间概念框架应包括城市空间、城市空间结构和城市空间形态。城市空间（urban space）具有以下特征：①城市空间的物质属性。作为城市社会中各类要素相互作用关系的物化及其在城市土地上的投影，它使城市系统能以物质形态存在，并使各种关系在物质形态层面上得到统一，城市实体环境（physical environment）是其外在表现。②城市的社会属性。城市作为人的活动场所，个体的行为、社会的组织、社会组织权力群体和机构的活动等，必然会导致形成社会阶层，邻里与社区组织，以及土地利用和建筑环境的空间分异。土地利用与建筑环境的分异是社会分异的空间表征，社会空间统一体内的隐形组织结构分异则是空间分异的内在原因。

③城市空间的生态属性。城市作为一个有机体，与其所依托的环境（包括生物与非生物环境）存在着相互作用，生态因子、种群、群落，生态系统的分布格局及其通过相互作用而呈现的动态变化，影响到城市整体空间形态。④城市空间的认知与感知属性。城市空间包含着无数"场所"的集合，场所能够被知觉（包括认识与感知），因此城市空间具有知觉空间、意象空间的精神意义与内涵，这种精神意义的形成是由社会文化特性决定的，并受到社会过程的影响（图3.9）。

图3.9　耶路撒冷大清真寺广场朝圣的人

　　沙尔霍恩等指出[22]，如果我们把城市看成是空间及其功能的一个多方位组合体，那么设计方案的标准所要求的就是各空间的组合和相互间的匹配，与毗邻的建筑模式尽可能地融合统一。本世纪的功能主义最终把空间的单个使用永久地划成专门的使用，并且按《雅典宪章》来剖析城市。空间的专门化是工作过程和居住过程专门化和分离的自然表现：它是幼稚的、保守的功能主义的产物。功能主义把使用和它与社会紧密相连看得过于狭隘，并且最终形成不良的功能化。

　　城市作为人类社会生活中人口、权力、文化、财富及能量、物质、信息等在地球表面聚集的节点，其内部构成和表现形态是极为复杂的。但其时空组织过程和模式本质上取决于城市物质环境与在该环境中的人、社会、经济、文化等活动及相互作用。城市空间作为城市的一切人类活动的载体，它既是城市活动塑造和改造的结果，同时也在某种程度上塑造了城市活动，而人的需求总是从现有的空间状况出发并由此孕育创造。城市是人创造的，是社会的延伸。城市是由能量、物质、信息和人共同组成的"核反应堆"，人通过城市改变自身的物质结构和精神结构，以塑造新的生命形式。

3.3.3　城市空间形态

城市空间形态（urban form）经常被简称为城市形态。20 世纪五六十年代，林奇、亚历山大、雅各布斯等人挣脱传统束缚，发展确定了多种社会使用方法（social usage approach）。林奇主要是从形体环境角度探讨营造"良好城市形态"的特殊要求及这些要求如何与城市物质要素相互作用。因此，城市环境不再被认为是一种形体视觉艺术空间，而被理解为一种综合的社会场所。这种对空间、环境观念的转变，有着极其复杂的社会原因，其中发展观的转变，对人本身的重视，以及社会学、心理学、生态学、人类学的发展对社会使用方法起了重要的作用，促使城市空间形体分析方法转向了社会使用方法。

社会使用方法是一个综合的概念，泛指科学地研究人的社会空间、形态使用、心理要求等对空间形态影响的分析与设计方法。行为观察方法认为生活的形式产生于对生活的抉择。通过对人体行为的观察，即可揭示人在环境中的行为规律及在空间形态中的呈现。

雅各布斯是以对人的行为观察来研究城市的杰出代表人物之一。她详细探讨了人对城市元素（如人行道、停车场、广场）的运用，认为城市永远不能是艺术，因为艺术只能是生活的表现。她是从对大城市的分析入手阐述此观点的，对城市空间分析和设计的重要贡献在于提出了城市空间环境评价的社会标准：城市空间的组织应符合社会组织并促进生活方面的发展；城市建设是城市居民可参与和有所作为的领域。从 20 世纪 70 年代以来，她的观点在许多城市规划与设计中被采纳，特别是混合区、社区的观念取得了良好的反响。

黑川纪章于 1965 年提出造型设计的概念。所谓城市造型设计，是指城市本身的设计，也是最终的形态设计，在这个阶段，所有的城市要素必须作为空间造型来进行处理。桥梁、道路、广场、河流、住宅、大楼、停车场等全都必须作为建筑来进行设计，秩序和组织在与生活相关时，就变成了形态和造型，所以建筑只能是生活的造型。原型设计、类型设计是功能的结构秩序问题，而造型设计则是功能的象征、是气氛的表现。

在《易经》里气（空气）被认为是支配着宇宙的东西，气是最基本的概念。

人在出生的瞬间第一次吸入大气，生命由此而开始，人身所聚之气，关系到人的性格和命运。城市也是在进入造型设计阶段时第一次集聚自然（大气）、空间之气而开始形成的。所谓造型设计，是把景气、气氛、氛围这三种"气"作为灵魂，融入建筑空间。景气与城市空间的定位相关，气氛与城市空间的内部的质相关，而氛围则与城市空间外部的质相关，所谓景气、气氛、氛围的设计，就是将功能形象化的工作。

黄亚平认为，世界范围内城市的飞速发展及城市功能日益复杂化，使人们对城市形态的认识早已不局限于城市形体环境范畴，城市形态被认为是在特定的社会发展阶段中，人类各种活动（包括经济、社会、文化活动）与自然因素相互作用的综合结果。

1) 城市形态的影响因素

广义的城市形态由物质形态与非物质形态共同构成，它包括以下三方面：城市物质要素的空间布置形式；城市生活方式和文化观念所形成的城市精神文明面貌；社会群体、政治形式和经济结构所产生的城市社会生态结构。影响和制约城市形态形成的主要因素包括：城市发展的历史过程；地理环境；城市职能、规模、结构特征；城市交通的相对可达性；规划及政策控制。

2) 城市形态演变的内在机制

城市形态与城市结构互为表里，城市形态的演变机制主要在于：①城市的现有结构不能满足社会的发展要求，也就是说社会的发展要求对于现有的城市结构进行调整或扩大，由此导致城市形态的演变。②城市中新的功能不断取代旧的原有功能，导致城市形态的不断变化。③城市发展过程是一种不间断的连续的更新过程，尽管这种更新过程大小不等、随机性强，但同样导致城市形态的不断变化。

3) 城市空间形态的定义

城市空间形态是城市空间结构的外在表现，是城市各种功能活动在地域上的呈现，其显著的表现就是城市活动所占据的土地图形；用地形态是城市空间形态的主要外在表现，它包含位置、距离、广度、方向等要素；社会文化结构是城市空间形态的隐形影响因素。

刘捷认为[23]，拼贴与共生，都是为了探索多元秩序。两者都提倡既具有最大限度的多样性，又统一在一定的秩序之中。"拼贴城市"理论更加强调过程性，认为有机的秩序是逐渐形成的，是历史发展的连续性的产物，多元的秩序体现在动态的过程之中。而共生的理论则强调城市形态各个部分之间的交叉领域，历史、现在和未来的关系，人类、技术和自然的关系，城市形态在这些多变而复杂的关系中产生了丰富性。

城市没有一个完成的形态，在多元化社会中，拼贴与共生更是强调城市随时被体验。取消了对于统一和永恒的迷信，"现代主义强调'永恒'，强调理性，在建筑设计和城市规划中，突出几何性与逻辑性，并试图使建筑与城市从零开始，表现出对当下的'随时'的蔑视。而现代美学不仅重视瞬间的结果，也重视'随时'过程，重视随时的情感体验。"在拼贴与共生的城市中，城市形态更多地处于未完成的状态，从而使人们把注意力集中在过程之中。

3.3.4 城市结构与城市形态的关系

城市是依附于土地与自然环境的人类所创造的类人体。人是城市的灵魂，城市具有自身的生命节律和生成—发展—衰亡的过程，并有着各自不同的遗传密码。城市的结构与形态是伴随着城市的生成、发展而同步展现的，是城市存在的基本形式。城市的结构和形态在伴随着城市生成—发展—衰亡的过程中，将受到城市的自然环境、人工环境和社会环境的制约，并通过城市自身内在的动力因素和遗传密码，来展现不同的结构形式和独具风采的城市形态。城市结构与城市形态互为表里，如果说，城市的结构表现为城市发展中内在、隐性的动力支撑要素，那么，城市形态则表现为城市发展的外部、显性的变化的状态和形式。城市是一个具有多维结构的动态复杂系统，从城市建设系统看，主要表现在城市的空间结构、用地结构和功能结构等子系统结构；从城市经济系统看，主要表现在城市的资源结构、产业结构、经济结构等子系统结构；从城市社会系统看，主要表现在城市的社会政治结构、人口结构、民族和文化结构等子系统结构。城市的空间结构、用地结构、功能结构的发展，是以城市经济系统发展为动力，以城市社会系统的发展为引导，多种结构之间相互嵌套、相互生成、相互制约、相互影响，形成城市总的结构体系。

城市结构在生长发展过程中，存在着不可逆的动态演化过程：

（1）在特定的内部和外部条件下，具有某种系统的自组织过程——原来分散的、独立的、平权的事物或"元件"，自行结合为一个"有机的"整体。

（2）在社会政治（或政策）的控制和引导下，形成城市结构某方面的突变或发展，并在此基础上进一步生长、发展、演化。这种城市子系统间的自组织、协调运动和适宜的政策控制引导，促使城市结构和功能发生质的变化（突变）。

（3）城市结构的增长（突变）必然导致城市人口、物质、能量、信息等系统产生动态变化和重新配置，使人口、物质、能量、信息主要载体的居住、商贸等功能区和城市基础设施的布局得以调整，促进城市各子系统的重新组合。

城市形态则表现为城市生成、发展的时空过程及外部形式和整体的状态特征。城市生成、发展的时空过程，是以城市地理环境为基础，以城市对外交通，城市与周围区域的物质、能量、信息的流动，以及与其他城市的动态的网络联系为条件，以城市自身的多维结构的发展、涨落和起伏为动因，表现为色彩纷呈的多种外部形式，如城市物质的空间形态、城市的政治形态与社会形态、城市的经济贸易形态、城市的文化生活形态，以及作为城市灵魂的人所具有的、与其他城市不同形式的民风民俗、精神面貌等为标志的意识形态。城市生成发展的时空过程和色彩纷呈的多种外部形式，构成城市整体的状态特征。这种状态特征体现在该城市在大区域城市网络中的位置，功能，等级，重要程度，城市历史文化的系统性、完整性和多样性；体现在该城市的特色、发展的节律和有序程度；体现在生活在该城市中的人的精神面貌、社会风俗和道德水平。

　　城市是一个多维复杂的动态系统，这个类人体的动态系统表现出完整的生成—发展—衰亡的时间-空间过程。无论是发掘城市的某一片断，还是研究城市的现状、预测城市未来的发展趋势，我们都应注意到城市时空的整体性、不可分割性和不可逆性。城市的今天是昨天的继续、也是明天的基础，一切割裂城市历史、否定城市文化淀积的做法都是不可取的。不了解城市时空的整体性，就不可能客观地反映城市的结构和形态，也不可能深刻了解城市发展的内部动因和外部现象。在城市这个多维复杂的动态系统中，每一维或者每一个子系统，都与其他维或其他子系统有相互生成、相互影响的联系，与城市的整体有着不可分割的联系。然而，城市中的每一维，或者每一个子系统，都包含着其他维或其他子系统的信息，也包含着城市整体的信息，具有多种形式的千丝万缕的内在联系。城市的某一种结构，或某一种形态，何尝不是对城市整体信息的展现！城市中某一维与其他维，某一系统与其他系统，城市与城市网络，以及城市的市民与城市的一切，都存在着内在的不可分割的千丝万缕的联系。"世界若不包含于我们之中，我们便不完整，同样，我们若不包含于世界，世界也是不完整的。"（大卫·伯姆）。城市的各种子结构或城市的各种形态，都是相互包含的，同时某一子结构或某一种形态与城市的整体也是相互包含的，那种认为城市市民与城市相互独立的观点，和认为城市某一子结构或某一种形态与城市的整体仅存在着外在相互作用的观点，都是过时的、错误的。对于城市研究人员、城市规划和城市设计人员来讲，如果不是将自己置身于所研究设计的城市之中，设身处地为城市的居住者、为城市中的大多数成员着想，深刻认识和理解这种相互包含，就很难在研究、设计中体现这种不可分割性，也就不可能深刻地理解和把握城市的结构与城市的形态。

3.4　城市空间特色设计

　　城市空间特色是城市特色在城市空间设计中的直接反映，或者说城市开放空间是展示城市特色的最佳场所。城市空间特色包含：①形成空间的物质实体部分，②空间中经常性的和非经常性的（定期或定时的）生活活动。城市中的某个广场在宗教活动日可能是一个宗教活动场所，在民俗节庆日可能是一个民俗活动场所，在平日则可能是一个市民休闲购物的场所，如果改变了这个广场在城市中的位置，这些社会活动的发生形式和内容都会有所不同。

城市空间的特色还包括景观形象的特征。现代城市设计对于形象的作用应从两个方面来理解：一是从心理和行为的角度塑造有识别性的形象，满足人的审美要求、文化要求和认知要求；二是从经济角度塑造有特征的形象，满足商业文化和商业经济的要求，两者在许多情形下是一致的。

3.4.1　什么是城市特色

城市特色形成的过程，是一个历史的过程，是城市政治、经济、文化等各个方面不断积累的结果，同时也是建筑文化不断淀积的过程。城市的历史越久远、越具有魅力，对人的影响也越深。城市特色的形成，主要在于以下 8 个方面：

（1）城市的自然地理环境。如桂林山水，杭州西湖，苏州河网，济南的泉，大连、青岛、北海的海等。

（2）城市的格局。不同的地域（水乡、平原、山地等），城市格局不同，从深的文化层次看，城市格局与城市所在地的地理格局有关，与中国人的宇宙观有关；不同性质的城市，城市格局不同，如工业城市、交通性城市和农业城市。

（3）城市的道路网格、广场等。

（4）名胜古迹、历史性街区；园林、绿化。

（5）城市的色彩、城市的轮廓线等。

（6）城市的建筑群、中心区等。

（7）各类建筑小品。

（8）民俗民风、小吃、工艺品等。

城市空间特色对城市特色的展示主要表现在：①加强和突出城市格局；②与城市的自然环境和地貌景观融为一体，并能展示优美的自然环境；③突出并能有利于展示城市的名胜古迹，保护和突出历史性街区；④加强城市道路网格的特征和格局；⑤与城市的园林、绿化相结合并融为一个综合的系统；⑥有利于展示城市的轮廓线和地标式建筑、中心区建筑群的特征；⑦有利于展示和加强城市的民俗民风，城市开放的公共空间应成为民俗民风、居民交往、旅游者驻足的最佳场所。

张钦楠认为[24]，城市是人类所创造的最美妙、最高级、最复杂又最深刻的产物。尽管 20 世纪的"国际风格"在很大程度上抹杀了城市的特色，但是，每个城市仍然由于其独特的自然、人文和历史背景而各不相同。与人的相貌一样，每个城市都有自己的形态（morphology）。对于城市形态，可以从四个方面来区分和认识：自然环境、母体环境、标志建筑和总体布局。研究城市形态，可以从中发现与城市的文化特性（性格）之间的关系。城市必须不断更新，在更新中既要开放性地吸收外来成就，又要始终顽强地保持自己的个性。

张斌注意到在一些著名的传统城市中，由于种种原因，城市形成了自己独特的个性，这是一个城市的财富。成百上千年来市民一贯地秉承着这种个性，与此同时，这种财富并没有使市民们成为保守者，相反，恰恰是这些市民成为了新事物的缔造者。这种现象的背后，不一定是一种规律，因为同样是优秀的历史名城，并非必然会出现这种现象。我们常碰到这种情况，祖祖辈辈一直保持着一个美丽和谐的家园，白白的粉墙、整齐的灰瓦顶，几百年都是这样。到了我们这辈人，突然变得令人耳目一新了，五彩的瓷砖、塑料板和一色的蓝玻璃被七手八脚地攒在一起，"新颖"的房子建成了，美丽和谐却一去不复返了[25]。

黑川纪章认为，城市的个性是按照什么来创造的呢？那就是地形和风土，还有该地区的历史文化和地方灵气。今后的城市，一方面日益引进最先进的技术，另一方面在城市当中，不能不注意到潜在的城市文脉、历史和地形，以及风土人情这类东西。

城市空间特色设计应建立在城市特色保护的基础上，针对城市阶段出现的空间问题，在设计中对各空间层次的功能、尺度和景观构成上进行特色展示和空间形态把握。

3.4.2　城市空间特色的设计原则

（1）结构原则。注重城市空间的整体布局关系，包括空间形态、景观、行为空间、文脉、肌理等方面的结构。

（2）层次原则。城市居民生活需求与行为方式使城市空间具有层次性，如居住层次、工作层次、社交层次、游憩层次（另一种分法是按社会阶层分类）。设计的层次性原则将有利于控制和诱导空间的有序发展，避免无序混乱的现象（城市空间的分层还可以按城市空间等级分类，或按民族、宗教分类等）。

（3）特色原则。与自然地形相顺应，与生态景观相结合，与地域气候条件相适应。重视历史演进、文化特色、居民心理、行为特征、审美取向等人文因素在城市特色中的意义。

（4）立体原则（时空一体原则）。城市设计是多维的空间关系设计，建筑实体、空间组织、景观的景点和视点、空间形态的美感等，均应体现时空一体的原则，既是现实的，又是历史的，还需考虑将来城市的发展。特别是在城市空间相对位置关系的认知和各种空间要素的组合关系上，时空一体的原则远远超出了传统城市规划的范畴。

3.4.3　城市空间特色的设计对策

1. 山水意象的培育

意象是人们通过感知获得对空间的心智想像，是城市空间特色生成的主要源头，城市空间意象是建立在人的空间体验之上的。由于社会、文化、信息等因素的作用，增加了现代城市多维的空间结构意象的模糊性，不同的历史时期、社会意识形态、生活方式、人的不同知觉想像，也使城市意象具有很大的不定性。不同城市设计应依据不同的方式来造就不同特色的城市空间意象。"仰观于天，俯察于地"，力求与自然山水和谐，使城市空间顺应自然，突出和展示自然山水的特色。通过对城市空间布局中山水意象的体察和展示，并遵循城市现有生态及社会发展的城市空间秩序，来培育有气质与品质的山水空间特征，给城市发展带来生命力与活力。

2. 自然生态的保护

在塑造城市空间的山水意象的过程中。一方面应突出展现高品质、有气质的山水空间特征，另一方面应将整个自然生态与城市生态环境相协调，将自然生态环境（或生态要素）融入城市空间。

3. 注重城市特色空间的展现

城市空间格局的地域性、特征、空间方面及延续性、人文景观、地标式建筑等；城市道路格局，城市不同方向的中轴线，与城市文脉相关的街道、历史文化风貌保护区的街巷；河岸、山体、海滨、坡地等自然生态空间；城市的天际线、绿轴、水系等。

这些空间是城市特色空间的主要组成部分，也是现代城市特色空间有序的形态构成方式。特色空间的设计，应通过对城市空间的把握，将城市特色空间组织到城市整体结构中，进行有机耦合，形成有机的城市景观。

4. 空间结构层次的把握

在城市意象中，山水自然格局与城市形体空间在空间特质与环境认知模式上具有一致性。在营造城市特色空间时，应当将城市山水模式及相关的自然要素有机地组织到城市空间体系中，融入了山水意象的空间环境易于为居民所认知。山水自然结构与城市空间结构相互穿插，通过内外关系的转化，形成城市层次分明、形态多变的空间形象。

5. 空间特色的表现技巧

（1）山水形态与空间形态将构成城市的主题与背景，通过两者的相互置换分析与衬托对照，使城市空间形态构图反映出与自然山水的联系。

（2）重视城市空间的虚实配合，以空间形态突出空间的山水意象，通过虚实相生的空间景观形象，赋予城市虚实交融的完整性与变化。

（3）协调山水形态与城市空间形态的尺度关系，通过山水形势与空间尺度转换技巧，形成富有变化的空间序列。

（4）以人工构筑物强调或补充山水意识形态的不足，注重城市山水格局的景观价值，使点景、造景、对景、步移景异等设计技巧增加城市空间的易识别性。

3.5　城市色彩

3.5.1　城市色彩的定义

城市色彩是指城市或某个城市片断的基调色彩，主要由建筑群的色彩混合而成。不同城市在长期的发展过程中，受到各种条件的影响和制约而形成的独特基调色彩是城市文化和城市风貌的重要组成部分，如图 3.10 所示。

从人类发展的历史分析，旧石器时代的祖先曾用红色、黄色和褐色颜料装饰洞穴。从古埃及的建筑、希腊雅典的神殿、亚洲佛教庙宇、伊斯兰国家的穆斯林寺院、南美洲的玛雅城，以及各个历史时期、各个国家的重要建筑，都具有丰富的色彩，而现代公共建筑中清一色的灰色饰面，无论如何都是个例外（图 3.11）。色彩设计作为建筑和环境设计的重要组成部分，越来越受到建筑师、规划师和景观设计师们的重视。老百姓更热衷于美化自己的生活：从公共墙面上的涂鸦到精心构思的室内装饰，到处体现着色彩表现的个性。

图 3.10　传统城市与现代城市的色彩比　　　　图 3.11　传统城市与现代城市的色彩
　　较：比利时，水道的边界空间[25]　　　　　　比较：巴黎德方斯新区的各层人行平台

城市历史文化特性是城市性质的一种，但城市的性质有时并不能涵盖城市所具有的地方文化特性。严格地说，每个地区或城市都有自己的发展历史，历史再短的城市或地区也会随其诞生，发展历程的延续而有文化和历史的积淀，都具有不同于其他城市的、组成城市人文环境的重要部分。城市色彩景观规划设计的目的之一便是对地方文化的直观展现，因此城市的历史文化特性必然是重要的影响因素之一。制定城市色彩景观规划设计的总体策略，需要对城市的传统历史和地方文化进行深入地研究，在城市色彩景观中突出有特色的地方文化并予以保护和发扬。

让·菲利普·朗克洛认为，一个地区或城市的建筑色彩会因为其所处地理位置的不同而大相径庭，这既包括了自然地理条件的因素，也包括了不同种类文化所造成的影响，即自然地理和人文地理两方面因素共同决定了一个地区或城市的建筑色彩，而独特的地方或城市色彩又将反过来成为地区或城市地方文化的重要组成部分，正如朗克洛所说："每一个国家、每一座城市或乡村都有自己的色彩，而这些色彩对一个国家和文化本体的建立做出了强有力的贡献。"城市色彩景观规划设计所要做的除了对城市色彩完成在视觉美学意义上的提升外，另一个重要目的就是挖掘和研究地区或城市的传统地方色彩，并在新的城市建设中以适当的方式体现出来，成为地方人文环境保护的重要手段。

城市的色彩景观是感知城市景观面貌的重要因子和体现城市地方性、文化性的重要因素，如图 3.12 所示。对城市色彩景观进行研究、规划和设计是城市设计的重要内容，是属于城市设计范畴的一个重要的子领域，其出发点是以人的需求为核心而对城市的空间和环境进行设计和改善，追求便捷、舒适、赏心悦目的城市环境。城市设计学亟待突破城市空间体系设计的研究范畴，而将城市色彩景观规划设计作为重要的内容纳入到城市设计学的研究框架中来。

图 3.12　冰岛首都雷克雅未克[25]

　　城市的品质在于城市自身的属性，这种属性不是少数的个体能够赋予的，而是由大多数群体所具有的共同因素体现出来的（图 3.13）。这种共同的因素具有某种合理性和历史性。希腊岛城的每幢房子的白色组成整个城市的白色，与幽蓝的爱琴海之间划出人与水的天界。雷克雅未克则用每幢房子的色彩组成彩色的城市，在冰凉、萧瑟的北海中留住生命的气息。

图 3.13　现代城市色彩："9.11"以前的曼哈顿

　　城市相关的色彩要素如下：

　　1）色彩的基本特征

　　各种色彩通过人体感觉器官的感知而形成不同的感觉"色度"。不同的色度会形成不同的"温度"感和"重量"感。由于"温度"与"重量"的双重作用，在大多数的情况下冷色显得退缩而收敛、有远距感，暖色显得浮现与扩张、有接近感。

　　2）色彩的象征意义

　　色彩的象征意义依存于文化传统和联想。如红色代表权力与团结，黄色象征着欢乐、富有、光荣，绿色代表着生命、青春、成长与健康，白色体现清白与纯洁等。

　　3）色彩与气候

　　一般地说，热带城市喜欢用强烈而鲜明的白色或其他较淡的色彩，主要利用其反射光和热的特性；地处温带气候的城市多利用与自然景观相近的色彩；处于寒冷地带的城市则习惯用庄重的深色，因为深色物体容易吸收光和热。

4）色彩与经济

美国著名刊物《建筑与美学》中的一篇文章认为：社会经济及综合实力较强的国家或地区，喜欢用明快艳丽的色彩；而社会经济较差的国家，则偏重于色彩柔和或沉重的基调。

3.5.2 城市总体的色彩控制

城市色彩景观的研究、规划和设计应该发展为一个相对完整和系统的体系，贯穿于城市设计研究和设计的各个阶段，使城市的色彩景观既具有在总体规划设计原则指导下的系统性和连续性，又能充分展现出各局部的独特个性，如图 3.14、图 3.15 所示。从城市色彩景观规划设计概念的界定中可知，城市色彩景观的规划设计是一个由多个领域交融，涉及景观建筑学、城市设计学、建筑学、色彩学、色度学等多个学科的研究内容，并受到城市的自然地理环境、人文社会环境等多种因素的共同制约，多种因素的相互交织、共同作用，构成了城市色彩景观规划设计的研究体系。

图 3.14 自然生成的城市随意
而有秩序[25]

图 3.15 巴西伯南布哥州大西洋岸边的奥林达
城：建筑上缤纷的色彩被白色的线框所统一，
这样的特征在新城区里还找不到[25]

尹思谨认为[26]，城市色彩的规划和设计首先应该服从城市规划和城市设计所制定的原则和要求。例如，城市规划中制定的各种功能性区域，如商业区、中心商务区或旧城保护区等，便从宏观区域上对城市色彩的规划提供了基本依据。在城市设计中对建筑部分的控制会涉及建筑的形态（体量、材料、色彩等）、高度、沿街建筑界面的封闭度和建筑的标志度等。那么城市设计对建筑色彩的纲领性原则便可成为进一步进行色彩景观规划设计的基础，在城市设计中标志度较高的建筑或建筑群也可能成为色彩设计中需要加以重点突出的部分。所以，一方面，城市设计对城市色彩景观的规划设计提出要求；另一方面，城市色彩景观规划和设计也可以从色彩的角度对城市设计提出积极的回馈建议，并由此形成一个良性互动的过程。

与城市总体设计的原则相对应，城市色彩景观在总体规划设计这一阶段应体现在对城市色彩景观的总体定位上，也就是城市色彩景观规划设计的总体策略的制定。通过对城市的基本情况（如前面所论述的城市性质、城市规模、城市的历史文化特性及自然环境等因素）的调查、研究和把握，从景观、文化、特色等角度确定城市色彩景观总体发展的纲领性原则，主要完成以下几方面的内容：

（1）研究城市发展的历史和现状，对城市的性质、规模和人文环境因素进行分析，了解已经形成的城市色彩景观现状，在城市总体设计所确定的未来城市发展方向的总原则下，初步确定城市色彩景观发展的总体框架，研究突出城市地方色彩特色的可能性。

（2）研究城市的特定自然环境条件，包括气候、地形与地貌、水系等，掌握自然环境因素对城市色彩景观形成的作用，提出特定自然地理面貌对城市总体色彩景观的影响程度和范围。

（3）确认城市总体设计所确定的城市文物古迹、地方民俗和民族聚居区的保护范围和保护方式，并以此为基础对城市的地方性色彩做出调查和研究。

（4）按照城市设计所确定的城市环境景观的总体构想，确认城市的区域划分和各部分之间的呼应关系和序列，从而明确城市总体色彩规划和控制的依据。

（5）研究城市设计所拟定的城市天际线和制高点等重点建筑或建筑群与周围环境可能形成的色彩关系，并根据城市设计所确定的重点街道、广场、特殊景观和视觉走廊，以及城市边缘和入口地段等，初步确定城市色彩设计的重点部位，从色彩角度提出积极的建设性建议。

城市总体设计研究阶段的城市色彩景观设计工作主要与城市的总体设计相对应。调查掌握城市的性质、规模、自然条件、人文环境因素，以及城市发展的历史和现状资料，结合城市未来发展的总构想，明确城市总体色彩景观设计和控制的依据及方向，探索通过城市色彩展现城市地方性的可能性，研究城市设计所确定的重点景观，将其列为色彩设计或控制的重点部位。因此，在这个阶段，城市色彩景观的研究主要体现在对城市历史和现状的研究，以及总体策略的制定，换言之，主要是城市色彩景观的规划阶段。

戴志中等于 2000 年提出研究和定位西部山地城市色彩的原则：

（1）尊重城市历史文化和重要地位。例如重庆是一个具有悠久历史和革命传统的文化名城，古属巴国，具有浓郁的巴渝文化氛围，也是我国西部唯一的直辖市，整个城市具有生机蓬勃，欣欣向荣的特征。

（2）适应城市环境空间和气候特点。西部山地城市大都依山傍水而建，山峦起伏、河道蜿蜒，城市景观层次性强。气候特征大多潮湿多雾，空气能见度较差，全年日照少、阴天居多，夏季炎热、日光强烈，秋冬季则阴冷潮湿。

（3）体现环境治理成果和生态意识。随着时代的进步，西部山地城市政府和市民的环境意识、生态意识逐渐加强，重视治理环境污染，过去困扰市民的环境污染问题大有改善，蓝天白云、风和日丽的日子比过去显著增多。

（4）反映现代工业进步和色彩技术。随着现代工业材料技术和色彩技术的发展，出现了许多新兴的墙体装饰材料，它们不但色彩丰富，而且可以有效节能和减少环境污染，为研究和定位城市色彩提供了更多选择。

3.5.3　城市局部的色彩设计

城市色彩的分区设计主要针对一些特大城市和城市新区，特大城市经常出现多个功能相对独立完整的区域组成，有时还根据城市的总体规划发展出具有一定功能特色的区域，如科技园区、经济开发区、中心商务区等。因此，在完成城市色彩景观的总体设计之后，需要针对城市各个不同特点的区域将设计的总体策略进一步细致化、深入化、具体化。主要内容包括：

（1）对特定区域的特殊性做出分析，确定区域色彩设计的总体策略。

（2）对特定区域在城市中的地位、角色做进一步探讨，确定区域的色彩设计和控制定位，以及与城市总体色彩景观的关系。

（3）对区内的自然环境和人文环境特色做进一步调查，研究自然环境对区域色彩景观的影响，以及人文环境保护的方案，突出地方色彩的可能性。

（4）确定该地区的重点色彩景观设计和控制区域，并提出色彩设计或控制方案。

（5）结合城市分区设计所做出的地区空间设计方案，提出相应的色彩设计或控制方案。

城市色彩景观控制性详细设计阶段是配合城市控制性详细设计，将城市色彩景观的总体设计和分区设计的种种构想贯彻落实，做出"量"的分析和规定。主要内容包括：

（1）落实和划定地区文物古迹保护、传统旧街区、地方民俗和民族聚居区位建筑色彩的保护界线，提出具体的色彩保护方案，对周边环境做出具体的建筑色彩设计和控制方案。

（2）对城市空间体系的主要环节——街道、城市广场、特殊景观（如水系等）、建筑及其他视觉元素之间的色彩呼应、衬托关系做出安排，对对景、借景的色彩关系进行设计，如图 3.16 所示。

（3）对划定的视线走廊界线内的建筑及其他视觉元素的色彩进行设计和控制规定。

图 3.16　成都滨河街景

城市色彩景观实施性详细设计阶段是将控制性详细设计全部具体化的阶段。主要内容是对前面阶段所划定的各重要景观——城市地方文化保护区、重点街道、广场、功能区域、特殊景观、视线走廊所涉及的建筑立面和重要的城市雕塑、小品、绿化、广场铺装、城市家具、城市标志等的材料、色彩——做出设计方案。

城市局部的色彩设计，应在城市整体色彩基调指导下，针对不同观赏点的城市景观进行更深一步的色彩研究。可以运用下述手法，达到统一中有变化、强化城市独有空间特性、创造优美城市景观的目的。

1）色彩构图

对于城市在不同观赏点自然形成的空间画卷，应该运用构图的原理和法则进行色彩构图分析和布置，使局部建筑的色彩应用有根有据。利用色彩的组合，创造出和谐的节奏关系、韵律感或动态的城市景观特征。

2）色彩空间

色彩空间指使用色彩而引起的空间感，色彩空间感的形成主要通过不同色彩的远近感和色彩的对比来实现，如明与暗的对比、各种色相并置、冷暖对比、互补对比、面积对比、色彩面形状对比、饱和度等级对比、不同色彩面肌理对比等。应用这些手法，可以在视觉中拉大空间距离，形成具有空间深度的色彩空间，体现城市的立体性、层次性特征。

3）色彩视差

在不同色彩组合时，每种色彩都会显示出不同的"重量"。例如，白色背景上的蓝色似乎在收缩，而黑色背景上的蓝色显得扩张，黄色在白色背景上显得扩张、在黑背景上显得收缩。在城市色彩组合中，可充分利用这种对比产生的效果来协调人们的视觉感受。

　　法国设计师伦克洛斯为利南德斯住宅群做的色彩设计（图 3.17）：一方面试图使建筑平面和空地的方位感与形状变得更强烈；另一方面则通过由浅到深的明度渐变在住宅群中部的城市通道处达到色彩高潮。

图 3.17　法国设计师伦克洛斯设计的住宅群的色彩

　　德国色彩设计师加尼尔为位于威斯巴登郡外小城克拉伦索尔的公寓所做的设计：同类色和谐原理在其作品中得到了充分运用，遍布于建筑立面上的各种几何形状几乎局限于两、三种不同明度的基本色相（黄、黄绿和绿色），以形成凹凸的视错觉，试图利用色彩构成在整个墙面中将每一个居住单元"个性化"（图 3.18）。

图 3.18　德国色彩设计师加尼尔的公寓色彩设计

　　色彩设计师里蒂在 8 个蜡烛般的塔式建筑上所做的表面色彩设计（图 3.19），是在圆弧形表面上贴以模仿满天白云图形的马赛克瓷砖，另一些则运用大地和树叶的轮廓和色彩。

　　我国某些高层建筑采用墙面色彩装饰方法，力求与环境协调（图 3.20），或达到醒目的效果（图 3.21）。

图 3.19　色彩设计师里蒂的公寓塔楼表面色彩设计

图 3.20　深圳世界之窗东侧高楼的色彩装饰　　　　图 3.21　成都某建筑花卉饰面

　　值得强调的是，绿化在提高城市环境景观档次方面扮演着极其重要的角色，在城市建设中结合城市绿化科学地运用色彩，可以使我们的城市更加充满生机与魅力。

　　城市色彩景观的研究以两个层面的意义为出发点：一是视觉美学层面的意义；二是文化层面的意义。因此，城市色彩景观评价的内容也相应地从这两个方面进行。

　　视觉美学层面的评价主要以色彩学理论为基础，对城市景观色彩之间的关系进行评判，即从色彩的色相、明度和彩度的基本属性出发，根据色彩的调和、对比原则，对由城市各视觉元素所组成的色彩景观是否美观和谐进行判断。在实际运用时可结合城市功能区域、城市街道景观、城市特性景观及城市公共空间等城市色彩景观规划设计的控制模式进行。

　　文化层面的评价主要从地方人文环境保护的角度出发，对城市是否具有特定的表达城市历史传统和地方文化的地方色彩进行考察，对研究对象（城市或区域）是否适合以恰当的方式突出和呼应这种表达文化性的地方色彩进行考察。城市色彩的文化性将使城市景观的设计不只停留在一般美学意义的层面上，而有可能成为挖掘、保护和发扬城市或区域地方文化特性的重要因素，积极地表达城市色彩的文化性将成为在全球经济一体化趋势下发展地区文化、保护地方人文环境积极而有效的策略。

宏观方面在，对于城市或规模较大的城市区域，首先应对城市色彩景观的总体定位进行评价，即从城市的性质、规模、历史文化特性及城市规划、城市设计的原则等影响城市色彩景观总体策略制定的因素出发，分析评价城市色彩景观的总体状况和未来规划设计的总体策略，提出和解决如下问题：

（1）城市的性质、规模如何？城市色彩景观与城市基本特性是否相符？

（2）特定城市景观的历史文化特性如何？城市色彩景观是否有条件适宜地对地方色彩有所挖掘、展现和呼应？

（3）城市如果有所分区，区域各自的特性如何？色彩景观是否适宜地表现了这些特性？各区域间色彩景观的关系如何？

（4）城市设计中有哪些重点城市景观？这些重点城市景观的色彩效果如何？

在微观方面，具体到某一个特定的城市景观（如城市功能、城市街道、城市公共空间、城市特色景观等）的色彩效果，则属于相对微观的城市色彩景观的评价。分析该色彩景观的视觉美学效果，以及色彩因素在地方人文环境保护方面的可能性，提出和解决如下问题：

（1）在城市设计中对特定城市景观的定位如何？城市色彩景观与该定位特性是否相符？

（2）城市的历史文化特性如何？城市色彩景观是否有条件适宜地对地方特有色彩进行挖掘、展现和呼应？

（3）特定城市景观各组成元素的关系如何？是否存在需要特定强调和突出的元素？各元素之间的色彩关系是否适宜地表现了这些关系？

（4）从美学意义的角度，特定城市景观各组成要素之间是否具有和谐、美观的色彩关系？

参 考 文 献

[1] 宛素春. 城市空间形态解析. 北京：科学出版社. 2004
[2] 张鹏举. 界面——从城市空间环境看建筑形态构成. 新建筑, 1997, （1）：9～12
[3] 段汉明. 城市学基础. 西安：陕西科学技术出版社. 2000
[4] Benoit B M. 大自然的分形几何学. 陈守吉, 凌复华译. 上海：远东出版社. 1998
[5] 刘华杰. 分形艺术. 长沙：湖南科学技术出版社. 1998
[6] 曼陀罗室主人. 观音菩萨的故事. 西安：陕西师范大学出版社. 2004
[7] 劳森 B. 空间的语言. 杨青娟, 韩效, 卢芳等译. 北京：中国建筑工业出版社. 2003

[8] 弗朗西斯 D K. 建筑：形式·空间和秩序. 邹德侬，方千里译. 北京：中国建筑工业出版社. 1987

[9] 西美尔 G. 时尚的哲学. 费勇译. 北京：文化艺术出版社. 2001，37

[10] 卡斯特 M. 网络社会的崛起. 夏铸久，王志弘等译. 北京：社会科学文献出版社. 2001，504

[11] 康少邦，张宁等. 城市社会学. 杭州：浙江人民出版社. 1986，71

[12] 克莱尔 A R. 城市空间——各种建筑模式在城市空间上的效果. 钟山译. 上海：同济大学出版社. 1991

[13] 西蒙兹 J O. 景观设计学——场地规划与设计手册（第三版）. 俞孔坚，王志访，孙鹏译. 北京：中国建筑工业出版社. 2000

[14] 周俭. 现代城市设计的环境与空间策略. 城市规划，1996，(3)：14

[15] 张鸿雁. 城市形象与城市文化资本论——中外城市形象比较的社会学研究. 南京：东南大学出版社. 2002

[16] 陈坤宏. 空间结构——理论、方法与计划. 台北：明文书局. 1994，15～16

[17] Foley L D. An approach to metropolitan spatial structure in Webber M M et al (eds). Exploration into Urban Structure. Philadelphia：University of Pennsylvania Press. 1964

[18] Webber M M. The urban place and nonplace urban realm in Webber M M et al (eds). Exploration into Urban Structure. Philadelphia：University of Pennsylvania Press. 1964

[19] 赖因博恩 D，科赫 M. 城市设计构思教程. 汤朔宁，郭屹炜，宗轩译. 上海：人民美术出版社. 2005

[20] 段进. 城市空间发展论. 南京：江苏科学技术出版社. 1999

[21] 黄亚平. 城市空间理论与空间分析. 南京：东南大学出版社. 2002，16

[22] 沙尔霍恩. 城市设计基本原理. 陈丽江译. 上海：人民美术出版社. 2004

[23] 刘捷. 城市形态的整合. 南京：东南大学出版社. 2004

[24] 张钦楠. 阅读城市. 北京：生活·读书·新知三联书店. 2004

[25] 张斌，杨北帆. 城市设计与环境艺术. 天津：天津大学出版社. 2000

[26] 尹思谨. 城市色彩景观规划设计. 南京：东南大学出版社. 2004

第4章 城市设计的理念、基本要素和基本方法

4.1 城市设计的目标、理念和人文价值观

1999年6月25日在中国建筑学会学术部的积极推动下，第20届国际建筑师协会大会（XX UIA Conference）举办了"城市设计论坛"（Urban Design Forum）。"城市设计论坛"的参加者们，从著名城市设计理论家、著名建筑师、重要城市的规划设计师到院校学者，都从不同的角度对城市设计提出了自己的关心、忧虑和见解，突显了"城市设计"问题本身的复杂性与矛盾性[1]。在"城市设计论坛"的开始，两位嘉宾主持人——美国著名城市设计理论家——盖瑞·哈克（Gary Hack）和英国著名建筑师特里·法雷尔（Terry Farrel）——针对中国的城市设计工作，首先提出了关于"基本原则"（principle）的问题，含蓄地指出了我国现阶段城市设计工作中存在的问题。

城市设计是对城市的体型环境所进行的规划设计。这一概念似乎被各界人士所接受与理解。美国著名城市设计理论家凯文·林奇关于城市分析的五项要素，即边缘（edge）、街道（street）、区域（district）、节点（node）和标志（landmark），得到了普遍的认同。然而应该看到，现代城市设计经过近半个多世纪的发展，早已不局限于体型环境的范畴。凯文·林奇关于城市设计理论的特点在于最直接场所体验的研究。他所强调的是，城市设计不只是为了满足今天的需要而进行体型组合，而是要关心人的基本价值与权利：自由、公正、尊严和创造性。片面理解凯文·林奇的理论，僵硬地根据五项要素进行城市形象设计，认为只有体型组合才是真正的城市设计，都是城市设计研究中存在的误区。城市设计的基本出发点在于调节城市的建造过程，并使之满足广大市民的基本要求。如果我们承认城市设计应该从绝大多数市民的利益出发，那么城市建设的目标就不是满足政府官员的宏伟畅想，也不是城市设计师个人风格的张扬。而城市设计的一个重要基本原则就是创造一个市民喜爱的、以步行为基本尺度、以公共交通系统为主要运输工具、适宜居住的城市空间。其内涵在于，尊重普通市民的基本权利，控制交通流量，减少能源消耗，实现城市环境的可持续性发展。

在城市设计中应避免缺少持久活力的西方城市美化（city beautiful）运动在我国重演[1]。1893年，美国为纪念美洲的发现，在芝加哥举办了哥伦比亚博览会（Columbia Exposition）。为此修建了宏伟的古典式建筑、奢华的游憩绿地和广场。一时间，城市景观美化成为美国政客宣传政治纲领、宣扬"政绩"的方式

之一。城市美化运动作为美国现代城市规划的先导之一，虽然具有积极的意义，许多美国城市在该运动的影响下建立了城市公共中心（civic center），但从实际效果来看，运动的成果有很大的局限性。正如沙里宁当年所指出的：这项工作对解决城市要害问题的帮助不大，这种装饰性的规划大都是为了满足城市的虚荣心，而很少从居民的福利出发，考虑从根本上改善布局的性质，并未给予城市整体以良好的居住和工作环境。

20 世纪初期，现代建筑（modern architecture）运动的倡导者们以充满社会责任感的革命精神，提出了对传统城市与建筑进行重建的大胆设想。现代建筑理论虽然产生在欧洲，但伴随欧洲的战后重建和美国城市的大量更新规划，功能主义的现代建筑理论对城市建设的影响达到了前所未有的程度。20 世纪 50～60 年代的美国城市更新（urban renewal）运动在理念上深受现代主义城市思想的影响，否定了旧城区公共空间网络体系，代之以大体量的现代建筑。其结果造成城市公共空间系统混乱、尺度关系被忽视、人车交通混淆。乌托邦式的社会理想非但没有实现，新建筑又很快面临改造乃至拆除的局面。基于上述原因，20 世纪 60 年代中后期以来的现代城市设计理论力求突破单纯的体型环境设计。把城市体型环境设计与社会、经济、文化、技术和自然条件等各个方面加以综合考虑，以创造满足居民全方位生活需要的良好城市空间环境。

4.1.1　城市设计的目标和基本特征

1. 城市设计的目标

城市设计的目标应以提高人的生活质量、城市的环境质量、景观艺术水平为目标，充分体现社会公平，强调为人服务的目的。

理查德·马歇尔认为[2]，城市设计应当以培育城市性为目标，这意味着城市设计所提出的城市场所的形式、区域和特征必须是为公众利益服务。在进行城市项目时必须创造市民喜欢的环境。由此前提，城市设计将发挥出重要作用，不仅为富人，也为穷人设计高品质的城市环境。城市设计这一手段能够为城市提出适合于各自特点的场所、气候、文化和历史等相关因素的发展理念，并推进城市精神与城市文化的成长。

孙骅声指出[3]，城市设计的服务对象是人。城市设计中的多种手段和高质量的综合环境，都是为了生活在城市中或来往的人。从主体对象这一角度来说，城市设计应考虑的主要因素有下列几点：①城市中的各类活动需求。指集团的或个人的生产、生活、交往、游憩、出行等活动。这些活动应通过城市设计的手段，在不同的城市综合环境中年给予妥善安排。②人对美观的需求。指人对城市总体和局部的综合环境，随着人的活动和视线所及范围的变化所产生的美观需求。

③人对环境气氛的需求。指人位于综合环境中时能够感受到符合环境性质的环境气氛。例如纪念性、游乐性、肃穆性、活泼性、居住性等气氛。④人对空间的需求。指因上述三点而自然产生的对环境空间的需求，包括空间的层次、序列、场所感、识别性、私密性、对比和变化等。

邹德慈认为[4]，城市设计的中心是"人"。这里有两层含意：一是城市作为物质形体，是"人"所赖以工作和生活的空间环境；二是这个环境是通过"人"的创造（包括设计）而形成的。因此，就这个意义讲，"人"是城市设计的中心问题，无疑是正确的。城市设计是为最大多数"人"服务的，这是应该坚持不渝的原则和基本思想。但是，"人"的需求、爱好和观念是会变化的，而且随着生产力的发展、科学技术的进步，城市设计的思想和手段也会发生变化，而发展甚至要在一定程度上"超前"。

张松认为[5]，城市设计是人的一种复杂的创造性活动，其重要的因素有四个方面：自然、社会、文化和人。正是由于现代城市规划在解决工业化、城市化所带来的众多城市问题之时，出发点与着眼点是"物"，因而导致以强调"人"为中心的现代城市设计的崛起。

徐思淑、周文华认为，城市设计的目标是为了提高城市环境质量，从而改进人的生活质量，给人带来可能的、最大的便利与舒适，给人以美的享受，以实践千百年来人们对城市的美好构想[6]。郑正认为城市设计的目标可分为直接目标和间接目标：直接目标在于创造适用、舒适、宜人且富有特色的城市空间环境，以满足人们物质、精神生活不断提高的多样需求；间接目标是通过改善城市的环境形象，达到吸收投资、购物、旅游、工作，进而促进城市经济发展与振兴的目的。

许溶烈认为[7]，城市设计需要综合处理设计环境的社会、经济、文化、功能、技术、审美和自然条件等各方面的制约因素，为人们创造一个舒适、方便、卫生、优美的物质空间环境和社会环境，以满足在物质和精神、生理和心理诸方面的需要，城市设计也是一种行政管理手段。

张京祥认为[8]，城市设计是对城市整体社会文化氛围的设计，偏重于城市形象研究与策划，表现在城市设计思想中对传统文化的理解、尊重和把握；表现在城市设计手法中对原有社会文化要素的有机组合；表现在城市设计操作中对其形成机制的促成。

沙尔霍恩认为[9]，城市的产生和形成只基于空间的使用性。与建筑物不同的是，没有可用性的建筑物也存在，而一个空荡荡的城市是"过时的"城市，这就清楚地表明，城市使用性的本质与生活紧密相关。有活力的才是城市！因此可以明确地说：城市的生命存在于其鲜活的空间、建筑物和条条街巷及各个不同的场所之中。

庄宇认为[10]，城市设计作为设计行为和管理政策，体现了设计地域人们的生活意愿（权利），体了政府、开发商及设计师对价值和利益的追求。当城市设计作为一项设计和政策时，首先面临的是利益的归属和分配问题，而远不是较为单纯的体型环境问题。城市设计不仅设计城市体型环境的内容，更多的是作为支持设计及其导出政策的感受需要、价值取向、利益分配等深层次内涵。

史密斯认为[11]，政府和公众之间不完全是和谐的，因为政府的规划部门想当然地认为自己是决策部门，有权利来决定在何时何地采取何种措施。他们并不愿意与其他参与的方方面面分享这个主动权，因为拥有这个主动权的一方可以享有一些优势，具体体现在：他们的想法一旦形成就不会被否决，而且公众也因此成为这个主动权的"被涉及者"，处于守势。如果这个主动权由其他方面掌握，那么管理层就成了"被涉及者"。

薄曦等介绍了美国 R/UDAT[①] 的城市设计思想[12]：把"人"放在一个相对重要的地位，强调了"真正使用者"的价值。R/UDAT 的工作方法，就是同社会各职业、阶层、民族广泛接触、进行座谈，在讨论中获得若干第一手资料，从而理解问题实质。同时也激发起市民们对自身价值的确立、对自身环境的关注，并在参与设计中了解到政府部门的政策意向。所有这些反过来又充实了设计内容，使其更具意义。一个成功的城市设计必须具备三个要素：①重视设计过程的思想。②为了使城市设计成功，它必须服务于社区中的人，同时这个过程必须包括反馈技术，以便于在某个阶段做出的决策能够被评估，并随标准的变化而调整。这个过程把社会各种力量组织起来，为了一个共同的目标而努力。③市民参与。20 年前几乎没有专业人员意识到那些未受过专业教育或训练的公众能够对城市设计这样一个复杂、技术性强的智力活动提出建议，但今天市民参与已成了城市设计最关键的因素。在美国整个城市社区中都可以听到这样的呐喊："我们的城市属于生活在其间的人民，它应表达人民的意愿和观念。"

2. 城市设计的基本特征

城市设计的基本特征主要有：①多样性；②综合性；③复杂性；④整体性。城市设计的这 4 种基本特征，复杂性、整体性在本书第 1 章及第 2 章中已有较多的论述，这里主要阐述多样性和综合性两种基本特征。

雅各布斯认为，多样性是城市的天性，各种不同的人、不同的建筑聚合在一起，形成一定的秩序，实现人类的理想与抱负，这就是城市。有着不同的文化背

---

① R/UDAT 即"区域与城市设计小组"（Regional and Urban Design Assistance Team），这一名称来源于美国建筑师协会（AIA——American Institute of Architects）的两个国家级委员会，即"区域规划委员会"和"城市规划与设计委员会"。

景和经历的人们，品味和追求是有差异的，正是他们的各种各样的活动构成了五光十色的城市场景，城市应该反映和适应多种多样的人的需求。因此，多样性是城市的基本属性。

刘捷认为[13]，功能的多样性是城市多样性的基础。不同功能的融合交汇往往产生部分之和大于整体的效应。各种功能的融合反映了不同功能内在的联系。对多样性的强调带来城市结构的等级秩序的弱化。当城市形态逐渐反映多元社会的状况和要求，规划设计的思想就发生了显著的变化，对于网络结构、多中心结构的重视是当代城市的特征。这些城市设计之所以弱化中心感，是为了达到最大限度的开放性，这是多元秩序的一大特点。

当代城市形态的多元性，不再强调城市的单一秩序的整体性，更多地着眼于城市的丰富性与复杂性，但并没有完全消解中心和等级，中心和等级依然存在，成为当代城市形态多种文化语境的一部分。不同的价值观同时存在于城市形态之中，这才是真正的多元化，而中心和等级成为多元价值中的一种。

当代城市已经不再被看作是单一构造和连续的整体，断裂性、异质性充斥于城市之中。这是由于现代与传统、本土文化与外来文化的交融必然引起的一系列变化结果。杰姆逊认为[14]，多元文化与旧文化的区别在于：旧的文化概念是以连续性为根据的，现代文化的概念则建立在多变性的基础之上；旧的文化概念推崇传统，当代的思想却是兼收并蓄。

多元化促进了城市形态的开放性，从服务对象到形成过程，城市设计不再是设计师个人创造的产物，而是不同阶层、不同族群、不同利益团体互动的产物。西方城市规划过程中盛行的"公众参与"、"倡导性规划"都是多元化社会下城市规划和设计过程开放的种种表现。

迪特马尔·赖因博恩认为[15]，整体原则基于这样一种认识："整体大于其每个部分的总和。"无论是对于建筑设计还是城市设计，这句话都具有决定性的意义。形象就是那些局部由整体决定的形体，在整体中所有的局部相互包含、相互确定；整体形体的基本性质不是其每个局部性质的总和（维纳兹）。这清楚地表明，城市设计不仅仅是建筑类型相互之间的排列和编组，然而在设计中，却经常会错误地把二者等同起来。

从城市设计者的角度和城市设计的过程来分析，对城市空间及构成城市空间的各个元素都要有深入的了解，提高设计者对事物和环境的观察力，包括体验现场特征的各方面因素：历史的、建筑的、社会文化的、美学的、技术的、功能的、还有开放空间以及生态环境方面等众多因素，但从城市整个系统和城市发展的过程来分析，正是由于城市系统的开放性，城市设计过程的随机性等因素使城市具有较为明显的多维性、模糊性，以及难以划分界线的混沌区域。

张斌认为城市设计概念，可以使人重视城市对人类社会的重大意义，从而把注意力从片断的、孤立狭隘的区间转移到整体上来[16]。作为城市中的市民，人与人之间不能像乡村中的村民，可以相对独立地存在，他们之间的相互依赖性逐渐增加，人与人之间有逃脱不了的关系。人必须树立公共、公德意识，而且不应停留在保持公共卫生之类的层面上。在保持个人隐私权利的前提下，方便公共行为、提供公共空间，最终将城市建设成为市民共同的家园。其次，城市设计是设计的一种创意，将成为一种先进的、实用的设计方法。对于整个社会来讲，城市设计是一种系统工程，也是一种实用工程。它不仅在建设、文化等方面提高各领域的品质，而且能够提高社会的整体水平。

城市的不同内容层面及其相互的联系在于：建筑的、技术的及社会的因素决定了城市的结构，并且使各方面的特点凸现出来。城市的不可替换性，以及其自身的特点是通过城市的平面布局和风格体现出来的，而这些特点同时又是建筑及建筑根据地形的布局和景观的表现。但是，城市的居民和游客很少能把城市作为一个整体来检验。

一个城市的特征就是通过建筑形式和尺度表现出来的，但城市类型或者城市的形象并不只是由它的建筑特点和吸引力来决定的。建筑和"非建筑"——开放空间和自然景观之间的相互关系——是城市的一个基本的特征。另外，不仅是建筑形式的排列组合，它们的用途和功能对城市有着重要的意义。正如格鲁特所言，城市的各个部分以及不同的城区隶属于一个规划系统。它们之间总是需要有一些哪怕是最低限度的关联，以及一定程度上的统一性。如果不是这样，那么我们看到的就不是一个整体，而是一团混乱。而反过来，太多的统一也会导致单调。

4.1.2　城市设计的理念和原则

1. 城市设计的理念

1) 体现城市性质，注重文化传承

不同的城市有不同的城市性质，不同的城市性质使其具有不同的特征，如城市在空间布局、结构、形态……建筑风格、色彩、气氛等。不同的城市是各不相同的，城市设计者应充分认识一座城市与其他城市的差别，在设计构思及整个过程中突出其能代表城市的某几个或某些特征，以展示城市不同的性质、不同的文化传承和不同的城市精神。

2) 设计尺度应与城市规模相适宜

不同规模的城市，其社会发展水平、经济实力、城市功能、形态等均各不相同，在城市设计中，应注意设计尺度与城市规模相适宜，既要保护和突出原有城市特色，又要力求形成新的不同于其他城市的风貌与特色。今天，特大广场和百米大道之类已被建设部明令禁止，政府官员好大喜功的心态受到遏制。应当注意的是，城市设计工作者应当按照城市发展规律进行设计构思，崇尚科学精神，在设计作品中展示其科学性、合理性、实用性和创新性。由于大、中、小城市的种种不同，中、小城市不宜盲目追求大城市的气派，按照设计对象的规模大小、发展速度快慢等众多因素，合理确定城市的空间尺度和生活场所的尺度。

3）突出城市特色，重塑城市形象

从本质上讲，任何一项城市设计项目，无论其项目大小和空间位置如何，均是对城市形象重新塑造的过程，但这个重新塑造过程，并不是将原有特色彻底改变，而是在设计构思中凸现、继承、维护原有特色，并在此基础上进行提炼、深化和升华，形成现代城市社会、生活中人们悠然自得的场所，形成新的城市形象。城市设计的项目大小不等，但每个项目都和城市整体形象有关，都是城市整体形象的一部分。城市整体形象的形成就在于一个个具体项目的累积。

4）强调以人为本，满足市民社会生活需要

人是城市的灵魂，是城市活生生的有机组成部分。人既是城市文明的创造者，又是城市文明的享受者。城市的社会生活场所有许多层次和各种表现方式，但人始终是社会生活场所中的主角、拥有者和支配者。城市的多元化对应的是市民社会。在市民社会中，中心和等级秩序弱化。对于普通人生活状况的关注，是对于当代城市形态人文精神的新的阐释。表达权力中心的象征性空间在城市中的重要性将逐渐减弱，表达世俗生活如休闲、交往的空间成为当代城市设计关注的重点。

2. 城市设计的原则

1）城市设计的一般原则

张庭伟（2001 年）提出城市设计的三项原则：①城市设计的文脉性；②城市设计的社会性与公众性；③城市设计的累积性。一个城市的规划，对该城市发展的论证，都必须从该城市在区域中的地位、在城镇体系中的地位去全面分析。一个地段的城市设计一定要放在该地段所处地段的背景中去分析、构思，这就是文脉性。

美国城市设计师巴梅特（J. Barnett）在他 1984～2000 年的每一本城市设计著作中都反复强调："每个城市设计项目都应放在比该项目高一层次的空间背景中去审视。"城市设计的精髓就是处理相互关系：一个项目与其周围城市空间及用地的关系，一幢建筑物和该建筑物在左邻右舍的关系，建筑物实体和绿化空间之间的关系等。城市设计如果仅考虑其项目的范围，没有更大背景的分析，那将是失败的。

余柏椿以解析性漫画的形式，强调城市设计中的感性原则，即强调人性和情感的城市设计原则[17]。这种感性原则包括：情感交融原则、景观集合原则、空间序列原则、环境气氛原则和品味超群原则，并论述了实行这些原则的设计方法。

社会性和公众性是城市规划的基本原则，城市规划的目的就是为社会全体市民的长期利益服务，城市设计也应遵循这个原则。城市设计的主要产品是城市公共空间，使用这些空间的主体是全体市民，公众使用公共空间具有重要的社会作用。无论是在私有制为主的国家，还是今天两极分化日趋严重的中国，城市公共空间，尤其是公共绿地，是城市中仅有的没有被私有化和被有产阶级占领的空间。良好的公共空间能培育公民对自己城市的自豪感，增加不同背景的人群进行社会交往的机会，使公众尤其是处于社会底层的弱势群体得到一定的自由活动场所。作为城市规划师或城市设计者，更应本着公平、公正的原则，来设计城市公共空间。

从社会心理学的角度分析，公众在公共空间中的行为往往是他们最优良的行为，因为人人都希望在公众面前表现自己最优秀的一面。因此，良好的公共空间不但能培育公众的美感，而且能提升他们的公共行为意识和公民意识。为了实现公共空间的全部价值，城市设计就要更多考虑公共空间的共享性和易达性。

在城市设计和城市规划管理过程中，常常遇到以下问题：①委托单位和投资渠道的多元化，注重经济效益和商业效益，不顾历史文化的延续；②设计人员就项目论项目的设计思想，不对城市做整体分析；③委托方的过分要求和设计者的有限水平都会造成城市文脉的中断；④没有总规层次的城市设计，管理部门难以对以下层次进行有效控制。以上种种问题都造成城市设计中 $1+1<2$ 的累积效应，使城市特色丧失，出现文化断层和文脉缺失。

2）城市设计的具体要求

a. 服从城市总体规划

（1）体现城市性质。不同的城市有不同的城市性质，不同城市性质使城市具有不同的特征，使城市在空间布局、结构、形态、建筑风格、色彩、气氛等方面各不相同。例如，桂林——风景旅游城市；西安——历史文化名城。

（2）与城市规模相适宜。不同规模的城市，其经济实力、文化基础、功能、形态等各不相同，不同规模的城市应有适宜的城市设计。例如，大城市——与现代经济社会相适应，除传统风貌保护区外，以现代化为前提，考虑大量人流车流为主；小城市——宜亲切、朴素为好，不宜盲目追求大城市的气派。

（3）符合城市发展要求。城市设计本身是一项前瞻性的设计工作，在设计中应充分考虑城市发展的可能性，以及社会生活的发展、人们审美时尚的变化等方面的问题，来进行合理的预测，并为城市将来的发展留有充分的余地。

（4）考虑城市经济承受能力。在城市空间布局方面，一般不考虑城市的经济承受能力，而是根据城市的结构、形态、规模、社会发展需求等来进行布置。但对设计对象中的建筑规模和建筑要求，如质感、色彩、体量等，应考虑其经济承受能力。

b. 强调以人为本，满足人的需求

美国社会心理学家马斯洛（A. Maslow）在《人类动机理论》一书中将人的需求分为 5 个层次：生理需求——衣、食、住、行；安全需要——人身安全、平等待遇和社会保障；社会需要——社会活动、朋友、友谊、信仰等；心理需要——自尊心、自信心、被人尊重等；自我完成——充分发挥自己的聪明才智的需要。城市设计中，着重考虑生理、社交、心理三个层次的需要。为实现人性化的设计，城市设计应展现城市文化，将城市的历史、文化属性和自然特征融合于城市设计的空间布局之中，满足人们心理上的感情需要，使城市设计体现场所感、亲切感和归属感。

（1）方便人们的社会生活，尽量扩大城市共有空间，包括恢复和设立步行空间、步行街、广场、公园、街头绿地等。

（2）为人们提供多样性的生活服务，包括休闲、购物、游览、儿童活动、老年人活动场所等。

（3）为人们提供卫生、安全的生活空间，包括满足公共场所及公共空间的日照、通风、防火、防灾等功能，满足残疾人的活动要求，如设立坡道等。

（4）设计中提倡公众参与，增强社会对设计成果的认知。

c. 突出城市的自身形象特征

（1）自然环境特征：地形地貌、气候、水系等。

（2）人文环境特征：建筑物和构筑物的特征，包括体量、质感、色彩、风格等。

（3）社会环境特征：历史传统、风俗习惯、社会风尚等。

在设计中，通过宏观的结构平面、群体空间造型、天际轮廓线控制，和其具体的、特殊的、有代表性的建筑物、道路和其他构筑物，乃至树木、水体、绿化、小区等，来反映这些特征。应特别注意某些重要地段，如城市的出入口、主要街道、广场、交叉口、制高点、滨湖滨河等的利用和表现。应充分考虑其空间的尺度、界面的处理技巧，综合考虑自然、人口、社会要素的对比与协调，增强可识别性与归属感。

充分保护和利用城市的历史文化遗产，分析它们在城市中的地位，处理好它们与环境的关系，并将历史文化遗产融入城市空间体系中，深化城市设计的文化内涵。

d. 考虑"时间-空间"效果

大多设计者在进行空间设计或处理空间与实体的相互关系时，常将设计因素固定在某个时间断面上，忽略了时间-空间的一体性，忽略了城市发展及人的社会活动的"历时性"分析。

城市的结构形态是随城市的发展而不断变化的，现有的某个城市空间（如广场、道路交叉口、街道等）是城市不断延续发展的结果。对历史性城市空间，在城市设计中，对其发展的改变应慎重，既要考虑其功能和现代使用要求，又应考虑其对城市整体的影响，以及文脉、场所感等问题。例如，西安市北大街的改造，满足了现代交通要求，拓宽了道路，却失去了古城的场所感，缩小了钟楼到北门的尺度。

在城市生活中，人是动态的，随着人的行动，城市空间的光与影、开与合、大与小等都是变动的，加上城市空间随道路和地形的变化，应在城市设计中注重人的时空感知效应。把握视觉的尺度，掌握人与对象物之间的距离和变化关系；充分考虑人的活动序列、活动线路与空间的关系；考虑空间的连续效果；考虑人的行为方式。

e. 按功能要求和美学原则组织城市的各项物质要素

（1）作为功能要求，除满足人的生理需求和多样化活动要求外，还应做到：平面布置清晰、便于识别，功能分区明确，道路系统清晰；整体、色彩、质感等处理应达到多样的统一。

（2）从整体观念出发，讲究空间环境的统一与和谐，创造出具有亲切感、生气感、充实感、平衡感，既有地方特色、又有时代精神的空间环境。

4.1.3　城市设计与城市文化

1. 人文主义的价值观

"人文"这个概念，有"人的（人本的、人道的等）"加上"文化、文明的"意思。其特点恰恰在于强调人的主体地位，强调人的需求和保障、情感和意志等价值性内容，即"人文精神"。人文主义主张从人的价值出发，反对在发展中对于人的异化，主张人的核心价值不变，人是万物之价值的赋予者。这种思想的源头来自古希腊和古罗马的人文精神，在西方文化发展史中有着深厚的传统，具有强大的生命力。

人文主义者并不关注城市新的结构，而是着重于保护和加强现存的结构。意象、文化研究是人文主义的重要方法，如凯文·林奇认知城市的城市意象的研究，拉普拉特的侧重于建成环境的意义研究等。人文主义特别关注个人对于城市的意象，关注个人的经验、感受和认知，其研究成果通常用行人视角的透视图表达。人文主义对于环境行为学有浓厚的兴趣，关注人的行为心理与环境之间的关系和相互作用，从而把心理学的一些基本理论、方法与概念运用到城市设计与建筑设计之中，以此作为设计的依据。从个人的使用角度与感受出发，以及对于城市日常生活的观察。人文主义者主张打破功能分区的概念，提倡城市功能的混合。

人文主义者认为，使用者是环境的真正塑造者。设计主体不是设计者或政府，而是生活在环境中的人，人文主义者鼓励使用者更多地参与到环境建设之中，通过参与和相互影响，与环境相融合，使环境生成意义。在人文主义者的设计中，更多的是根据使用者的要求而不是根据设计者的概念来确定。人文主义者把注意力放在小尺度和非正式的要素上，消除人与环境的距离感，帮助使用者产生定居的感觉，使城市环境成为人们栖居的场所。

人文主义的价值观也带来了城市规划和城市设计中的民主观点，提出我们的城市是为谁而建的问题，随后引起了城市规划的方法论的改变，并直接促成了城市规划过程中的公众参与。

文化是人类的创造，一直是衡量一个国家、民族的标准。古老民族留下的伟大遗迹，使他们现在可能还过着原始生活的后代获得尊重。作为规律，城市要有积淀文化的能力才能发展。这种积淀本身由于有人的参与便成为一种选择过程，而具备选择优良文化能力的城市将成为名城，其市民更加具备了能使一座新城成为名城的能力。选择的能力、选择的结果决定了城市发展的前途。选择能力的产生在于市民对文化的认知热情和认知水平，对传统的取向及接纳新文化的精神和能力。

文化的传播在很长一段历史时期内表现出悲剧性的特征，以征服、战争来上演毁灭、再生。世界发展到今天的程度，和平成为主题。要发展就要使选择更具主动性，经济上的主动性来自于商业竞争，文化上的主动性则主要依靠自觉性，而自觉性正是城市设计发生、发展的基础。

2. 文化与城市设计

吴良镛指出[18]，当前科学技术的进步极大地促进了社会经济向现代化发展，推动着社会的进步，但有识之士也觉察到世界文化面临着危机，即在一种世界趋同或一致化的现象下面，某些民族传统文化特色面临着失去其光辉而走向衰落的危险，建筑文化也不例外。

齐康认为[19]，城市发展与地域上的深层文化结构是分不开的。城市的历史文化不能看成是一种静态、单位的变化，而是要看它对人类活动的深层社会文化影响和对人们城市行为活动和文化特征的改变。城镇环境设计可上升为一种文化环境和氛围的设计。

黑川纪章认为，精神世界和物质世界不是二维对立的世界，而是在某一瞬间相互渗透共生的，物理学的原理证明了这一观点。精神维系于肉体。我们无法触摸到精神世界，因为它是无形的，不能被看到。它们之间有何关联，至今还没有得到证明，然而，看不到的精神世界的存在，与我们能够见到的肉体和建筑，实际上是共生的，而这种共生的关系正是共时性的观点。

阿摩斯·拉普扑特指出[20]，人之所以成为人，通常是由所拥有的文化来定义。既然环境行为学与人相关，也就必须考虑文化。同时，各种文化细节使不同人群差异显著。矛盾由此而生：拥有文化使我们成之为人，并定义了人这个物种。然而，文化又从语言、宗教、饮食习惯、规则等诸多特定方面将人区分开来，这些分类过多过泛，以致生造出有关人的伪定义来（pseudo-species）。因此，许多重要的群体特征都与文化息息相关。无论普遍来讲还是特定而言文化何等重要，也不管人们对这个问题的兴趣与日俱增、论述日新月异，"文化"对设计的作用却微乎其微。正如马克·吐温所言，"文化"在设计中就像天气一般，"人人都在谈论它，却都对它无能为力"。文化具有多种定义，对这些定义所作的种种分类不应以"对"、"错"定性。相反，文化的不同定义（或概念化方式）对不同层面，即不同领域或亚领域，以及各类问题的处理皆有裨益。加之，这些定义的分类间并无矛盾冲突，它们是互补的。

由于文化的概念具有过于宽泛、抽象和普遍的属性，无论在环境行为学或是设计中其用途都甚微，其实它本来就是无济于事的[20]。

4.1.4　旧城区中传统空间的城市设计

城市旧城区的空间形态是历史、动态和演进的，是文化、社会、经济、技术不断发展的结果。城市旧城区的传统空间具有两重性：①随着城市的发展，城市空间及地域文化特征也在不断地更新，新建筑取代旧建筑、新空间取代旧空间是不可避免的。②城市的文脉、空间形态特征和文化的传承是一个自觉或不自觉的过程，规划人员和城市设计者的责任之一就是传承城市文化，包括建筑文化和空间形态特征。

旧城区中传统空间改造的必要性在于：①随着城市的更迭和社会的变迁，现代城市空间与传统有了明显的差异；如空间需求的扩张、环境质量的提高、人口流动的加剧、交通方式的改变、家庭生活的现代化等，使城市空间发生了质的变化（如清明上河图中的城市与现代城市的比较）。②社会生活方式的现代化，使城市工作、居住、交通、游憩空间的功能被重新定义。③传统的空间尺度是传统聚居方式的体现，现在拥挤、干扰、质量下降使传统空间不再适应当代居民生活方式的要求，而现代城市设施与传统空间尺度又难以融合（如传统四合院）。

在上述因素作用下，旧城市的空间设计（除整体保护外，如平遥古城等）的改造是不可避免的。设计人员必须以谨慎务实的态度，挖掘传统空间的内在品质，以发展的理念赋予旧的空间形式以新的意义，在积极保留原有空间特色的同时，创造新的富有活力的城市空间。

1. 旧城区中传统空间改造的设计原则

（1）因地制宜的原则。认识城市空间开发的市场经济特征，深入了解多种因素的影响，抓住城市发展机遇，推动城市空间整体发展。

（2）继承和发展相结合的原则。继承和保护城市文脉环境，多方位地在城市空间中融入社会文化元素，提高使用者的生活环境品质，实践城市空间环境的价值效益。

（3）社会经济可持续的原则。以社会公平为基础，以社会经济发展为目标，协调空间生长动力与经济环境的关系，在社会经济发展的轨道中，调动各方面的积极因素，实践传统空间的积极成长。

（4）提高城市空间质量的原则。旧城区传统空间的改造中，公共空间数量、规模的增加是提高公众生活质量的基础，应在注重数量、规模扩大的基础上，提高城市空间的社会存在意义和文化品味、创造高质量的城市空间。

2. 旧城区中传统空间改造的设计对策

（1）传统空间的整体风格应协调。在设计中，传统空间的更新应超越通常意义上的对传统空间物质形态片段的修补，应当在整体环境进化的意义上，使自然环境、文化传统、现代技术相结合，以提高和改善城市空间环境质量为目标，增强城市空间的整体风格。

（2）注重社会、经济的发展。社会、经济的发展是设计者的目标之一，从理论上讲也是传统空间得以延续的前提。在设计过程中，宜超越既定的空间形态的框架，充分利用市场机制，注重引导空间持续发展的对策，借助于优化经济结构、恢复社会活力和提高空间利用效率等措施，来改善传统空间的社会生活质量，实现其持续发展和社会繁荣的目标。

（3）确保文化形态的延续。亚历山大 C 认为："今天许多设计人员似乎一直在渴求昔日老城具体的造型特征，他们只不过在模仿老城的外表，也就是老城的实体，而没有能够发掘出老城的内在本质。因此，这些设计者仍无法使人造城市呈现出生机。"城市发展的历史轨迹对城市空间往往具有强烈的感染力，对于传统空间的更新不仅仅是物质形态的延续，同时也是社会生活内容的发展。

（4）发掘和确定空间特色。传统空间的自明性与结构性特色来自于物质空间的形态，含义则产生于人们在观念上对空间的认同，包括社会背景、历史文脉、个人经历和空间内容等各个方面。

现代城市设计要想延续并超越历史，就不应模仿、掩盖或复制，而应挖掘出传统的文化内涵，真实地反映空间的时代功能，表现出尊重过去、重视现在、展望未来的设计理念，使传统空间在城市的时空发展轴上留下真实的印迹，在空间

图 4.1　德国科隆①

形态的演进中整合城市传统空间、地域风貌和城市特色，如德国科隆大教堂地区（图 4.1）。

3. 旧城区中传统空间改造的基本手法

（1）在城市生活的角度上，应促进现代社会生活与空间实体形成相对固定的对应关系。

（2）在心理和行为角度上，应塑造有识别性的对象，满足人们的审美要求、文化要求和识别要求。

（3）在文化角度上，塑造有个性的形象，满足传统空间文化特征的时代认同。

（4）在经济角度上，采取适宜的途径和模式，减少商业牟利行为对城市空间正常演进的影响。

4.2　城市设计的基本要素

城市设计是以城市物质形体和空间环境设计为形式，以城市社会生活场所设计为内容，以提高人的生活质量、城市的环境质量、景观艺术水平为目标，以城市文化特色展示为特征的规划设计工作。从城市宏观、中观、微观等不同层次上分析，在城市设计中，基本要素可分为自然要素、人工要素、文化要素、社会要素和综合要素这五大要素。

（1）自然要素。①与城市形态、格局和发展有关的山、川、河、湖、瀑、泉等；②城市土地，包括城市建设用地、荒地、废弃地等；③城市中的天然植被（如森林，草地等）。

（2）人工要素。①建筑物及其基本功能；②道路、广场、停车场等；③人工栽培的各种树木、花卉及各类人工绿地；④城市中的各种标志和小品。

（3）文化要素。①各类历史遗迹、古建筑等；②名人故居；③传说、风俗、寓意象征、名人轶事等。

（4）社会要素。①社会规范（社会秩序、行为规范）；②社会生活（基本生活规律、目的性集散规律，社会生活角色）；③宗教认同（道德、行为、物品、方位、寓意）；④社会价值（美与丑、贵与贱、好与坏、得与失等）；⑤社会角色（尊卑等级、人格寓意、社会层次、角色扮演、种族、归属感等）。

---

① 图中的和谐面貌向我们表明，截然不同的建筑完全可以在城市中共处；同时，这些建筑要有自主性，不需要也不应该模仿。

（5）综合要素是上述四大要素的综合体现。①城市格局；②城市文化；③城市形象；④城市性格；⑤城市品质；⑥社会生活场景；⑦城市空间序列；⑧场所感；⑨城市生态性；⑩城市结点（地段）的社会寓意等。

城市设计的基本要素的组织与利用，体现在不同层次的城市设计中，详见表4.1。

表 4.1　基本要素对各层次城市设计的影响

层次	主要设计内容（部分）	基本要素及其影响作用				备注
		城市用地	建筑实体	开放空间	使用活动	
宏观城市设计（总体城市设计）	城市格局	●	●	●	○	与城市总体规划相匹配
	城市形象、景观特色	○	●	●	○	
	城市开放空间体系	●	○	●	○	
	历史保护	○	●	●		
	旧区改造	●	●	●	○	
	新区开发	●	●	●	○	
	城区环境	●	●	●	●	
中观城市设计（局部范围或重点片区城市设计）	城市中心区	●	●	●	○	与城市分区规划、历史保护、绿地系统等专项规划相融合
	城市主轴地区	●	●	●	○	
	城市分区、开发区	●	●	●	○	
	滨水地区	●	○	●	●	
	历史保护地段	●	●	●	○	
	居住区	●	●	●	●	
	绿地系统	●	○	●	●	
	步行街区	●	●	●	●	
微观城市设计（重点地段或节点城市设计）	城市广场	●	●	●	●	与城市详细规划相协调
	标志性建筑及建筑群	●	●	●	●	
	小型公园绿地	●	○	●	●	
	城市节点	●	●	●	●	
	商业中心	●	●	●	●	

注：○表示影响较小；●表示影响较大

哈米德·胥瓦尼在《城市设计程序》一书中认为，城市设计研究要素主要有：①土地要素；②建筑形式与体量；③动线与停车；④开放空间；⑤人行交通；⑥支持活动；⑦保存和维护；⑧标志与街道家具。

在上述8个要素中，动线与停车是指城市的运动系统，即城市交通。开放空间也称为开敞空间（open space），包括城市中向市民开放的公共外部环境，如自然风景地、街道、广场、公共绿地、休憩空间等，还包括对公众开放的建筑物内的室内广场、街道、公共大厅等，在设计中应注重公众的可达性、使用性和空间环境品质。人行交通是指城市中的步行系统，包括步行商业街、林阴道、二层或地下步行街等，以增加市民步行活动的区域，减少人们对汽车的依赖，获得良好的安全感，促进商业、旅游等产业的发展。支持活动是指对城市空间环境起支撑作用的实质性功能、用途和社会活动，如购物、用餐、观光、游憩、旅游等，这种实质性功能、用途和社会活动决定了城市空间的性质和环境气氛，而实质性功能、用途和社会活动之间的融合、活动场所的协调则是城市设计应当注重的，也是塑造城市公共空间的重要条件。保存和维护是对城市中具有自然资源、人文资源的环境及其品质的保护，而历史传统建筑和富有地方文化特色的空间场所尤其应当重视。标识与家具是指城市中的商业广告、路牌、标志等标识物与灯具、座椅、垃圾桶，街道家具是城市环境中特有的组成要素，对视觉环境有显著影响。城市的标志是方位的主要指示物。在整个城市范围内，显著的标志是高的垂直物，如位于中心区的摩天楼群；自然界的形象，如河流、河岸、区的边界、狭长的远景、从著名的地点进出的道路等，都是城市的标志。

城市设计基本要素的组织原则主要有以下几点：

（1）以人为本的原则。以市民大众要求为本源，时时刻刻考虑市民大众的根本利益，切实为公众造福。重视人对各类要素的体验与情感，更好地创造人性化的空间环境。

（2）生态优先的原则。以实现城市生态系统的动态平衡为目的，协调人与环境关系，寻求生态环境优化。

（3）个性表现的原则。充分挖掘与利用各类要素的特色资源，强化城市特色。

（4）整体协调的原则。正确处理要素之间的关系，如人与自然关系、建筑与建筑关系、建筑与空间关系等，促使其有机结合。

城市设计五大基础要素的各个分类要素并不是截然分开或互不相干的，而是相互生成、相互影响、相互嵌套的，几千年的人类文明给我们所看到的一切均打上了自己的印记，如自然要素中的山、川、河、湖，甚至天上的日月星辰，也无不打上了人类文化的印记，被赋予不同的角色和文化色彩，成为人类社会生活的组成部分及人类文化的一部分，也成为每个人意识和心理的组成部分。正如大卫·伯姆在1982年所言，世界若不包含于我们之中，我们便不完整；同样，我们若不包含于世界，世界也是不完整的。而人工要素和文化要素则是人类文明的结果，也是城市设计中设计师最为关注和运用最多的要素。这里需要说明的是社会要素。城市设计是以城市生活场所设计为主要内容，场所是与人、社会紧密相关的，是社会生活、社会规范、社会价值、社会角色和宗教认同等共同作用的结果。城市设计的过程，不仅是城市空间、物质形体、环境和景观重新塑造的过程，更为重要的是社会要素的重新定位的过程，是以人的活动为主体的重新定位和预约的过程。

4.2.1 建筑

建筑是一种以一定物质材料与结构建造，与一定自然环境相结合，使一定社会人生内容模糊、抽象性地展现于时空中，具有实用、审美和认识等社会功能，一般渗融着艺术因素的科学技术。余克俭认为，建筑是经济、技术、艺术、哲学、历史等各种要素的综合体，作为一种文化，它具有时空和地域性，各种环境、各种文化状况下的文脉和条件是不同国度、不同民族、不同生活方式及生产方式在建筑中的反映，同时这种文化特征又与社会的发展水平及自然条件密切相关。

（1）建筑文化根植于人居自然环境之中。不同的地域有不同的自然环境：地形地貌、阳光角度、日月潮汐、水流风势、气温、气压、食物、土地、水质、植被等。作为人与自然的中介的建筑，对外应有利于形成小区外部环境，对内应有利于保障人居的室内环境。

（2）社会时空环境差异造成建筑文化的多元化。不同的地域、不同的国家、不同的民族，有不同的社会历史形态。国度不同，社会制度、宗教信仰、经济发展状况、生活方式和生产方式、各地区的文化习俗也不同。各个不同地区的人居社会时空环境的差异，造成了建筑文化的时空性和多元化，因而产生了古代或现代的中国建筑文化、俄罗斯建筑文化、东南亚建筑文化、欧美建筑文化、非洲建筑文化等。

（3）中外建筑文化的发展与交融。建筑文化在一定条件下是可以转化的。地域、民族性的建筑文化在一定条件下可以转化为国际性建筑文化，国际性建筑文化也可吸收、融合新的地区与民族性建筑文化。在当今世界，建筑文化的发展和进步，既包含前者向后者的转化，也包含后者对前者的吸收与融合，这两者既对立又统一，相互补充、彼此影响、共同发展。只有保护和发展丰富多彩的民族建筑文化，促进世界建筑文化的多元化构成，最终才能建立一个"和而不同"的人类社会。

张钦楠认为[21]，建筑是艺术和技术的结合。不承认建筑的艺术性，把它视为普通的技术产品，过分夸大其功能性（或者把"功能"压缩在狭窄的物质生活范畴内），实质上是掩盖了它的完整价值。然而，承认建筑的艺术性和技术性，仍然没有覆盖建筑性质的全部。属于更深层或更高层次的建筑的文化性，可以说是建筑的灵魂。建筑文化，作为社会整体文化的一部分，在熔铸民族（地域）性格的过程中，起了不可替代的作用。

意大利建筑理论家布鲁·赛维在《建筑空间论》等著作中认为[22]，"空间就是建筑的主角"。这里的空间主要是指由建筑师创造的建筑内部空间。相对于城市空间形态而言，建筑是城市中的"实体"，是构成城市空间形态的"实体"。正是建筑以体量大小、高低、色彩、质感、外部形态，以及各自不同的形体语言和各种不同的组合形式，构成了各个城市不同的城市空间形态。

建筑是城市的细胞和结构，也是城市空间界面[30]。建筑的形态，建筑与城市的围合和渗透的关系等，形成城市的环境和场所，设计城市与建筑就是设计生活。建筑要与城市融为一体，与城市相容而不是相斥。建筑设计的品质关系作为国际大都市上海的城市空间形象，不仅影响今天的城市空间，也确定了未来的城市空间形象。

《马丘比丘宪章》指出：在我们的时代，现代建筑的主要问题已经不再是纯体积的表演，而是创造人们能在其中生活的空间，要强调的已经不再是个体而是内容，不再是孤立的建筑（不管有多美、多讲究），而是城市组织结构的连续性。

斯图尔特·布兰德在《建筑后的学习》一书中告诉我们，建筑是动态的事物而不是静态的。建筑随时都在发生改变。有东西加进去或去掉，特征被修改、移动等。占有和修改的功能是由"普通知识"指导进行的，会在任何时候、任何地点发生。但是，建筑师很少被告知或者根本没有研究过这些过程。

沙尔霍恩等认为，实际上城市是通过建筑的设计构想及其使用产生的，同时所产生的效应也是双向的：建筑肯定可以在整个城市体系里找到它的延续方式。

在城市众多的建筑物和构筑物中，其建筑自身的功能、形态及社会涵养等并不是均等的，而表现为众多的层次和差异。同时城市的建筑物和构筑物在城市生成、发展的过程中，通过自组织和他组织两种过程，将功能相同的建筑物和构筑物在城市地域空间上聚集，形成城市不同的功能区域，如商业贸易区、行政办公区和居住区等，同时也形成了城市多种多样的空间形态、文化内涵和场所感，使形态各异的城市空间成为具有社会特定意义的写照和景观。

据《周礼·考工记》记载，夏、商、周的建筑形制和体例不同："夏后氏世室，修堂二七，广四修一。五室、三四步、四三尺。""门堂三之二，室三之一。殷人重屋，堂修七寻，堂崇三尺，四阿重屋。周人明堂，度九尺之筵，东西九筵，南北七筵，堂崇一筵。五室、凡室二筵。"这里不同朝代的建筑形制，夏的尺（几）、殷的寻和周的筵，被归为不同等级建筑的尺度："室中度以几，堂上度以筵，宫中度以寻。"

《周礼·考工记》中对建筑高度也有明确的规定："王宫门阿之制五雉，宫隅之制七雉，城隅之制九雉。""门阿之制，以为都城之制。宫隅之制，以为诸侯之城制。"

中国奴隶社会、封建社会是等级森严的社会，官式建筑通过长期的实践，完成了从建筑高度等级（如《考工记》中对建筑高度的规定）向屋顶式等级的过渡，筛选出九种主要形制，按等级高低为：①重檐庑殿；②重檐歇山；③单檐庑殿；④单檐尖山式歇山；⑤单檐卷棚式歇山；⑥尖山式悬山；⑦卷棚式悬山；⑧尖山式硬山；⑨卷棚式硬山。

屋顶等级品位的形成及运用机制：九种屋顶形式，都是用于长方形的平面和屋身，与长方形屋身配套，构成"正式建筑"。在九种屋顶之外，留有攒尖顶，攒尖顶可用于正方形、六角形、八角形、圆形等屋身形态，属于"杂式建筑"。正式建筑主要用于宫殿、坛庙、陵墓、宅第、衙署、寺庙等的庭院式组群布局，等级品位的划分对这些建筑是十分重要的，杂式建筑则主要用于游乐观赏的亭、榭、塔等，六角形、八角形、圆形建筑也不能像长方形屋身那样通过间架来标示等级，因此，攒尖顶没有必要强调（或难以套用正式建筑）的等级划分标志。正式建筑与杂式建筑的功能和文化语义各不相同。

北京紫禁城建筑是明清两朝的宫城，占地 72 万 m^2，房屋 9999 间，宫殿 70 多座，明永乐十八年（1420 年）建成，现有建筑多经清代重建、增建，总体布局仍保持明代的基本格局。

宫殿建筑组群不仅涉及庞大的建筑规模、繁多的使用要求、森严的门禁戒卫，而且需要遵循繁缛的礼制规范和等级制度，吻合一系列阴阳五行、风水八卦的吉祥表征，表现帝王至尊、江山永固的主题思想，创造巍峨宏壮、富丽堂皇的组群空间和建筑形象。北京紫禁城（图 4.2）的规划设计，正是以定型的建筑单体，通过巧妙构思、匠心独运的总体调度和空间布局，创造出一组堪称中国古代大型组群布局的典范作品。

图 4.2　北京紫禁城

　　紫禁城周边环绕城墙和护城河，且每面设一门。南面正门为午门，北面后门为神武门，东西两侧为东华门、西华门。城墙四隅建角楼。从午门到神武门贯穿一条南北轴线，建筑大体上分为外朝、内廷两大区。外朝在前部，是举行礼仪活动和颁布政令的地方，以居于主轴的太和、中和、保和三大殿为主体，东西两侧对称地布置文华殿、武英殿两组建筑，作为皇帝讲解经传的"经筵"和召见大臣的场所。内廷在后部，是皇帝及其家族居住的"寝"，分中、东、西三路。中路沿主轴线布置后三宫，依次建乾清宫、交泰殿、坤宁宫，其后为御花园。东西两路对称地布置东六宫、西六宫作为嫔妃住所。紫禁城建筑组群形成一条贯穿南北的纵深主轴，总体规划把这条主轴与都城北京的主轴线重合在一起。宫城的轴线大大强化了都城轴线的分量，并构成都城轴线的主体；都城的轴线反过来也大大突出了宫城的显赫地位，成为宫城轴线的延伸和烘托。这样，紫禁城的空间布局就突破了宫城城墙的框限，前方起点可以往前推到大清门，后方终点可以向后延伸到景山。在从大清门到景山的纵深轴线上，尽可能地把最重要的殿宇、门座，最重要的殿庭、门庭都集中布置到这条线上，或是对称地烘托在这条线的两侧，奠定了紫禁城建筑布局的基本框架和空间组织的主要脉络。

　　这条纵深轴线长约 3km，中国古代匠师在这个世界建筑史上罕见的超长型空间组合中大展宏图，部署了严谨的、庄重的、脉络清晰、主从分明、高低起伏、纵横交织、威严神圣、巍峨壮丽的空间序列，演奏了一曲气势磅礴的建筑交响乐。

　　宋培抗认为[23]，古代高层建筑多数为塔、宫殿、清真寺、教堂、寺庙、神庙等，是市民高度集中的处所，作为市民节日活动与市民民俗风情活动场所往往形成城市的中心或小中心。古代高层建筑在城市中占据重要位置，当时高层少，多点视线范围内均能见到，建筑形式与风格很新颖，视线吸引点就相应增多。直至今日，古代高层建筑仍发挥着它的作用，是现代人想去的地方，可供休闲、观赏和研究。

　　布莱恩·劳森在《空间的语言》一书中叙述了布拉格的建筑、城市空间与社会等场所形成的空间秩序[24]：我们站在著名的查理斯大桥上眺望沃尔塔瓦河对岸的布拉格城堡（图 4.3），天际线上就是圣威斯特大教堂。在接下来的旅途中，我发现这个景色在出售的明信片上是最常出现的题材。实际上这个景色随处都有！那为什么这个景色最流行呢？当然，就自然的来说，它拥有陆地、水和天空等所有要素，甚至还有一座桥。但如果再看一下，我想你就能发现在这个景色中包含有各种范围的尺度——看一看下边河上的船屋，与之相对比的就是天际线上巨大的教堂。然而这么多样化的尺度绝不是混乱无序的；尺度实际上是随着眼睛从河岸到天际线向上移动而逐渐增大的。在底部就是船屋和下层市民的居住区。当我们向山上移动时，城堡和房屋变得更雄伟，很明显这是由更高等级的社会阶

图 4.3　布拉格，在著名的查理斯大桥上眺望沃尔塔瓦河对岸的布拉格城堡

层建造的，他们更需要与国王接近。接下来是城堡，代表着所有人民的统治者。最后，在天际线上与天空相接的是这个社会的上帝的居所。所以我们可以看出这个景色是对社会阶层通过建筑的方式来给予体现。它可以使我们通过事物中的格局想起我们的地方，并通过空间的方式加强对当地居民中存在的秩序的尊敬。

在许多国家都会有一幢建筑或者几幢建筑作为城市的象征，如法国的埃菲尔铁塔（图 4.4）、伦敦的圣保罗教堂及伊斯坦布尔索非亚教堂都是非常经典的例子。这些符号是如此的重要，以至于人们对它的关注已经过多奢侈了。很久以前，圣保罗的建筑师（克里斯托夫·雷恩）似乎就知道他正在设计的是一个国家的标志，而远非教堂本身。他在 *Parentalia* 中写到：建筑有政治上的作用，如公共建筑为一个国家增添光彩，建筑确立的国家，赢得了民众，发展了经济，并使国民热爱他们的祖国。

F. 吉伯德认为，城市中心是以它本身的地位而产生的一个构图，为达到这个构图的统一，需要有一个支配因素（或称作

图 4.4　穿越艾菲尔铁塔的绿色轴线

冠）。这个支配因素可能是单个的建筑物，具有巨大的尺度或是高于其他所有建筑的塔，如伊斯兰教的寺院；它可能是一群凌驾于城市之上的小建筑群，如

Hilversum 的市政厅；它也可能是一个高大的建筑群，如 San Gimignano；或者可能是这些形式的某种联合。但是必须有一个支配因素。主要的原则是，重要的市民建筑物必须占据令人印象深刻的位置，并且要有令人印象深刻的尺度。

起支配作用的建筑物或建筑群，要在空间中表现为具有特征的轮廓线和体量。一个起支配作用的空间，不单是为了观看，而且应该是可以进入的地方。城市中心的主要市民广场是城市居民主要集会的场所，这是在进行某些活动时居民被自然地吸引来的地方；这是居民花掉大量金钱的地方，也是进行思考和向往的地方。

F. 吉伯德认为，一切新的建设都是在原有环境中发生的，并在某种程度上改变了环境，环境是经历了很多世纪形成的，所以城市的设计必须尊重在视觉上有意义的具有特点的东西。砍掉一棵多年生的树或毁掉一座质量很好的建筑物是很坏的行为，这是对地方精神的破坏。城市原有的建筑区，是经过无数较小的更迭和增添而逐渐形成的，目前我们还没有共同的设计准绳，并且不重视城市的美观问题（对较明显的古建筑除外），因此对城市景色造成了无法弥补的创伤。现在建筑艺术已趋向于脱离城市设计，道路工程的科学代替了建筑艺术，绿化设计往往不能形成美丽的景色。然而城市设计的第一步是在用地的形式与地面上的建筑物两者之间建立完美的关系；在细部修建时，则必须致力于绿化与建筑群的对比。

郑时龄认为，位于徐家汇的建于 1904～1910 年的徐家汇天主教堂，是上海现存的最具特色的哥特式教堂建筑，其规模在当时为东亚之冠，在汇丰银行大楼建成之前曾被誉为"上海第一建筑"。"文革"时期，教堂的两座塔楼的尖顶及十字架曾被拆毁，四周的彩色玻璃窗损坏殆尽。直到 1982 年才将塔楼的尖顶及十字架修复。最近，在徐家汇天主教堂的正西方，也正是信徒们朝拜的方向，一片高楼住宅区正在兴建，有一栋高层住宅正好嵌在徐家汇天主教堂的两座尖顶的中间，把教堂的轮廓都破坏了。徐家汇天主教堂的东北侧正在建造教会的圣爱广场，这是一座略微带有哥特风格的高层建筑，而西北侧正在建筑一座带有中国传统式样的大屋顶的西藏大厦。这一区域完全变成了建筑风格的大拼盘，造成了又一个城市败笔，这完全是为了局部利益，破坏了城市与社会利益的典型表现。位于黄浦区老城区内的文庙已经陷在高楼大厦的包围之中，建于 19 世纪末的文昌阁的轮廓线也已被破坏。

上海市传统的人民广场地区是一个水平伸展的都市区，肌理细致。人民广场尺度巨大，周围建筑密集，天际线丰富，并形成若干趣味中心和视觉焦点。网格状的街道线形蜿蜒曲折，空间形式自由多变，有适度的封闭感；道路空间的高宽比为 1：3～1：1.5。空间尺度较小；街道建筑界面均质、连续，沿街建筑体量、高度、材暖色彩和谐、统一，沿街建筑天际线韵律感较强，形态丰富。建筑尺度大多较小，表面材料以天然石材为主，色彩中性、柔和；建筑风格多样，但大都遵循三段式构图法则，强调顶部处理，尤以多种形式的"塔楼"为特征。

上海市城市规划设计研究院 1997 年完成的"上海人民广场地区城市设计"（图 4.5）主要有以下特点[25]：人民广场地区作为上海市最主要的商业、文化、行政中心，必须有强有力的形象，是上海天际线的高潮；在人民广场的北、西、南三面以三组各具特征的建筑组团（每个组团各有一座超高层建筑作为标志）与浦东陆家嘴地区相呼应，共同形成上海大都会的核心标志。在城市设计上注重以下五个方面。

图 4.5　上海人民广场[25]

（1）开放空间。以人民广场和公园为核心，通过建筑布局、增加退界、利用苏州河等自然地理要素、建设高架平台等手段，架构点、线、面结合，多层次的开放空间系统。

（2）步行系统。通过空中、地面、地下三层步行系统，将区内主要开放空间、公共枢纽、公共建筑等连成一体。

（3）绿化：结合步行系统和开放空间布局，并强调平台绿化、垂直绿化、室内绿化等"硬质"设计。

（4）建筑界面。根据不同的运动方式和速度及界面所在场所的性质，形成韵律界面、连续界面、开敞界面等不同形式。

（5）入口和边界。通过增大建筑退界、加强绿化、特殊的建筑组合，强化苏州河、高架道路等区域边界和入口。

张钦楠在《阅读城市》中对上海的外滩、人民公园进行了分析[21]：外滩从殖民主义的金融区变为市政府办公区，现在又确定为对外开放的金融区，但这不是简单的恢复，上海人把这个地段改造为一个开放的景点。在这里，人们可以游览、聚会、餐饮、摄影、练功、休闲、听音乐、读报纸，人流和车流各得其所。在这里，人们面对隔江的东方明珠电视塔和陆家嘴正在升起的高层建筑，背后是经过整修的老银行大楼，过去、现在、将来融合在一起，自然产生一种自豪感，这是一个城市建设的成功典范。与之相比，人民广场的处理就略显不足。这个广场和过去已形成的人民公园（从前的跑马场）本来可以做成比纽约中央公园更为吸引人的中心场所，但是可惜的是，一座建筑形象上并不很出色的新市府大楼把二者切断了，历史的沉积——国际饭店、大光明电影院、跑马厅都被抛出视线之外，使这里缺少了一种本来是可以借用的历史景观，令人感到遗憾。

4.2.2　道路

城市道路的基本功能包括：

（1）构成城市的基本骨架（与建筑虚实相生）。

（2）人流、物流的交通功能。

（3）与宗教建筑、宫殿官署等构成古代城市的主要景观轴线。

（4）与商业中心、行政中心、车站码头（交通中心）、古代遗址、大型广场、古建筑公园等构成现代城市的主要景观轴线（图 4.6）。

（5）是人们认知城市的主要途径。

（6）是人们社会生活的主要开放空间（图 4.7）。

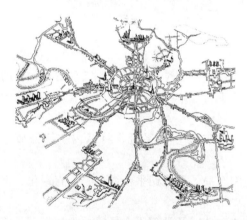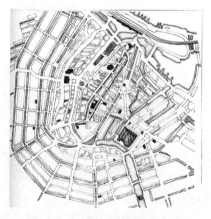

图 4.6　莫斯科道路和标志性　　　　图 4.7　荷兰阿姆斯特丹市平面图
　　　　　建筑群体系规划图

雅格布斯指出："当人们想到一座大城市，首先跃入脑海的将会是什么呢？如果城市的道路毫无趣味可言，那么整个城市也不会精彩；如果它们很枯燥，那么整个城市也冗长乏味。"

F. 吉伯德指出，城市道路系统是城市图形的骨架之一，没有合理道路系统的城市是不会令人满意的，道路的功能是交通，而这种功能在很大程度上决定于线路设计与城市的关系究竟明确到什么程度。一条路的"可能的想像性"也就是它的形式和方向所能告诉行人的明确性。当我们沿着道路运动时，我们看到绿化、建筑及其他目标的连续景物。一条路对它所经过的城市地区的外貌有非常大的影响，是决定城市形象的主要因素。

扬·盖尔指出在整个人类定居的历史中，街道和广场都是最基本的因素[26]，所有的城市都是围绕它们组织的。历史已经充分证明了这些因素的重要性，因为对大多数人而言，街道和广场构成了"城市"现象的最基本的部分。街道是建立在人类活动的线性模式基础上的，广场则是以眼睛感知能力的范围为依据的。综合性交通系统对于城市生活的重要性可以从那些以步行交通为主的城市中得到验证。在欧洲的一些老城，交通和城市生活一直没有被划分为机动与步行交通。意大利的许多山城、南斯拉夫的阶梯式城市、希腊的岛城、威尼斯水城等都是如此。

威尼斯（图 4.8 和图 4.9）是意大利中世纪沟通东西方贸易的港口，是一座美丽的水上城市。城市内布满了枝状水系交通。城市空间活泼多样，建筑群体组合丰富，色彩艳丽，有敞廊、阳台，波光水色，构成了美丽的水上街景。其中心圣马可广场被誉为是欧洲最美丽的客厅。威尼斯在步行城市中占有特殊地位，因为它规模最大，有 10 万居民，而且它也是这类城市中设计最周密、最完善的一个范例。在威尼斯，大量的货物运输依靠运河来进行，而步行系统仍然起着城市主要交通网络的作用。

图 4.8　威尼斯平面图

图 4.9　威尼斯水巷风貌

　　迪特马尔·赖因博恩认为，街道、小巷、广场和转角提供了不同的城市生活，因为每个城市空间的"开放性"都是不相同的。城市空间的特点是由它的用途决定的，但空间顺序和空间比例也能促进或是妨碍某些城市功能。比如一个广场是活跃还是安静，这并不取决于它的大小和空间比例。

　　扬·盖尔认为[26]，哥本哈根市中心的街道仍保持着中世纪的格局。虽然因为几个世纪以来的数次大火，中世纪的建筑几乎荡然无存，但街道在很大程度上没有发生变化。街道仍沿着既有的路径延伸，还保留着其中世纪的形式和街道宽度，也就是说它们仍旧很有意思地弯来拐去，也相当狭窄，这无疑增加了很多魅力。

　　在步行街网络之外的小街中，都存在汽车交通，但很有限。因为不像在步行街中那样拥挤，在这些小巷中步行或是骑自行车则更加惬意。这些街道包含各式各样的功能：小商店、饭馆、画廊、手工作坊等。总体来说，这些小巷形成的网络正是哥本哈根市中心最具魅力的特征之一。

　　人们不但对街道上平凡的日常景象，如玩耍的儿童、从照相馆走出的新婚夫妇，甚至赶路的过客饶有兴趣，也对一些不太常见的事情，如艺术家写生、街头音乐家的吉他演奏、马路画家的涂抹及其他大大小小的活动充满好奇。显然，人的活动及有机会亲身体验人间万象是这一地区最诱人之处。这里，生活与交通在同一场所并行不悖，既是户外活动的空间，又是联系的中枢。在这种条件下，交通不会带来安全问题，也不会产生废气、噪声和尘土。因此，完全没有必要将工作、休息、进餐、玩耍、娱乐与交通分离开来。

　　中国的城市街区空间布局是中国传统文化的集中体现之一，在一定意义上反映了中国的城市特色。城市街区系统遵从着中国阴阳相易的哲学观。从古代的太极图中便可寻找它的阴阳、乾坤、有无、刚柔的对立统一与互为转化。在传统空间布局中，阴阳互易强调形象与背景、物质实体与非物质虚空的相互依存与转换。在虚实相依的互为依赖与转化中，虚实交融、主次有序、各具功能，组成了整个空间的完整性和统一性。道路与两侧实体建筑及整个滞留空间形式和谐统一，在其色彩、材料和建筑格局上都极具整体性、政治性和特有的文化属性。而在中国某些现代城市街区中，已经很难找到传统城市空间那充满人性的、动人的有机结合体。城市街道两旁钢筋水泥建筑使城市在异化，人成为建筑的附庸，城市空间被庞大的建筑挤得七零八散，没有和谐，没有人的自主性。整个街区只剩下具有一定秩序、组织关系和完整性的建筑实体，自然、和谐的空间被排斥在城市之外。

4.2.3　城市公共空间

1. 城市开放空间的概念及其系统

　　开放空间又称开敞空间或公共空间，指在城市中向公众开放的开敞性共享空间，即非建筑实体所占用的公共外部空间及室内化的城市公共空间。城市开放空间是城市这个开放的复杂巨系统的一个组合部分，也是与城市物质实体相互嵌套的城市形态系统的重要组成部分，是城市形体环境中最易识别、最易记忆、最具活力的组成部分。

　　具有现代意义的城市开放空间概念出现于 1877 年的英国。1877 年英国伦敦制定《大都市开放空间法》（*Metropolian Open Space Act*），对城市开放空间进行管理。1906 年修编为《开放空间法》（*Open Space Act*），将开放空间定义为：任何围合或是不围合的用地，其中没有建筑物，或者少于 1/20 的用地有建筑物，剩余用地用作公园或娱乐，或是堆放废弃物，或是不被利用。

　　美国 1961 年《房屋法》对开放空间定义为：城市区域内任何未开发或基本未开发的土地，并具有以下价值：①公园和供娱乐的价值；②土地及其他自然资源保护的价值；③历史或风景的价值。

　　H. 寒伯威尼认为开放空间是"所有园林景观、硬质景观、停车场及城市里的消遣娱乐设施。"C. 亚历山大在《模式预言：城镇建筑结构》中认为"任何使人感到舒适、具有自然的屏靠，并可以看到更广阔空间的地方，均可称之为开放空间"。日本学者高原荣重在《城市绿地系统》中认为开放空间就是由公共绿地和私有绿地两大部分组成。

　　F. 吉伯德认为，城市设计主要是研究空间的构成和特征。我们可将自然风景看成是一个广阔、开敞的空间，城市即位于这个空间内；这个空间为城市提供了背景并限定了其建筑范围。如果在这个空间内再加上城市开阔的风景，如绿化的道路和公园时，我们就得到了城市规划的空间型——"开敞空间"（open space），即相对于建筑区和道路的空间型而言。

　　杨·盖尔指出，在一定程度上，通过物质环境的设计，至少可以在三个方面影响城市空间及住宅区的活动模式，即在地理、气候、社会等特定条件下，可以影响使用公共空间的人和活动的数量、每一活动持续的时间，以及产生的活动类型。

　　卢济威、郑正在"城市设计及其发展"一文中认为"开放空间是指城市公共外部空间，包括自然风景、广场、道路、公共绿地和休憩空间等"。张春和在"人·开敞空间·城市"（1990）一文中认为"开放空间一方面指比较开阔、较少封闭和空间限定要素较少的空间；另一方面指向大众敞开的为多数民众服务的空间，不仅指公园、绿地这些园林景观，而且城市的街道、广场、巷异、庭院都在其范围之内"。余淇 1998 年指出，开放空间是指城市或城市群中，在建筑实体之外存在着的开敞的空间体，是人与人、人与自然进行信息、物质、能量交流的重要场所，它包括绿地、江湖水体、待造与非待造的敞地、农林地、滩地、山地、城市的广场和道路等空间。

开放空间具有承担城市多样化的生活、活动、生物的自然消长、隔离避灾、通风导流、展现地貌景观、限制城市无限蔓延等多重功能，是城市生态和城市生活的多重载体。开放空间包含着生态、娱乐、文化、美学或其他各种与可持续发展的土地使用方式相一致的多重目标。城市开放空间主要包括自然环境和人工环境两大类，详见表 4.2。

表 4.2　城市开放空间类型

类　别		举　例
自然环境	景观游憩区	风景名胜区、森林公园、自然文化遗址保护区、观光农业区、野生动植物园
	生态景观区	风景林地、滨水生态廊道、自然绿地
人工环境	公园	综合性公园、社区公园、儿童公园、动物园、植物园、历史名园、雕塑公园、带状公园、街旁绿地、林阴散步道、墓地、盲人公园、袖珍绿地
	街道	景观大道、行人专用道、步行街区
	广场	市政广场、交通广场、纪念广场、商业广场、宗教广场、文化休闲广场
	体育休闲设施	体育公园、游乐园、体育场、运动场、滑雪场、滑冰场、跑马场
	室内化开放空间	室内步行商业街、室内广场、建筑内部公共通道
	防护绿地	防灾绿地、防公害绿地、隔离带绿地

2. 城市开放空间的主要功能

（1）开放空间是城市中多层次、多含义、多功能的共生系统，往往集节庆、交往、流通、休憩、观演、购物、游乐、健身、餐饮、文化、教育、防灾、避难等功能于一体。

（2）开放空间是城市自然生态、社会经济、历史和文化信息的物质载体，这里积淀着世世代代人民大众所创造的物质财富与精神财富，是人们阅读城市和体验城市的首选场所。

（3）开放空间是人们社会生活的舞台，是城市形象建设的重点，也是提高城市知名度和美誉度的"窗口"。

（4）开放空间是以人为主体的促进社会生活事件发生的社会活动场所，对其特征应从人、事件、场所三方面及其相互关系予以理解：①活动主体，即空间场所的使用者，他们可以在开放空间中自由平等地进行情感、物质、经济和信息、交流。②活动事件，主要指社会活动，由使用者的行为构成，其中最重要的、发生频率最高的是人际吸引与人际交往。③活动场所，即人的活动事件发生地与载体，是物质环境设计的对象。④三者关系，主体制造活动，活动强化场所，场所又吸引主体。

城市开放空间应具有如下特性，见表 4.3。

表 4.3　开放空间特性

序　号	特　性	含　义
1	识别性	具有个性特征，易于识别
2	社会性	基本特性，大众共创共享
3	舒适性	环境压力小，身心轻松，安逸
4	通达性	交通方便，既可望又可及
5	安全性	步行环境，无汽车干扰，无视线死角，夜间有照明
6	愉悦性	有视觉趣味和人情味，环境优美、卫生
7	和谐性	各类环境元素整体协调有序
8	多样性	功能与形式灵活多样，丰富多彩
9	文化性	具有文化品味，有利于文明建设
10	生态性	尊重自然，尊重历史，保护生态

城市开放空间系统包含了城市空间上大部分的自然环境要素，通过城市开放空间的设计，可以改善城市地区自然环境、提高生态多样性、保持生态稳定性、改善城市生活的自然品质、提高环境的自净能力。

城市开放空间系统既包含自然环境要素，又包含社会文化要素，如游憩、教育、交往、完善城市的组织结构及功能，而且起到保护历史景观地带、构造城市景观特性及个性、营造场所感、体现城市文化氛围等作用。

城市开放空间的经济性直接体现在旅游价值方面，在旅游活动中，城市开放空间是重要的旅游对象，也是高品位的"商品"。城市开放空间的经济性还体现在对生物多样性的保全、对城市空气质量和水体质量的改善。随着社会的发展和人们价值观念的改变，城市开放空间的经济价值将进一步凸显出来。

各类城市开放空间的设计要点如下：

（1）把提高环境的吸引力作为创造高质量开放空间的重要目标，见表 4.4。

（2）现代开放空间设计应重视其文化品味和文化氛围的创造。

（3）以人为主体，组织为人所用、为人所体验的人性空间。

（4）强化形式信息，增强空间的观赏性和感染力。

（5）充分利用自然生态条件，建立完整连续的公共空间体系。

表 4.4   具有吸引力的城市开放空间实例

序号	类型与特征	实　　例
1	有文脉意义的环境	北京天安门广场、平遥古城旧街区、澳门"大三巴"广场
2	有生命力和人情味的环境	南京夫子庙、上海城隍庙、北京什刹海地区、哈尔滨中央大街
3	独具特色的环境	西安环城公园及钟鼓楼广场、巴黎拉维莱特公园
4	可获取丰富信息量的环境	罗马西班牙大台阶、昆明世博园、北京世纪坛
5	构成元素对比强烈的环境	上海浦东陆家嘴中心地区、纽约中央公园、巴黎卢浮宫广场
6	富有趣味戏剧性的环境	大连礁石园、苏州园林、洛杉矶中国剧院前庭广场
7	主题鲜明、文化品味高尚的环境	深圳民俗村、世界之窗、哈尔滨建筑艺术广场
8	整体空间协调有序的环境	丽江大研古城、成都府南河地区、北京故宫、威尼斯圣马可广场
9	市民大众能自由参与使用的环境	波特兰会堂前庭水景园、纽约帕利公园、悉尼达令港滨水区
10	通达便捷、行人优先的环境	重庆解放碑广场、巴黎德方斯步行平台、名古屋久屋大道公园
11	设施完备、舒适愉悦的环境	香港海洋公园、多伦多伊顿中心、上海外滩风光带
12	以自然景观为依托的环境	大连、青岛、厦门、珠海等城市的滨海景观大道、扬州瘦西湖

（6）珍惜历史遗存，保护与利用其环境，为现代生活服务。

（7）做好气候防护和微气候设计，减轻环境压力。

4.2.4   城市公共空间设计实例：巴塞罗那的城市公共空间[①]

巴塞罗那位于西班牙东北部加泰罗尼亚地区的地中海沿岸，是一座拥有近
300 万人口的充满活力的城市。正如欧洲许多其他历史悠久的城市一样，巴塞罗
那的中心地区（图 4.10）人口稠密、街道拥挤（图 4.11），这也恰好反映出在过
去几个世纪里，在由城墙、城防工事围合而成的有限的城市空间里，人口不断增
长的实际状况。兰布拉大道将加泰罗尼亚广场（Placa Catalunya）与港口相连，
大道一侧的高楼大厦正好将狭窄街道所交织而成的拥挤地区勾画出来。而在旧城
的周边地区则是自从 19 世纪末以来在拆除旧城墙的基础上快速发展的新城区。
这些新城区是根据伊德尔方索·塞尔达的新的总体规划方案建造起来的。它们被
设计成巨大的网格状，通过宽阔的干道同老城区相连。新城区的发展完全摆脱了
原有的围城式格局的束缚。这些网格状的区域被一些呈对角线的林阴道所贯穿。
这个规划方案的出发点是要建一个绿色的、开放的城市。方形的街区都带有圆形
的转角，在每个交叉口处形成城市广场。这样的规划意图使新城区比老城区有更
宽阔的街道和更小的密度。今天新城区的密度变得很大。就整体而言，巴塞罗那
历来就是欧洲一个密度甚高的城市。

---

① 本节资料来源：参考文献［29］

图 4.10　巴塞罗那旧城中心
区及港口局部和毗邻地区

图 4.11　巴塞罗那旧城中心休塔·维拉
（Ciutat Vella）的狭窄街道和拥挤的建筑

　　体系构建是城市政策的主要内容之一，大量新的公共空间遍布城区。每个街区都有自己的"起居室"，每一个地区都有公园，在那里人们可以交流，小孩可以在一起玩耍。巴塞罗那城市设计的特色是以人们自由聚会的空间需要为出发点，为人们聚会、步行需要提供了大量宽敞的公共空间和场地。总的来说，这些空间和场地是建在拆毁的旧公寓建筑和工厂的基址上的，还有小部分是由缩小原已形成的专供机动车行驶的交通面积而来。

　　图 4.12 体现了城市轮廓和密集的建筑群。前景是港口和老城区中心，其后是由伊德尔方索·塞尔达（Idelfonso Cerda）设计的结构分明的街区和斜贯其中的交通体系。城市改造遍及全城是巴塞罗那公共空间政策的特色。

　　1982 年，新上任的巴塞罗那市长帕斯夸尔·马拉加利（Pasqual Maragall）总结了这一新政策的哲学，他指出："我们要重建失去尊严的城市景观，刺激和引导市场的巨大潜能。"

图 4.12　巴塞罗那的东侧鸟瞰图

　　一个特殊的办公室——城市设计办公室成立了，主要处理城市公共空间方面的事务。这个办公室主要负责大部分的项目设计，同时也负责参与该市 10 个不同区域内新城市空间实施的各个团体之间的协调工作。每个小区都有一组建筑师们负责和当地居民交流、征求意见，并独自完成本区的项目设计。除了一些著名的资深建筑师，青年建筑师也有机会在巴塞罗那施展才华。当然，城市设计办公室也通过举办设计竞赛，使建筑系的学生参与到城市设计项目中来，或者给他们提供相关的工作机会，使他们得到锻炼。

20世纪70年代末、80年代初进行的首批项目都在老城区，它们反映了尊重传统的理念，由于采用传统的建筑材料和装饰，使一些广场看起来已有几百年的历史了。瑞阿尔广场（Placa Reial）（图4.13）就是这样的一个例子，它是一个老的广场，刚进行新的地面铺装，而梅尔塞广场（Placa dela Merce）则是通过拆除现有建筑而建立起来的一个新的空间。

位于老城区外的广场和公园又有所不同。在那儿我们可以感受各种表现形式的尝试。这里的空间从设计、家具到材质的选择都非常时尚。例如，位于桑特（Sants）火车站前的巴索斯·卡塔卢尼亚广场（Placa dels Paisos catalans）（图4.14）就是众多突破传统、按照协调环境的原理而设计的广场之一。

图4.13　瑞阿尔广场——一个　　　　　图4.14　巴塞罗那火车站站前区的改建
　　经典的城市空间　　　　　　　创造出了现代而时尚的公共空间：巴索
　　　　　　　　　　　　　　　斯·卡塔卢尼亚广场

一部分广场的特征是"石质空间"，它们通常是作为城市起居室和交往场所。这些硬质空间其特征是石制的地面和公共设施，偶尔也有些树木是得到软化的效果（图4.15）。

另一些较柔和的公共空间，通常被称为"碎石广场"，它们主要是供人休息、嬉戏的场所，其中的重点部分是铺碎石的地面。

还有一系列新公园和"城市绿洲"是作为娱乐、消遣的公园散布在城市的各个小区之中。"绿洲"是一种综合型的公园，有大量的设施和宽敞的空间，给想要静养和活动的人们提供了一个场所。绝大多数场地都有绿色景观要素，并有碎

图 4.15　沿着米罗公园（Parc Miro）的条石地面布置
的座椅是该广场设计的有机组成部分

石地面和大的石质地面。小水潭、喷泉或瀑布等水景通常用作分割硬质地面和绿
化景观的元素。

　　另一类空间是设置在林阴大道当中的休闲广场，在这里人们可以小坐、休
息、玩耍（图 4.16、图 4.17）。

图 4.16　位于巴塞罗那市中心的兰布拉多
新是城市主要的步行街

图 4.17　阳光广场的午后，这个广场
是城市中许多新建的"起居室"之一

　　在实施公共空间设计策略方面，巴塞罗那既富于远见又表现得极富想像力，
在短短十年内，巴塞罗那就在拆除了的旧公寓楼、仓库、厂房的基地上建起了数
百座新的城市公园、广场和休闲场所。同时，他们还通过修缮现有广场、改善交
通使游人获益良多。

4.2.5　城市的山水格局

　　城市是一个依托于地理环境的开放的复杂巨系统，地理环境和自然景观不仅
是城市生成的基础，也是这个开放的复杂巨系统中重要的组成部分。自然地形如

平川、丘陵、山峰、河谷等不仅是城市的地表特征，而且还为城市提供了各具特色的景观地理环境。

1. 中国古代城镇的山水格局

自古以来，我国人民在城市建设过程中，对城市自然环境有着独特的见解和要求。从今天遗存的殷墟卜辞中，可以看到用于聚落和城邑选址的词条：

"子卜、宾贞、我作邑。"

"乙卯卜，争贞，王乍邑、帝若，我从，之唐。"

"己亥卜，内，贞王侑石在麓北东，乍邑于之。"（《合集》13505）

"唯立众人……立邑墉商。"（《殷缀》30）

从河南安阳殷代遗址中，可以看到殷朝宫室所处的地理位置，为洹水环抱之势。据史料记载，早在夏末之时，公刘率周民族由邵迁幽，相度山川形势与水土之宜，进而规划营宅，留下了"于胥斯原……""陟则在山巘，复降在原""笃公刘、既溥既长，即景乃冈，相其阴阳，观其流原……"《诗经·大雅·公刘》生动地描绘了周之先民选址营邑的过程。

周初营建的洛邑，位于涧水、伊水、洛水交汇处，北依邙山，南望伊阙，形势博大。《尚书·召诰》记载："惟二月既望，越六日乙未，王朝步自周，则至于丰。惟太保先周公，相宅，越若来。三月惟丙午朏，越三日戊申，太保朝至于洛。卜宅，厥既得卜，则经营。越三日庚戌，太保乃以庶，殷攻位于洛河　。"记叙了周朝初期营建洛阳城市的全过程。

在《周礼·夏官司马下》中记载："土方氏掌土圭之法以致日景，以土地相宅而建邦国都鄙，以辨土宜土化之法而授任地者，王巡守，则树王舍。"

土圭之法——测日影以辨方位。

土地相宅——量度土地、测定方位，指城镇聚落选址。

辨土宜土化之法——辨别土质和确定宜种植物。

据《书经》记载，殷商之际，盘庚迁都于亳；周初，周公营洛，均对地理环境、地形、方位和建筑朝向做了详细勘测。从现存的古代文献中，可以看到古代城市选址对自然环境的要求。

在《管子·乘马》篇中："凡立国都，非于大山之下，必于广川之上，高毋近旱而水用足，下勿近水而沟防省，因天材，就地利，故城廓不必中规矩，道路不必中准绳。"

在《尉僚子》中，还讲述了自然环境、城邑与人的关系："量土地肥饶而立邑建城，以城称地，以地称人，以人称粟。"指出城邑的选址是依据土地情况，进而确定市人口和农产品的需求。

《管子·八观》："夫国城大而田野浅狭者，其野不足以养其民；城域大而人民寡者，其民不足以守其城。"指出了土地承载力、城邑与腹地的关系及城市的环境容量等问题。

汉代以后，进一步发展了天人合一的思想，并根据长期对自然的细致观察及实际生活的体验，逐渐形成了考察山川地理，包括水文、地质、生态、小气候、自然景观等，为城镇选址、村落住宅定位、基地择吉的专门学问——风水理论，对传统住宅、村镇、城市的选址及规划都产生一定的影响。

中国古代"天人合一"的哲学思想，对城镇村落的规划与选址有着深远的影响，人们通过赋予自然环境和村落以一定的人文意义，来达到与自然环境结合为有机整体的目的。例如，在城镇村落的选址中，一般将北面的山峰称为玄武、南面的山峰称为朱雀、东面的山峰称为青龙、西面山峰称为白虎。郭璞在《葬经》中描述四神的神态："玄武垂头，朱雀翔舞，青龙蜿蜒，白虎驯俯。"在平原地区，则以河溪为青龙，道路为白虎，例如《阳宅十书》中"凡宅左有流水谓之青龙，右有长道谓之白虎，前者污池谓之朱雀，后有丘陵谓之玄武，为最贵地。"

我国古代着力追求一种人工与自然相结合的、赏心悦目的景观环境。首先，以主山、少祖山、祖山作为城市的背景与衬托，形成重峦叠嶂、多层次的天际轮廓线，并增加景深与距离感；其次，以河流水面作为城市前景，形成平远开阔的观景视野；最后，总以案山、朝山、龙虎砂山或界水作为城门、楼阁、道路、轴线的对景或借景。城市借自然山水形成层次丰富的空间形态；城市景观从自然山水之中取得佳妙的背景、衬托、层次、轮廓及借景、对景；运用自然山水要素，作为城市景观环境的点缀与修补，进而成为绝妙的城市地标与城市名胜。从而建立与自然山水的呼应关系，突破其有限的空间限定。城市巧妙地嵌合于自然山水之中，形成城与山水、人与自然的两情相洽、相互渗透的山水城市环境。

中国古代在城镇选址中注重自然环境因素，其最大的优点，是欲将自然生态环境与城镇的人工环境融为一体、统一考虑。其基本格局为"负阴抱阳、背山面水"，"金带环抱"的模式，如图 4.18 所示。

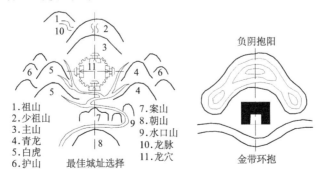

1.祖山　　7.案山
2.少祖山　8.朝山
3.主山　　9.水口山
4.青龙　　10.龙脉
5.白虎　　11.龙穴
6.护山

最佳城址选择

负阴抱阳

金带环抱

图 4.18　"金带环抱"的模式

"龙脉"即山脉，《管氏地理指蒙》指出："指山为龙兮，象形势之腾伏"；"借龙之全体，以喻夫山之形真"。《地理人子须知》提出龙脉审辨之法："以水源为定，故大干龙则以大江大河夹送，小干龙则以大溪涧夹送，大枝龙则以小溪小涧夹送，小枝龙则唯田源沟洫夹送而已。观水源长短而枝干之大小见矣。"风水家认为，龙脉各个干脉派生出支脉，支脉又生出支脉，如是繁衍，恰如人体的血管和神经系统一样，遍布于全国。

龙：即山脉。因中国古代城市选址"非于大山之下，必于广川之上"。故城市依傍之山（山脉）便成为其山水空间意象的第一构成要素。其主要意象是：①以山作为城市的依靠及"气脉"象征，能给居住者以心理上的安全感和精神上的凭籍；②在空间景观上，以秀峰层集的山脉依托城市，使城市天际远景有悦目的收束，进而在视觉上成为城市外部空间的统率者。

砂：统指前后左右环抱城市的群山，并与城市后倚的来龙成隶从关系。其空间意象如《葬经翼》云："以其护区穴（城市），不使风吹，环抱有情，不逼不压，不折不窜，故云青龙蜿蜒，白虎驯俯，玄武垂头，朱雀翔舞。"由此说明了"砂"所造就的生动有情的城市空间意象。

水：风水术认为"风水之法，得水为上"。除其生态意义，交通便利，安全意义外，水在城市空间中具有很高的景观作用及审美价值。一是水为血脉，能造就城市钟灵毓秀，生气发越；二是水可界定空间，形成丰富的空间层次及和谐的环境围合；三是水体形象，如流动、弯环，动静皆可予人悦情怡性的审美和象征意义。所谓"智者乐山，仁者乐水"，便是山水空间予人精神及心理意象的生动写照。

穴：是山脉或水脉的聚结处（结点）。通常是城市或建筑选址的落脚点，处于龙、砂、水重重关拦，内敛向心的围合中心，其空间意象如今日所谓的"场所"。

现代地质学表明，所谓的龙脉，即各大山脉，无一不是地壳板块运动的结果。龙脉之说，是古代人在科学技术不发达的年代，对地球表面自然景物的猜想和隐喻，总体上说来，是不可取的。当然，在古代城镇村落选址中，风水家们对地质、地形、水文、日照、风向、气候、气象、景观等一系列自然地理环境因素，做出或优或劣的评价和选择，以及采取相应的人工补救措施，选择适于长期居住的自然生态环境，有其可取的一面，如图4.19所示。

城镇自然环境模式的景观特点如下：

（1）群山怀抱或群水环绕的自然环境，例如，八水绕长安。

（2）中轴对称，左右均衡的自然格局：以主山—基址—案山—朝山为纵轴，以左肩右臂的青龙白虎为两翼，以河流为横轴，使连绵起伏的山和金带式弯曲的水均富有柔媚的曲折蜿蜒动态之美，构成重峦叠嶂的风景层次，富有空间的深度

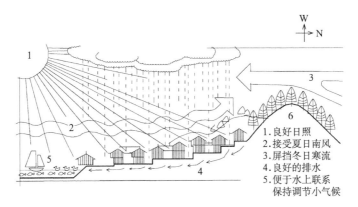

图 4.19　村落选址与生态的关系

感，打破了对称的构图的严肃性，使城镇自然景观生动、活泼。

（3）以主山、少祖山、祖山为城镇村落背景和衬托，使山外有山、重峦叠嶂，形成多层次的立体轮廓线，增加了风景的深度感和距离感。

（4）以河流、水池为城镇村落的前景，形成开阔平远的视野，隔水回望，有生动的波光水影，形成绚丽画面。

（5）以案山、朝山为基址的对景、借景，形成城镇村落前方远景的构图中心，使视线有所归宿，两重山峦，亦起到丰富风景层次感和深度感的作用。

（6）作为风水地形不足时补充的人工建筑物和构筑物，如宝塔、楼阁、牌坊、桥梁等，常以环境的标志物、控制点、视线焦点、构图中心、观赏对象的姿态出现，均具有易识别性和观赏性，同时，这些标志性建筑与自然景观融合为一体，也提高了自然景观的可观赏性。

山体引起人们强烈兴趣的主要原因是它在视觉方面存在着巨大的体量和超乎寻常的高度，延绵起伏的山峦宛如锦屏，作为城市的背景丰富了城市的空间层次，而形象优美的山峰具有很高的定位和审美价值，可以作为城市定位和构图的重要因素，给人以明确的方向感。

桂林街道大多以山峰为对景，独秀峰、伏波山、叠彩山以其清秀的姿态、精巧的轮廓，呈现出柔和的风格和雅致的神韵，创造了良好的街道景观和城市特色（图 4.20）。

城市中的水体可以分为自然水体和人工水体两大类，大至江河湖海，小至水池喷泉，是城市景观组织中最富有生气的自然因素。水的光、影、声、色是城市中充满变幻和富有想像力的景观素材。在城市中，以水面创造的景观效果要比一般的土地、草地更为生动，变幻无常和体态多姿的特点增加了水体的生动性和神秘感。它或辽阔或蜿蜒，或宁静或热闹，大小变化，气象万千。

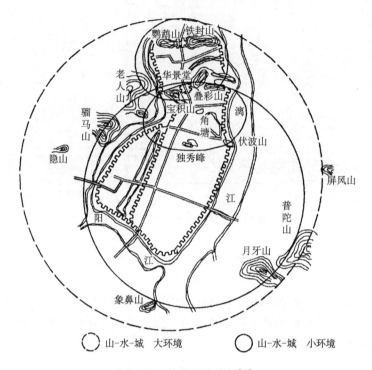

　　○　山-水-城　大环境　　　　　○　山-水-城　小环境

图 4.20　桂林山水格局[18]

　　自然水体气势宏伟，景观广阔，是构成城市景观特征的重要因素。水体岸线是城市最富有魅力的场所，是欣赏水景的最佳地带，也是城市公共活动最剧烈、城市景观最具表现力的地带，充满了变化与对比，使城市空间具有更大的开放性。水体作为一种联系空间的介质，其意义超过了任何一种连接因素，水的柔顺与建筑物的刚硬、水的流动与建筑物的稳固形成了强烈的对比，使景观更为生动，流动的水体成为城市动态美的重要元素。

2. 现代城市设计中的山水意象

　　自然山水格局赋予城市特有的魅力，同时也与城市空间形态结构形成了密切的关系。城市设计不仅应结合自然山水环境进行空间布局，而且还要注重人工与自然景观环境的渗透，以达到良好的景观效果。

　　城市的空间设计注重空间的渗透性，就好比中国画的留白。留白的空间产生虚空间，与建筑、树木、山势形成的实空间形成互补。城市形体空间与山水空间互为"图-底"，虚的山水空间衬托实的形体空间，两者互为补充、虚实相生、相互转化，赋予城市虚实交融的完整性与变化。当我们将那些山水环境作为结构要素组织到城市整体的结构形态中，就不难发现原有的不均质的空间密度有所改观，即以"山水之形补环境不足"，这正是结合自然山水的城市空间结构的特色所在。城市景观不仅是城市功能需求的直接反映，而且是城市生态结构和文化结构的深层次综合体现；不仅是一种人工的形式美，而且应是表现自然生态系统和功能良性循环的富有生命本质的美，是建立在人与自然相互协调发展之上的文化意蕴的美。

山水型城市的空间形式决不能平铺直叙，而应充分运用各种构景要素，形成变化丰富、极具戏剧性的空间序列。城市空间应变化有序、层次清晰而不是支离破碎。空间序列的安排一般由前奏、起始、主题、高潮、转折、结尾构成，在此之中应注重穿插一些欲扬先抑或欲抑先扬的组织形式，并采用借景、对景、框景的设计手法，强调人在变换的空间中行进的感受，追求步移景异的观景效果。城市设计中景观序列的组织，应充分"借山用水"，丰富景观的异质度，从而达到良好的视觉效果。具体手法如下：

（1）对比。对比是指将景观中具有显著差别的因素，比如自然的软质景观与人工的硬质景观，通过互相衬托突出各自的特点，以此来突出中心，使主次分明、层次清晰。

（2）因借。是指将能增添艺术情趣、丰富画面构图的外界自然景观因素引入到城市景观空间中，使人工与自然空间相互呼应，以此来丰富空间层次，产生幽远、深邃的景观意境。

（3）诱导。在景观序列的组织之中，通过巧妙设计游览路线，使人在连续的行进之中尽得美景，领略妙境。景观组织最忌一览无余，可以借助空间的导向性进行引导和暗示，结合游览路线，加强空间的诱导意识和表现力。

（4）主从。在景观组织中为使整体景观统一协调，可将空间中形态、体量、位置相对突出的景素进行强化，使其控制空间，形成视觉中心，其他景素则作为支持它的背景而存在，以利于形成整体统一协调、重点突出的景观效果。

人是城市的主体，一切物的中心。因此，景观序列的组织要充分考虑景观的可达性、安全性、驻留要求，把最佳的视角位置让给观赏者。人不仅要欣赏山水景观，而且还参与城市空间活动。城市空间的尺度、形态，布局都应考虑人的活动习惯，生理、心理和审美的需求。

城市山水空间与城市形体空间在环境模式与环境特质上具有一致性[①]，即层层相套的结构与明确的围合边界。由此提供了两者空间环境上相互结合的前提。

意境上的结合在中国传统山水城市空间设计中，常通过山水空间与形体空间在意境上的相互结合创造良好的城市意境。可通过"气"与"形"、"情理"与"情景"的结合，创造城市意境。

---

① 邢卓，结合自然山水的总体城市设计研究——以陕南安康为例，硕士论文。

　　吴良镛对桂林城市与山水的关系进行深入的研究[18]，认为经过千百年的发展，使得悠久的城市文化融合于秀美的自然环境之中，逐渐形成了桂林极富特色的城市模式——山水城（镇、村）互相穿插、互相融合，自然山水景观与城市人文景观交织一体，和谐共存于大自然中（图4.20），它表达了这样一种关系：

　　（1）人——是环境的主体，是城市的主人，也是环境哺育的审美者。

　　（2）山——桂林风景特有的内容。桂林山的特点是奇峰兀起、秀丽奇特，具有很高的审美价值；又易于登临，极目河山，俯瞰全城。对桂林山景的欣赏当然还包括对山洞的欣赏，"桂林岩洞奇，石刻穷秘诡"，这千奇百怪的"内部宫殿"是桂林山景的又一世界。

　　（3）水——桂林城临于漓江、小东江和桃花江三江交汇处，一城揽有三江之美与湖山之胜，这是非常难得的。桂林之水并非大江大湖，漓江不宽但多曲折和变化。从桂林到阳朔水路十余公里，有人称赞不仅有"山青、水秀、洞奇、石美"之绝，而且有"深潭、险滩、流泉"之胜。

　　桂林的山水已极佳妙，然而更佳妙之处还在于山与水的结合。桂林的山水是大自然巧为因借的园林大手笔，是宏大、全方位、气势磅礴的风景画长卷。古人云"山得水而活"，又云"水得山而壮"，巧妙地道出了山与水的关系，亦增加了我们对桂林山水的理解。

　　桂林之美，不仅在于山水之自然组合，还有城镇建筑为之点缀。有了这些城、镇、村建筑群，风景更加人文化，山川城郭浑然一体。如位于城市之中的独秀峰雄视群峰，实为桂林城视觉导向之中心。桂林城每一条街都以山峰为对景。漓江及杉湖、榕湖、濠塘水面环绕四周，把城市围成"城岛"。桂林旧城还有城墙存在，蜿蜒于山、水、城之间，为建筑环境与自然环境勾勒出一明确的边界。如果城市建筑是画，那么城墙就是画框，现在由于城墙基本被拆除，人们已难于领会，但遗迹的整理仍有可为，不难引人遐思。

　　结合上述古人句，可以说"城得山水而灵"。像桂林这样汇山水城为一体、城市美与自然美相结合、融自然景观与文化景观为大宗者，全世界绝无仅有。这是我们应该研究、继承、加强和发展的城市模式。

　　汪德华对中国山水文化与城市规划进行了详细的研究[28]，认为山文化对城市规划主要有以下影响：

　　（1）"五岳"、"五镇"、"十镇"的形成，对于古代城镇在方位、自然地理、交通网络方面的区域布置，曾有一定的指导作用（图4.21），也是形成古代的国土范围和防御体系概念中的骨架支撑。

　　（2）山在城市的中心地位加强，并使山的仁德性越来越完整。山作为"仁"政的代表，在一些重要的城市中，常起着重要的角色。如桂林主城北侧的独秀峰。

　　（3）利用自然山形赋予一定的哲理和意象，使规划选址成为富含文化内涵的

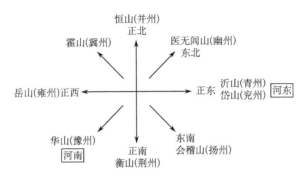

图 4.21　东周时代划分九州、九镇山方位示意图

活动。利用山，或借鉴远处的山，如此意象审美，丰富了城市规划活动，形成很多利用的方式。

（4）在布置山上建筑群的实际规划中，由于对山体有"相地"、"意象"的特殊认识，使山与建筑逐渐意境化，创造了一种"建筑裹山"的布局规划方法。这种方法使山体上的建筑层层叠叠又不杂乱，主次分明，疏密得当，具有一种"仙境"的意境。山上建筑以单层院落为主，高楼或塔点缀其间。从院落中向外瞭望，视线开阔，层层叠叠的院落由不同的"爬山廊"连接。如北京北海琼山、江苏镇江金山等。

（5）可将山加以归纳与简化，使城镇规划简练有序，也影响了园林中叠山、叠石的布置。

山与城市的关系主要有：①山在城市外围，常常成"拱围"、"揖合"形状，这是在选址过程中积累的不同经验造成的。②山在城市中央，而且山的位置在城内偏北或东北位置，山处于"尊上"位置，显示出对山的尊敬，山体受到充分的日照。③利用山头或山体的一部分构筑城墙、城楼、望楼等，即跨小山头驻城，在构筑时还形成一定的意象。④城内外都有山，如福州（图 4.22）、桂林、杭州、南京（图 4.23）等。⑤城市直接构筑在山头上。

水是人类生命之源，也是城市的生存之本，无论是古代还是今天或将来，城市对水的依赖是须臾不可离开的。中国古代对水的认识是十分深刻的，水是五行之一，有阴阳之分，"上善若水。水善利万物而不争，处众人之所恶，故几于道"（《老子·八章》），形成了丰富的水文化。

汪德华认为，水文化可能是揭开中国古代文化以意境为主，表现自然、表现天人合一概念模式的最佳状态的关键所在，因为从城市和居住环境的实际空间形式来看，水是一个极为重要和活跃的因素。

水呈平面状态分布，或平静开阔，或曲折深奥，或一望无涯，是代表自然的最好模型。中国古代建筑的组合和城市的展开也可以平面为主，垂直为次。水文

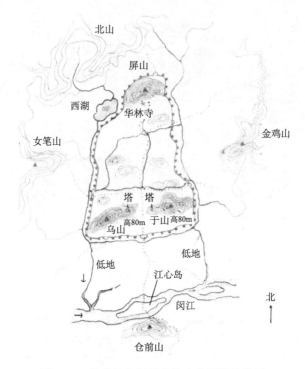

图 4.22　福州城市规划建设山水形胜示意图

化成为古代城市规划与建筑的灵魂，填补了儒教和礼制统治下的枯燥城市建筑空间。城市中水文化现象的积累程度，反映出城市的文化水平。水文化的"铸造"往往经历一个漫长的发展过程，因需要常常表现出历史整体环境的统一与和谐。水文化在城市规划中的表现程度，是古代城市规划达到理性高度的最重要的衡量尺度。就这个意义来说，水文化是古代除了礼制之外对城市规划特色形成起作用的最重要的因素。

　　在城市各种建设工程中，受某种历史积累的文化观念影响而被利用改造的水体，常常与其相关的建筑（包括寺庙、住宅、楼、观、堂、亭、塔等）、桥梁、山石、岛屿等共同组合成含某种特定意境的城市建筑空间环境。这种意境，随着四季、昼夜、不同的气候条件，以及人的主观情感不同而呈现其文化内涵。

　　城市与建筑群与水体的相互关系主要有：①城市与建筑群临自然的大江、大河、大湖，如武汉、杭州；②河网式；③城中大湖，如济南（图 4.24）、南京；④围绕河湖式；⑤河道穿城而过式等。

　　洪亮平认为，城市的山水格局对城市空间有以下意象[29]：

　　（1）以山水空间作为城市空间的主构架，以山水格局确定城市空间格局（如以主体山脉或水脉作为城市空间定位结构）。城市结构网络服从山水脉络。

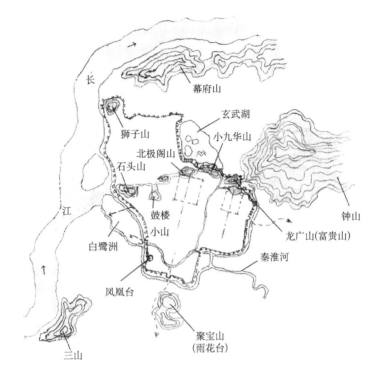

图 4.23　南京城山川形势图

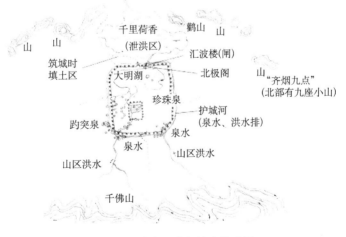

图 4.24　济南山泉与城市关系图

（2）以山、水等自然要素作为城市构图的基本要素，山水空间与城市形体空间的关系是"图-底"关系，通过两者的相互配合，形成城市空间的主角和配角，因而城市空间构图突出。

（3）重视城市空间设计的虚实配合，通常以虚的山水空间衬托实的形体空间，并通过虚实相生、相互转化，赋予城市虚实交融的完整性与变化。

（4）山水空间结构与城市形体空间结构相互穿插、"关照"，通过"内-外"关系的转换（如引山水入城），形成"山水中有城市，城市中有山水"丰富多变的城市空间。

（5）以"百尺为形，千尺为势"，"远以观势，近以观形"的"形势说"，作为协调山水空间与城市形体空间关系的尺度，并通过"形-势"关系的转换，在空间布局中形成戏剧性变化的城市空间序列。

（6）注重山水空间形态与城市形体空间形态的相互补充，以人工构筑物如宝塔、楼阁、牌坊、桥梁等，补充山水形态的不足，并使之成为城市空间环境的标志物，视线焦点，使城市空间具有"完形"和易识别性。

4.3　城市设计的基本方法

4.3.1　城市设计的基础资料

1. 总体城市设计的基础资料

总体城市设计的编制，应当对城市的社会经济、自然环境、城市建设、土地利用、文化遗产等历史与现状情况进行深入调查研究，通过现场踏勘、实地摄（录）影、文献研究、图纸分析、典型抽样、问卷调查等重要手段，使调研的基础资料尽可能客观、准确、实用和精练。

总体城市设计的现状调查基础资料由图纸和文字两部分综合组成，两者相辅相成、互为补充。基础资料的内容主要包括城市自然历史背景资料、城市形态和空间结构、城市景观、城市公共活动与重要区域、城市运动体系及相关资料六个部分。

城市自然、历史、文化方面的基础资料包括以下各方面：

（1）城市气象、水文、地质等地理环境资料。包括极端温度、温度、日照、雨量、风向、台风、当地的微气候等；岩石性质、土壤种类、承载能力等；断层、地下水位、矿坑、冲蚀区等。

（2）城市地形、地貌、山体、水体及滨水岸线等自然资料。包括近期测绘的地形图（地貌图）、城市的航空和遥感照片，对照地形图对用地的地形地貌进行分析，找到空间布置、用地分区、场地竖向设计等方面的感觉，同时考虑空间的构成和形态。

（3）城市社会、经济发展现状及发展目标。规划范围内其他相关规划资料和规划成果。

（4）生态、自然植被、有代表性的植物和适宜树种、花卉等栽植。包括用地范围和周围地区的自然生态的状况，如森林、园林绿地、水系、名树名木等。

（5）城市声、光、大气环境质量和环境保护。包括环境公害、环境污染的状况和污染程度。

（6）土地使用。包括设计范围界线、建筑红线、土地使用性质、产权界限，现状建筑物的主要用途、层数、高度、质量、价值、建筑密度，设计范围的历史沿革、名胜古迹、重要的节点、地标等。

（7）公用设施。用地范围和周围地区的公园绿地、游憩设施、商店、行政办公、邮电、卫生、学校，用地范围和周围地区的供水、排水、电力、燃气、垃圾点、废水污水的处理。

（8）交通运输。用地内的道路、步行街，用地周围的道路网络、现状交通量，对现状交通进行分析。

（9）城市相邻地区的有关资料。周围土地使用情况，周围的各功能区对用地范围的影响，邻近建筑物的风格、造型、体量，风景视野方向、范围、状况等。

（10）历史文化。城市历史发展沿革，重要历史事件和历史遗址，历史文化背景、传统民俗、民情。

（11）有关资料。城市人口现状及规划，规划文件、法规，总规对设计对象的限制条件（用地性质、功能分区等），详规的限制条件（容积率、建筑密度、高度等）。

2. 局部城市设计的基础资料

局部城市设计的编制，应对城市的社会经济、自然环境、城市建设、土地使用、文化遗产等历史与现状情况进行深入调查研究，通过现场踏勘，实地摄（录）影、文献研究、图纸分析、典型抽样、问卷调查等重要手段，使调研的基础资料尽可能客观、准确、实用、精练。根据城市设计区域的类型和特点，局部城市设计的现状基础资料调查应突出重点，有所侧重和取舍。一般地，基本内容可包括土地使用、道路交通、景观与环境及相关资料部分，并以现状图和现状说明方式表达。

（1）土地使用。设计区域及邻近区域的土地使用现状和功能分布（区）；城市规划对设计区域土地使用的要求和安排；委托方对设计区域土地使用的要求。

（2）道路交通。设计区域现状道路网络、交通组织；设计区域现状公交线路、站点和公共停车场；设计区域现状道路、交叉口、步行道、公共交通密集区域（地铁、公交、换乘枢纽、大型车站等）；设计区域主要交通需求分析，交通流及其饱和度分析以及居民出行调查；有特色的道路、步行街及道路设施；市民对道路交通的感受、评价和建议。

（3）景观与环境。总体城市设计对研究区域景观环境的要求与分析；研究区域的主要水文、地形、地貌、山体等自然环境资料；传统民俗风情、社区习俗等历史文化资料；现状景观体系与分布；现状城市公园、公共绿地、广场等景观区域、景观带和景点；视廊、视点、视域等视线组织与控制；地方建筑风格、空间形式与活动、地方色彩等以及历史文化遗产和保护；有景观特色的街区、街道、建筑物和构筑物；市民活动类型、场所、路径、强度；市民对现状景观环境的感受、评价与建议。

（4）形态结构。总体城市设计对设计区域形态结构的要求和分析；现状结构网络、发展区域（轴线）与重要节点；现状建筑高度分布、城市轮廓线、总体形象和地方标志物；现状建筑形态、体量、风格、色彩等特点及其主要建筑群组合方式和类型；现状主要城市空间形态：界面、围合等特点及其空间形象和感受；现状主要城市公共开放空间的分布、公共活动的内容与相邻建筑功能关系；现状特色区域和重要地段；市民对现状城市形态结构的认知、评价与建议。

（5）相关资料。近期绘制的城市设计区域地形图；区域的人口现状及城市规划资料；区域经济发展现状；区域内其他相关城市规划和总体城市设计资料；区域内相邻地区的有关资料。

4.3.2　城市设计的导则

传统城市设计有两种规划产品，即与形体环境有关的远景总图和能描述一般社区政策的综合性规划。"终端式"总图成果在战后初期一度非常盛行，1960 年以后逐渐衰落，因为它过于刚性，无法应对本质上是动态演进的城市形态这样一个事实。不过，用城市设计规划来表达未来城市空间可能出现的形体还是具有积极的现实意义的。日本横滨港湾地区城市设计、美国费城和旧金山城区城市设计、我国近年组织开展的深圳市中心区城市设计、上海市中心区和静安寺地区城市设计、南京市新街口和城东干道地区城市设计等均具有三度空间形体的成果内容和图示表述。

当代的城市规划设计者日益意识到规划设计应导向一项现实行动和过程，强调过程和规划的双重性。这样就可能在规划和实施之间架设沟通的桥梁。现代城市设计方案是为可能实施的政策的意向来准备的，它包括实施政策的措施手段、目的和可行性研究，如 1986 年完成的美国丹佛中心区城市设计就附带了一本比设计文本更厚的城市设计行动计划（acting agenda）。

在城市总体规划的编制过程中，城市的基本性质、经济、社会及文化特点、空间布局和发展政策都得到了论证。但城市的总体发展战略与具体的城市形象之间尚有一个空档，缺少一个过渡的环节，而导则式的城市设计正是这样一个环节。导则式的城市设计是城市发展政策和具体设计工作之间的过渡和联结点。

由于城市设计以公共利益作为设计目标，因此，为了控制不同的机构和民间开发者的城市开发活动，在开发设计的评价和审查时，就必须以遵循城市设计目标（一般也可将此列入城市设计导则中的总则部分）和城市设计导则为标准。通过导则来保证开发实施的环境品质和空间整体性，即对城市特定地段、特定设计要素（如建筑、天际线、街道、广场等）甚至旧城的城市建设提出基于整体的综合设计要求。因为城市设计政策和规划还不足以驾驭城市空间环境中的特定要素，若不将计划翻译成特殊的设计导则，就难以保证城市环境在微观层次上的质量。

旧金山市 1982 年制订了中心区设计导则。导则不仅包括形体项目，而且还有一套引申出来、包括七部分的附录，以及进一步的解释导则。设计导则同时又可为某特定设计要素，如某外部空间、建筑物组合方式、街景等表达多种可供选择的形式，其本质是保证设计质量。英国现行城市规划体系中也采纳了城市设计导则的概念，其具体内容反映在类似城市设计导则的"环境规划设计导则"、"景观规划设计导则"中，并将其作为项目审查及社区规划设计的依据。例如其有关建筑形态的设计引导基准就包括了对建筑的形态、规模、体量、特征、高度、日照、采光、材质和细部等内容的审查许可。而有关建筑物与周边环境协调关系的审查项目则包括：屋檐、沿街立面、历史的文脉、街道格局、历史的平面布置格局、城市景观、历史开发过程及统一感、连续性和格调等。

从导则表达性质上讲，又可划分为两类：一种是规定性的，另一种是实施性的。规定性的导则是设计者必须遵守的限制框架，如在某地段规定建筑的容积率为 10，则所设计的楼层面积不得超过基地面积的 10 倍。通常，基于规定性导则的设计方案比较容易评价。实施性导则为设计者提供的是各种变换措施、标准及计算方法，所以，实施性导则不再说容积率是多少，而是指定这一地段设计中开放空间和环境所需获得的阳光量的要求，以及建筑物和开放空间所需的基础设施容量，至于建筑容量、高度等则不限定。实施性导则的优点在于，把标准化的量度应用于所有的设计地段，但并不要求对该地段产生标准的三度空间形态，因此，形式是多变的，与规定性导则相比，更富有对设计创造潜能的鼓励。

从技术上讲，良好完善的城市设计导则应同时包括导则的用途和目标、较小的和次要的问题分类、应用可行性和范例，这四方面不可偏废。同时，导则是跨学科共同研究得出的成果，具有相当的开放性和覆盖面，否则设计导则就会与传统城市设计那种封闭式规划控制手段如出一辙。

1. 城市设计导则的功能

城市设计最基本的、也是最有特色的成果形式是设计导则（urban design

guidelines)。

（1）将难以操作且抽象的城市规划、城市设计理念、城市发展战略和发展政策具体化，形成一套可操作的城市设计导则。

（2）城市规划及城市设计理念是我们在进行针对某一具体对象进行设计时的基本意向，或是最基本的出发点。设计理念一般表现为新颖、独特、创新性等特点，通过这种极富特点的设计理念，使我们所面对的具体设计对象，通过设计达到一种全新的、与其他同类对象完全不同的境界。

这种设计理念的来源包括：①对设计对象（城市等）的深刻了解和细致入微的观察（包括发展历程、规律、特色和现状及存在的问题）；②当代及目前城市设计、城市规划的潮流（包括设计思想、设计方法和审美意向）；③对城市所处社会生活的深刻理解和全面了解；④对现代科学技术发展的了解和认识，以及现代科学技术对本专业影响状况的了解；⑤设计者的创新意识，对设计对象的高度和深度把握，能够提出最科学、最新、最独特、最合理、最符合设计对象发展规律的设计理念；⑥所提出的设计理念是可行、可控制、可操作和可表达的（包括图纸和文字）。

城市发展战略是对城市经济、社会、环境的发展所做的全局性、长远性和纲领性的谋划，它确定了城市职能、城市性质、城市规模（包括人口规模和用地规模）和城市发展方向。

城市设计导则是以文字条款和图表的形式将城市设计的理念、城市发展战略表现为以城市的精神气质和面貌为主要内容的具体的目标、功能和设计要求的城市形态环境。

2. 将具有普遍意义的、"共性的"城市设计原理"个性化"

无论哪一种城市设计理念，都是将城市设计的原理、方法等融为一体，形成普遍的、共性的理论框架和方法论。这种城市设计理论与城市设计实践的关系如"设计规范"与设计对象的关系一样，一方面是理论框架和方法论（对"设计规范"而言是强制性规定和统一的设计标准），另一方面是千变万化的、各不相同的设计对象。

在这两个方面之间，有一个重要的中间环节，即设计者。由于"设计者"这个中间环节，"共性的"城市设计原理"个性化"主要表现在两个方面：①虽然普遍意义上的"设计原理"只有一个，但设计对象（城市）却没有相同的，我们只要紧紧抓住具体设计对象（城市）的特有性质、特有结构、特有形态和更为广泛的城市特色，并在城市设计中凸显、展现它，并用创造性的意念和手法烘托、表现它，这就是一个"个性化"的过程，也是一个创新的、突出特色的设计过程。②虽然设计对象（城市）和城市设计原理（或设计规范）只有一个，但不同的设计者可以设计出不同的设计方案，这更体现出"设计者"这个中间环节的重要作用，体现出设计者的创新性和设计过程的创新性。

不同的设计者的这种独特性主要源于以下原因：①设计者的知识结构不同；②设计者的生活经历不同；③设计者的设计风格和设计经验不同；④设计者对同一城市的认识不同，对某一具体问题的看法也不同……这种种不同，显示了人的复杂性，也显示了设计过程的复杂性。

通过上述两个过程，城市设计导则就是把抽象的原理、政策转化为具体的可操作的设计指导的关键工作。正是由于城市设计导则的这种功能，规划师（设计者）以编制规划导则的条文来引导和控制建筑师、景观设计师的具体设计，但规划师本身不一定要从事某个细部（或具体建筑）的设计工作。

综上所述，设计导则作为城市设计成果的一部分内容，是对未来城市形体环境元素和元素组合方式的文字描述，是为城市设计实施建立的一种技术性控制框架。设计导则将城市设计的构想和意图用文字条款的形式抽象化，是城市设计方案的抽象形式。城市设计的任务在本质上是建立一个城市发展的目标控制系统。

城市设计是在一定的规划原则、设计理念的指导下，通过对城市形体环境的研究，对城市形态发展的远景进行构想和预测，形成城市设计的目标和概念，制订相应的设计原则和设计导则，参与对城市开发建设过程的运作和管理。因此，城市设计不是设计一个作品或具体的产品，而是设计一个设计过程及决策环境、控制和引导的标准。在这个设计过程中，主要任务是对设计地段的环境分析、对设计导则和要求的制定、对控制方法和实施机制的建构、对设计意向的展开说明、对设计的最终形态提出评价标准和引导手段。

John Punter 教授（英国城市设计学者）对美国西海岸 5 个城市的城市设计控制做了调查研究，出版《美国城市的设计导则》（1999）一书，认为当今美国城市设计控制的主要特征是通过城市设计导则来体现的。美国城市设计中设计导则大多数是与城市设计方案不可分离的一部分，大多数设计导则都是区段性的，针对不同地段编制不同的设计导则，使导则的内容具有针对性，不同的地段有不同的控制重点，保证了城市形态丰富多彩。

城市设计导则在操作形式上既是区划法的一部分，又是城市设计成果的一部分，在实施管理上具有法律效力。

4.3.3　城市整体层面的设计

1. 专题研究

（1）城市研究与空间结构。城市形态格局及其历史沿革和变迁；城市结构网络、发展轴线及重要节点；城市公共开放空间及功能布局体系；城市标志物、建筑高度分区和城市天际轮廓线；地下空间结构；传统空间类型与结构；市民对城市形态与空间结构的感知、印象和认同。

（2）城市景观。城市空间景象、景观带、景区、视廊和视域；城市有特色的道路、桥梁及相关市政设施；城市有特色的自然环境区域（如滨水区等）、城市街区、街道和建筑物（群）；城市有特色的地方建筑风格、地方色彩；城市历史文化遗产及保护；市民对城市景观的评价。

（3）城市公共活动与重要区域。市民活动的类型、分布与城市功能布局的关系；街道、广场、街区等活动区域的空间类型、分布与城市空间结构；重要公共活动区域与城市运动体系；市民对城市公共活动区域的感知、印象和认同；市民对特定区域（商业区、居住区等）的感受和评价。

（4）城市运动体系。城市综合交通骨架（包括地铁、轻轨等立体交通方式）；城市步行系统分布区域；城市旅游观光体系；市民对城市公共交通、步行系统的认可和评价；旅游者对城市公共交通、步行系统的认可和评价。

梯勃特于 1988 年指出，城市设计不仅要关心开发者的意图和利益，更应关心使用者，即广大公众对环境的需求和期望，特别不能忽视低收入阶层的观点和要求。梯勃特认为"好的"城市设计，应该是把城市的公共领域"设计成一个有机的、多彩的、符合人的尺度的、有吸引力的环境"，具体讲，大致具有以下 4 个要点：

（1）重"场所"（places），而不是重"建筑物"（buildings）。城市设计的结果，应该是提供"好的"场所，而不仅仅是堆放一组"美丽的"建筑物。"场所"可以指一片地区、一条街道、一个广场或公园绿地，也可以是以上各项的组合。

（2）"多样性"（variety）。不仅在形式，而且首先重在内容。与"多样性"相联系的是重视"混合的土地利用"（mixed-uses）。一般认为，最好的城市场所是提供一个混合使用的，具有多种活动内容和能使人产生多种体验的环境，即把居住、工作、贸易、购物、游憩有机地联系起来；"混合使用的场所"也意味着具有多种类型（types）、多种形式（forms）的建筑物，可以吸引各种（阶层）人们，在各种（不同）时间，以各种原因（需要）来到这里。"多样性"成了创造赏心悦目的城市环境的一个关键因素。

（3）"连贯性"（contextualism）。特别是指在旧城市中进行城市设计时，要非常敏锐而仔细地对待历史的和现有的城市物质形体结构。梯勃特不主张采取"瞎子上尉乱动刀"（即盲目大拆大迁）的做法。他指出任何城市都有"新陈代谢"，但是人们比较愿意接受有机的、渐进式的增长和变化，喜欢"历史的混合"，即"新老并存"；急进式的、"面目全非"式的变化，往往会超过人们的心理承受能力。

（4）"人的尺度"（human-scale）。好的城市设计以"人"为基本出发点。例如，重视对"舒适的步行环境"的创造，包括行走的安全、避雨、阳光照射、休息，以至宜人的建筑高度和空间比例；重视地面层和人的视界高度范围内的精心设计；还包括场所的通达性（access），使社会各个部分的各种人（包括不同年龄、能力、背景和收入的人）都能自由到达城市的各个场所或部分。一般认为宏大的、脱离人的尺度的设计是不亲切的。

此外，还要注意"易识别性"（legibility），即重视城市的"标志"和"信号"，这是联系人和空间的重要媒介；"适应性"（adaptability），是指成功的建筑和城市空间设计都应具有相当的可能去适应条件的改变和不同的使用及机遇。

2. 城市总体构架式的城市设计

城市总体基本构架的城市设计，正是对城市（或某一综合区域）基本面貌的设计，设计的重点主要放在道路骨架、主要节点、发展方位等方面的选址和构思上。城市的分层包括总体的基本构架（城市的格局）、各大功能分区（城市的结构）、城市的肌理（城市的纹理和部件）。

1）城市总体的基本构架

包括：①城市主要的道路网络，如城市轴线、高速路、主要干道等；②城市中心商业区、行政区、主要广场；③城市中与城市格局有关的重要建筑，如教堂、钟楼、地标式建筑、历史文化遗迹等；④与城市格局有关的山丘、水系、湖面等，包括城市主要节点的视域、视廊等；⑤与城市格局和主轴线有关的制高点、风景名胜等；⑥城市的各类景观轴线和景观节点，包括生态的、自然的、历史文化的、现代城市风采的等各种与城市格局相关的类型。

城市总体的基本构架，展示了城市整体的格局，展示了城市最基本的空间聚集节点和网络，与城市周围的地理环境一起，表征了城市发展的基本走向，也决定了城市的基本形象。

2）各大功能分区

对于功能单一的各大片区，城市设计可结合控制性详规来进行，但需根据功能分区（设计对象）的不同，将详规中的某些引导性指标上升为规定性指标，并可将某些特殊的要求用导则的形式提出，如该片区与周边的衔接、该片区与城市格局的关系、修建性详规和建筑设计的要求等。

对于功能综合的区域，则需要根据设计对象的具体情况认真对付，其调查、分析、综合及设计过程，不亚于小城市的总体规划，设计时应重点考虑以下 6 个方面：

（1）该片区形成的历史和发展机制。

（2）该区域的未来发展趋势和定位设计。

（3）根据城市总体规划和城市总体基本构架设计，分析该区域的功能置换的可能与对策。

（4）应该保留、突出的及将来重点展现的要素（包括场所感、主要功能节点、主要的建筑物和构筑物、历史文化遗迹等）。

（5）应该改造的部分（确定其范围和设计意向）。

（6）该片区中绿化景观与周围的衔接。

3. 总体城市设计的分析与构思

总体城市设计的分析与构思，其主要目的是通过对现状调研基础资料的分析整理和研究评价，透析构成城市形态环境及其特定的组成要素和内容，确定各要素和相关系统存在的问题和发展潜力，提出与之对应的保护、发展和创造的对策，在此基础上，综合形成城市设计"概念性"的整体构思。在总体城市设计的分析构思阶段，成果大体由分析图、概念设计图和研究报告三部分组成，在内容上应相辅相成，包括存在问题和发展潜力、城市设计原理和原则、城市设计对策等，具体分为以下 6 个主要方面。

1）城市自然、人文环境与发展对策

总体城市设计应与城市总体规划协调一致，充分了解自然地理环境和历史文化等人文环境的特点，切合城市的社会、经济发展战略，制定对应的城市设计发展对策。其中，尤其要注重城市发展与周围环境的关系，城市人工环境的开发与自然人文环境保护的关系，通过保护、发展和创造不同区域的环境特质，为人、自然、社会的协调关系确定总体的发展原则和对策。

2）城市的形态与空间结构

基于城市形态格局的发展沿革和空间结构的现状分析，研究并建立城市的总体格局、空间结构、主要发展区域（轴线）和重要节点。同时，依附于这一发展构架，组织城市公共开放空间系统，建立城市建筑高度分区，城市地标和城市轮廓线等竖向设计，并由此确定城市发展的基本概念和初步意象。

3）城市景观

依据城市自然、人文环境特征和城市发展格局，研究城市主要景点、景观带、景区的布局及相应的视廊、视域等空间视觉分析；建立城市公园、小型绿地、自然环境区域（如滨水区、峡谷区等）、人文环境区域（如传统保护建筑、历史事件遗址等）；发展和创造有地方景观特色的街区、街道、广场和建筑物（构筑物）；挖掘和提炼有特色和景观意义的城市传统空间、地方建筑风格、地方色彩等，建立城市历史文化遗产中的传统建筑等的保护和更新对策。

4）城市公共开放空间

根据城市功能布局，研究城市公共活动的人群及活动特征、类型及其在城市中的分布；依托于城市空间结构的街道、广场、街区等公共活动区域的空间类型和分布；同时，组织立体交通和步行系统向活动区域的渗透，建立重要城市公共活动空间与运动体系的良好联系。

5）城市运动系统

依据城市总体规划，研究包括城市地铁、轻轨、高架、立交和地面交通组成的立体交通体系，配合城市公共活动区域布局设置城市步行系统区域的分布及换乘体系，同时，在旅游城市可以结合城市景观的布局，建立运用多种交通手段的城市旅游观光体系。

6）城市特色分区和重点地区

结合不同地区在功能配置和环境上的特点，建立特色分区和重点地区，为深入进行局部城市设计，确定定位和定性的研究基础。

4. 总体城市设计的成果编制

总体城市设计的成果（包括基于总体规划和分区规划阶段）一般包括城市设计导则、设计图纸和附件三个部分，三者内容表达应协调一致并互为补充[10]。

城市设计导则是以条文、表格和必要的图示等形式，表达城市设计的目标、原理、原则、意图和体现设计意图的指引体系和实施措施；设计图纸是以图纸形式表达分析的内容和设计的结果；附件包括《城市设计研究报告》和《基础资料汇编》，其中研究报告主要以现状分析的问题和潜力、需求和目标、基本原理和原则、设计对策和导则的内容为主。

1）城市设计导则

（1）总则。阐明总体城市设计的编制依据、适用范围、设计目标、设计原则、设计期限、解释权属部门等内容。

（2）城市形态和空间体系。明确总体城市形态和空间的保护、发展原则；确定城市重要发展区域（轴线）和重要节点的位置、内容及控制原则；确定城市建筑高度分区和城市轮廓线。

（3）城市景观。确定城市景观系统的总体结构和布局的原则，分析城市自然景观的布局、位置、面积和性质特点，规定城市公园、城市绿地、景点（区）等的分布、性质、内容及保护、利用、开发的原则；确定城市景观视廊、视域等视线组织分析及其控制原则，确定城市重要景观地区（如滨水区等）的设计原则及控制指引。

（4）城市开放空间和公共活动。明确城市重要开放空间的分布、规模、性质；规定城市重要开放空间与城市交通、步行体系的联系要求。

（5）城市运动系统。与总体规划共同确定城市主要交通骨架；明确城市步行系统的结构与分布原则和控制指引，明确城市旅游观光体系的结构及其与城市交通的结合要求和发展指引。

（6）城市特色分区和重要地区（段）。确定城市特色分区的划分原则；明确各分区的环境特征、文化内涵、人文特色，以及对建设活动的控制和指导原则；确定城市重要地段的位置及划分原则，确定城市重要地段的性质、控制指引原则和管理细则；规定城市旧城区、传统街区等的范围及保护和更新的原则。

（7）实施措施。提出城市设计实施的组织保障措施；拟定城市设计实施的管理政策和执行工具；确定公众社会参与（如公共开展、宣传等）和反馈，以完善城市设计的渠道和方式。

2）设计图纸

其内容配合设计导则可表达以下几个方面：

（1）城市形态与格局分析。表达城市形态的历史变迁过程和发展趋势，城市格局的传统形式和发展趋势。

（2）城市空间结构分析。包括城市空间结构的网络，主要发展区域（轴线）和重要节点、边缘等要素的位置和相互关系，建立城市方向指认体系。

（3）城市空间形态。城市设计区域的建筑高度分布（区），城市空间高度控制点及控制线，天际轮廓线，城市地标建筑物（构筑物）的位置及其空间关系。

（4）城市景观结构分析。包括确定城市主要景观、景观带、景区等的结构和分布，建立视觉走廊，对景点、视域等的视线组织和控制。

（5）城市景观系统。确定城市中主要的自然景观、重点景点（区）、景观带、特殊景观区域（如滨水区），明确其特色要素和保护、发展、创新的控制指导。

（6）城市公共开放空间。包括确定城市重要公共活动空间的结构、布局、位置、规模、性质及环境特点，建立城市公共开放结构空间的控制引导细则。

（7）城市运动系统分析。确定城市主要交通体系的分布，建立城市步行区域的结构和分布，建立城市的旅游观光系统。

（8）城市特色分区和重点区域。明确独立的城市特色分区和对城市有重大意义的重点地区（段），规定其位置、面积、特色要求和发展控制原则在各条件的情况下结合图表提出控制指引细则。

4.3.4 城市局部区域的设计

例如，对小城市的行政中心、商业步行街等的设计。

行政中心设计：①办公楼及组合；②道路及广场（包括停车场等）；③绿地景观；④生活服务设施（食堂、行政仓库）；⑤基础设施（各类管线、网络等）。

商业步行街设计：①道路走向、宽度、建筑红线、绿线等；②不同功能的商业建筑及空间组合；③步行空间设计（铺地、天棚、灯光、无障碍车道、盲道等）；④绿化及景观（喷泉、盆栽花卉等）；⑤游人服务设施，小池、报亭、座椅、公用电话、冷饮等；⑥步行街基础设施（各类管线、网络等）；⑦消防设施的布局与设置。

1. 局部城市设计的分析与构思

局部城市设计分析与构思阶段，是对设计研究区域的现状基础资料加以分析，总结存在问题，分析形态环境及组成要素和内容，综合提出"概念设计"的过程。"概念设计"不仅是一个初步的城市设计阶段，也是综合现有信息提出以形态结构为主的设计构思和创意，综合性地解决环境问题，塑造环境特色的重要过程，因而提出"概念设计"，并通过全面客观的评价、修正和完善，对城市设计的"实施设计"的编制完成乃至城市设计的实施操作起着关键的作用。

局部城市设计的分析与构思，应针对设计区域的不同类型和特点，确定相应的设计目标、设计原则和设计重点，提炼和挖掘城市局部地区的环境特色。同时，局部城市设计与总体设计有所不同，其成果要指导、控制城市建设活动，因此，从分析与构思阶段就应考虑设计成果的可操作性，对设计的指引体系应尽可能量化或用图表和图示表达，力求通俗易懂、便于沟通。

局部城市设计的分析与构思，可以从以下 8 个方面入手：

（1）确定设计目标、设计原则和设计重点。依据现状分析和总体城市设计、城市规划，对设计区域的要求和分析，对存在问题和地区特色、发展潜力和发展目标进行综合判断，订立研究区域的城市设计的目标、设计原则及设计重点。

（2）城市设计的形态结构。包括设计区域的功能分区及土地使用修正、主要轴线和重要节点；建立设计区域建筑高度分布、城市轮廓线、城市标志、高度控制点；分划区域内重要地块（街区）等。

（3）城市景观。包括自然景观、人文景观地区的分布与保护原则的确定；研究城市公园、公共绿地、广场等城市景观要素的布局；建立视廊、视点、视域等视线组织分布；确定城市道路、街道等结构性城市景观的设计意象。

（4）建筑形态。从设计区域整体入手，制定建筑体量、沿街退后、高度、界面、色彩等建筑形态的控制和指导原则和要求。

（5）公共开放空间及活动。确定城市公共开放空间（如广场、公园等）的位置、面积、性质、归属，活动的内容和设施安排；研究城市公共开放空间与公共交通、步行区域的联系。

（6）运动体系。研究区域内道路交通组织及重要道路和街道的断面，确定停车场、公交站点等的分布；组织步行系统，研究主要步行街的形式、断面及与公共交通的联系。

（7）环境艺术。研究公共艺术品位置、性质等；确定街道家具的内容、设置原则和形式指导；规定户外广告物、招牌等的基本要求及夜景照明的设计原则。

（8）重要节点（包括街区和地块）。建立重要地块和街区的设计意象及其关于形态结构、景观、建筑形态、公共开放空间、交通与步行及环境艺术等方面的设计原则。

上述 8 个方面的内容是局部城市设计中，针对街区层面的范围和尺度，进行设计分析和构思的主要方面，而对于以城市重要地块为研究对象的局部城市设计，其分析和构思则以上述第 8 项内容为主。

2. 详规阶段城市设计导则的编制原则

1) 注意与城市规划相配合

详规阶段的城市设计导则，在很多内容上与控规交叉或相辅相成，因此在设计中，设计导则应注意与规划文本及规划图则相配合。土地利用控制、容积率、绿地率、用地性质等一般由控制文本明确，城市设计主要是空间形态和环境的设计，应与控制相互补充，相互融合。在没有进行过程控制性详规的地段，城市设计导则的内容应包含控制的大部分内容，以便有效指导项目的实施。

2) 坚持弹性的原则

在城市设计导则的编制中，不宜"照本执行"，而应灵活、因地制宜。因为不同类型的城市设计，在特定的内容上是不同的；不同的用地区位，定性和地段环境也各不相同；不同的时间和环境条件，其导则编制的重点也各不相同。

3) 坚持工程性原则

任何城市设计导则都是相对于某一时段和具体设计目标的，随着时间的推移，目标与层次目标的实现，又会产生出新的矛盾，需针对新的城市（地段）问题，进行新的城市设计。城市设计导则不是城市某地段发展的最终蓝图或最终成果，而是一种过程。

4) 注重导则的可操作性和简洁性

城市设计具有城市建设立法的性质，这就要求城市设计导则的语言应准确明了，定性控制和定量控制图解准确，力求简明、扼要和可操作性。在较为复杂的城市地段，文字和图解均应从多个方面（或不同侧面）进行控制和叙述，以保证规划设计导则严谨、规范、不留漏洞。

3. 局部城市设计的成果编制

局部城市设计的成果应是在对概念设计的全面客观评价的基础上进行修正和完善，并经确认后进行编制，主要包括城市设计导则、设计图纸、研究报告及附件等，三者内容表达应协调一致、互为补充。

一般情况下，局部城市设计应与城市详细规划同期完成，并与详细规划协同一致、互有侧重。基于局部城市设计对建设活动的指导控制作用，局部城市设计的成果应通俗易懂、言简意赅，具有良好的沟通交流性。

　　城市设计导则是以条文、图表和必要的图示等形式表达城市设计的目标、设计原理和原则、设计意图及体现设计意图的指引体系和实施措施；设计图纸是以图纸形式表达分析的内容和设计的结果。设计图纸和城市设计导则分列，通过图纸和文字具体规定设计内容的定量、定性、定位乃至定形的要求。研究报告则主要通过现状分析、对问题和潜力、需求和目标、设计原理和原则、设计对策和导则的内容进行表达。附件主要包括基础资料的调查分析及其他内容。城市设计导则、设计图纸和研究报告主要针对以下 11 个方面的内容：

　　(1) 城市形态结构。明确城市设计研究区域发展意象和形态结构；规定功能分区和特色要求；确定主要轴线和重要节点；确定道路网络和空间布局，确定城市轮廓线，建筑高度、视廊和地标等。

　　(2) 城市景观。依据景观结构的组织和分析，划定自然景观地区，提出保护和更新的指引；明确城市公园、公共绿地、广场等景观要素的设计引导，明确城市主要道路、街道等结构性景观的道路断面、植物配置、边界等景观要求；对视廊、视域等视线组织要素涉及区域加以明确控制；对重要景观地区提出设计要求和对策。

　　(3) 建筑形态。确定研究区域的建筑高度分布及重要控制依据和指引内容，对研究区域的建筑体量、沿街后退、高度、界面、色彩、材质、风格等提出要求；确定重点建筑 (群) 和地标建筑的位置及设计要求。

　　(4) 公共开放空间。确定城市公共开放空间 (如广场、街道等) 的位置、面积、性质、权属、空间活动内容及设施安排，与道路交通和步行体系的联系。

　　(5) 市民活动。确定旅游、观赏、休憩、文体活动、节庆观礼等活动的场所、分布领域及路线组织。

　　(6) 道路交通。确定道路交通组织、公交站点及停车场的设置、规模和要求；确定主要道路 (含街道) 的宽度、断面和界面及其性质、特色。

　　(7) 步行系统。确定步行系统的组织、设计要求及其与市民活动的联系；确定步行街 (含地上、地下) 和广场的宽度、界面及其性质和特色；确定步行区域的环境设计要求。

　　(8) 环境艺术。确定设计区域的室外公共艺术品和环境小品的位置、设置原则、设计要求；街道家具和户外广告、招牌标志等的设置原则、控制要求；确定夜景照明的总体设想和设置要求。

　　(9) 重要节点 (包括街区和地块)。确定重要节点的位置、类型、设计构想和设计要求；确定重要节点相邻区 (地块) 的控制要求；提出主要节点的意向设计。

　　(10) 土地使用 (修正)。与详细规划相协调，将上述各方面涉及土地使用的变化和要求统一纳入土地使用修正之中。

(11) 实施措施。提出研究区域的城市设计实施的组织保障措施；研究拟定实施的管理政策和执行工具；确定公众社会参与（如公共展示、宣传等）和反馈修改的渠道和方式。

胥瓦尼于 1985 年指出，城市设计有三种基本的设计评价标准——可度量的、不可度量的和一般性的。偏重技术的人趋向于把城市设计看作是功能和效率。因而，他们使用了可度量的设计评价标准；另有一些设计者则是艺术家，在规划和设计过程中，他们更多地强调城市设计的艺术效果，他们的评价标准常常是不太具体和不可度量的，而更多地根据同行的判断来评价；一般性标准则从实践中产生，并在 20 世纪 60 年代达到极盛，强调社会公正、平等、公平是这类标准的基本内容，其性质亦属于不可度量的标准。

在城市设计实践中，上述三种标准常常是交织并存，有时亦会出现极端情况或平衡状态。城市设计中应当寻求可度量的、不可度量的和一般性的标准的平衡给予公正的评价。以往城市设计的实践多关注不可度量的标准而不是可度量的标准，但今天的趋势却是寻求平衡。

罗纳德·托马斯在 *City by Design* 一书中总结了美国城市设计成功的一般规律，并归纳出城市设计评价的 6 条准则：

(1) 历史保护与城市更新。再开发是所有旧城所面临的共同问题，而大规模的再开发又往往是导致城市传统空间丧失和文化断裂的原因。因此，对历史环境的保护是设计者的职业责任。

(2) 人、行的区划与宜住性 (livability)。城市设计的最高目标是为人们提供适宜的生活环境，因此城市设计并非从图版上开始，而是从研究人类需求开始。

(3) 空间特征。好的设计应当使空间具有可识别性，同时也使其具有领域感、场所感和安全感，标志和特征无论对于城市或社区都是必要的。

(4) 土地综合利用。空间隔离战略已经被证明是不成功的，城市设计应当努力消除空间的冷漠性，恢复人们对于办公、购物、居住、娱乐的整体性需求，保护空间的活力。

(5) 环境与文化联系。应改善人与自然的关系，对自然环境的粗暴改造可以解释为征服，但并不表明适应，同样，保持空间的文化联系与延续对于城市设计也是重要的。

(6) 建筑艺术与美学准则。古典艺术规范与现代形式美同样可以作为空间设计的依据，但美学标准不应是超越大众欣赏水平的个人品味，愉悦的环境是城市设计成功的标志之一。

4.3.5　概念性城市设计[31]

1. 概念的理解

概念性城市设计，并非一定要提出一个有创意的想法，而是指在城市设计前期（概念阶段）对"形态控制"进行的一种指导性设计。如果说设计是对建设的指导，那么概念则是对设计的指导。所有的概念不是孤立存在的，彼此之间不但存在着文脉相承的关联，而且互相影响、相互启发和互相作用。概念性城市设计也是研究和发掘这一文脉关系，再将其重新组合排列、链接，反复考证，最终提炼出实用价值的重要环节。至于用什么形式来表达，都无损整体目标。

2. 概念性城市设计的定义

概念性城市设计是一种普遍的工作方法，适用于任何城市项目的开发和设计，与项目的类型、规模和尺度无关。它基于对项目背景深刻的理解，是一种形态设计前期（概念确立阶段）对整个项目的全面而深入的思考方法，是连接目标（主题）和结果（形态设计）的重要手段，是对"城市形态产生的逻辑过程"的全面设计，是确保良好城市设计意向的重要保证。

3. 概念的内涵

1）整体的设计观

城市设计项目不能把眼光只放在设计对象的范围内，就设计论设计。城市设计的概念内涵丰富、外延广阔，其设计内容也是无可不包。应当把目光放在整个城市的尺度，甚至设计概念就直接来源于设计对象以外的尺度，这种灵活的、全方位的、互动的设计方法，这种整体的观念可以让我们更全面地理解和认识城市，从而找到更好的解决办法。

2）多角度的设计观

概念性城市设计处于概念阶段，这使设计者可以不急于考虑如何控制形态；相反，有时甚至要有意识弱化形态概念，从多学科多角度探求不同的可能性，做多方案的比较，并确定科学合理的发展方向，全面深入分析，使得概念逐渐由模糊到清晰，达到形态"自现"的目的，而不是通过玩弄构图来取得所谓的多方案比较。

3）动态的设计观

规划是个动态的过程，城市设计也不例外，但是目前对动态的理解往往停留在分期建设这个层面。其实动态更是一种设计方法，在概念阶段就有必要把整个设计步骤放在时间轴上看，建立在过程中连续进行目标制定的动态设计观。

4. 概念性城市设计及其设计方法

　　概念性城市设计并不只是一个确切的形态控制方案，它是一种策略性和概括性的设计方法，是对形态产生的整个逻辑过程给予充分论证、反复比较的过程。所形成的概念产生于错综复杂的背景，是一种有待逐渐扩展和深化的原始构想，是一种多样和开放的讨论。理解的角度不同，结果也就不同，这是概念性城市设计的一个重要特点。概念性城市设计也是一种概念设计，重在概念。对城市设计中"概念"的理解成为认识概念性城市设计和运用其设计方法的关键。

　　概念的产生来源于对设计对象的深入调查、理性分析和全面认识，这是概念性城市设计的基础。实际上，对设计对象（或项目）现状的理解和把握往往决定了问题的切入点，即概念的产生。对问题的不同角度的理解、分析和演化直接导致各具特色的方案，这是造成多方案的原因，而不是形式上差异。

　　概念研究是多角度的网络思维，从不同角度看问题会得到完全相反的结论。由于概念具有抽象性，符号是表达和记录概念的最佳通用方式，于是概念思维的阐述方式可以以文字说明、推理、论证为主要手段，图解展示为辅助工具。值得注意的是，概念性城市设计的表达形式具有高度灵活性，它没有固定的格式，也没有固定的表达程式。不同的对象，采用的设计模式也不同。

　　概念性城市设计毕竟还是城市设计，其通过对城市整体多角度的认识，采用各种分析手段，整理各种概念，寻找设计的基础和依据，最终的对象仍然是城市空间，这就是说，所有的概念都必须可以通过空间表达出来，这在概念性城市设计中是容易被遗忘的。

参 考 文 献

[1] 孙一民，周剑云. 论城市设计的基本原理. 华南理工大学（自然科学版），1999，(12)：120
[2] 马歇尔 L. 美国城市设计案例. 沙永杰译. 北京：中国建筑工业出版社. 2004
[3] 孙骅声. 对城市设计的几点思考. 城市规划，1989，(1)：18
[4] 邹德慈. 试论现代城市规划的三个重要支柱. 城市规划，1991，(2)：19
[5] 张松. 中国城市规划基础理论问题之我见. 城市规划，1992，(5)：41
[6] 徐思淑，周文华. 城市设计导论. 北京：中国建筑工业出版社. 1991
[7] 许溶烈. 建筑师学术、职业、信息手册. 郑州：河南科学技术出版社. 1993，246
[8] 张京祥. 城市设计全程论初探. 城市规划，1996，(3)：16
[9] 沙尔霍恩. 城市设计基本原理. 陈丽江译. 上海：人民美术出版社. 2004
[10] 庄宇. 城市设计的运作. 上海：同济大学出版社. 2004
[11] Smith Tucker. WILLIAMS-Partizipationsprach-Stadtbauwelt. Bertelsmann Fachverlag，1970，(27)：196～202
[12] 薄曦，韩冬青. R/UDAT 的城市设计思想及其方法. 城市规划，1990，(2)：54
[13] 刘捷. 城市形态的整合. 南京：东南大学出版社. 2004

[14] 杰姆逊. 后现代主义, 或晚期资本主义的文化逻辑, 最新西方文论选. 桂林: 漓江出版社. 1991, 344

[15] 赖因博恩 D, 米夏埃尔·科赫. 城市设计构思教程. 汤朔宁, 郭屹炜, 宗轩译. 上海: 人民美术出版社. 2005

[16] 张斌, 杨北帆. 城市设计与环境艺术. 天津: 天津大学出版社. 2000

[17] 余柏椿. 城市设计感性原则与方法. 北京: 中国城市出版社. 1997

[18] 吴良镛. 吴良镛城市研究论文集合 (1986~1995). 北京: 中国建筑工业出版社. 1996

[19] 齐康. 城市环境规划设计与方法. 北京: 中国建筑工业出版社. 1997

[20] 拉普卜特 A. 文化特性与建筑设计. 常青, 张昕, 张鹏译. 北京: 中国建筑工业出版社. 2004, 87

[21] 张钦楠. 阅读城市. 北京: 生活·读书·新知三联书店. 2004

[22] 赛维 B. 建筑空间论——如何品论建筑. 张似赞译. 北京: 中国建筑工业出版社. 1995

[23] 宋培抗. 城市规划与城市设计. 北京: 中国建筑工业出版社. 2004

[24] 劳森 B. 空间的语言. 杨青娟, 韩效, 卢芳等译. 北京: 中国建筑工业出版社. 2003

[25] 中国城市规划学会. 中国当代城市设计精品集. 北京: 中国建筑工业出版社. 2000

[26] 盖尔 J. 交往与空间 (第四版). 何人可译. 北京: 中国建筑工业出版社. 2002

[27] 盖尔 J, 吉姆松 L. 新城市空间 (第二版). 何人可, 张卫译. 北京: 中国建筑工业出版社. 2003

[28] 汪德华. 中国山水文化与城市规划. 南京: 东南大学出版社. 2002

[29] 洪亮平. 创造明日的山水城市——山水城市空间意象探索. 城市规划, 1996, (7): 8

[30] 郑时龄. 上海城市空间环境的当代发展. 建筑学报, 2002, (2): 15~20

[31] 杨辰, 李京生. 城市设计新视角: 概念性城市设计探讨——以东京第六届概念性城市设计国际竞赛为例. 城市规划, 2003, (7): 89~97

第 5 章　城市总体层面的设计

5.1　旧金山市总体城市设计

旧金山市建于 1776 年，19 世纪金矿的发现极大地刺激了城市的发展，成千上万的淘金者涌向了这座原本平静的海边小镇。旧金山是国际性的金融中心，也是美国西海岸第二大港口，城市面积 46.7mi² （约 120km²），城市人口 74.5 万 （1998 年）。

旧金山市被认为是美国最美的城市之一，山岗、雾、水边、维多利亚式的建筑风格、唐人街、金门大桥、金门公园及文化的多样性，构成了城市特有的形象。

20 世纪 60 年代初开始的城市更新与再开发，使旧金山的环境形象发生了急剧的变化，市民们十分担忧原有的城市景观将被破坏。1963 年市民对在水边传统低层建筑区不断冒出的高层建筑与市区高速公路的建设表示了高度的关注。面对陆续发生的一个个开发项目建设的问题，为维持旧金山的环境魅力与舒适性，如何从城市整体的层次来妥当地应付、控制这类问题，就成为亟待解决的课题。

5.1.1　20 世纪 70 年代初旧金山市的城市设计[1]

1968 年，当时旧金山市城市规划局局长艾伦·杰考布斯 （Allan Jacobs，后为美国加州大学伯克利分校环境设计学部城市与区域规划系教授、系主任） 在局内组织了城市设计小组，开始了长达 3 年的调查、分析与规划提案工作。其研究方法与程序非常严谨，研究内容主要如下：

（1）背景：旧金山市的历史、地理概况及城市形成的影响因素。

（2）现有规划及政策：汇整现有相关的城市设计法令及研究成果。

（3）目标及政策：研究分析城市设计所需的规划理念并制定目标与基本政策。

（4）现有城市形态与形象：逐步探讨城市的景观特色与建筑风貌。

（5）城市设计准则：研究拟定环境与建筑设计准则以实现城市设计的目标。

（6）社会性调查：为把握各区的社会特性，实地访问 13 个邻里社区，查访社区的空间构成及居民期望。

（7）实施方案步骤：研究制定城市设计的实施方法与推动方式。

（8）全市的城市设计图：经调查、分析、研究后完成的整体城市设计规划图。

（9）街道可居性研究：交通对城市街道两侧可居性的影响和控制。

（10）室外空间的研究：对现有开放空间的利用现状的研究，并探讨居民对开放空间的需求，提出一套改进的方案。

（11）邻里社区研究：对区域及邻里的社区研究。

上述研究除了以城市规划局城市设计小组为主以外，还聘请了许多民间规划顾问共同参与。为了广泛采纳民意，城市设计委员会还邀请了建筑、景观、经济、环保等方面的专家及居民代表、市政府相关部门的负责人，共同对此研究提供意见。经过 3 年的调查研究，其设计成果"城市设计总体规划"获得市议会的通过，被正式纳入旧金山总体规划付诸实施。

旧金山总体城市设计是全美第一个"总体城市设计"，使城市设计成为政府的施政政策并且涵盖了全市域，其规划的详细程度与涉及面的幅度为全美之冠，对以后美国城市设计的实施与方向影响极大。

旧金山的总体城市设计将市民对生活环境质量的企求进行分类，并提出以下对策：

（1）城市的形态格局（city pattern），强调塑造旧金山的独特风貌与特点。

（2）自然和历史保存（conservation），强调对城市自然资源、历史文物、特殊地形地貌的保护。

（3）大型发展项目的影响（major new development），具有一定规模以上的所有开发项目均需要与四周景观及生活环境保持和谐。

（4）邻里环境（neighborhood environment），促进市民生活社区的安全性、舒适性与便利性。

1. 城市形态的格局

旧金山的城市形态格局主要由以下要素组成：①水、海湾和大洋；②山丘和地脊；③旷地和风景地；④街道和道路；⑤建筑、结构物及其组群。

人们在许多地点、许多活动中，从他们的家庭和邻里、游憩中所在的公园和岸线、工作地点、旅行所在的街道及观光城市的入城道路和观景点来感受城市的格局（表 5.1）。

城市格局的用处和益处包括：①城市格局对城市的形象和特征有很大影响，削弱或毁掉城市格局将使旧金山变得面目全非。②城市格局对该市居民具有重要的心理影响，它提供组织和有分寸的相互联系，从而赋予场所感和目的感，缓解城市的紧张程度。展望一个愉悦而有变化的城市格局，使个人意识和人格得到伸展，并赋予生活环境舒适感。③格局帮助人们识别地区和邻里。④城市格局帮助人们了解他们所在的城市，帮助人们毫不费力的找到所去目的地的最佳路线，减

表 5.1　旧金山总体城市设计中有关城市形态格局的目标和策略

目标	强化具有特征的形态格局，构建城市及其各个邻里的形象，以及目的感和方向性
策略 1	识别和突出城市中的主要景观，特别要关注开放空间和水域
策略 2	识别、突出和强化既有的道路格局及其与地形的关系
策略 3	识别对于城市及地区特征能够产生整体效果的建筑群体
策略 4	突出和提升能够界定地区和地形的大尺度景观和开放空间
策略 5	通过独特的景观和其他特征元素，强化每个地区的特性
策略 6	通过街道特征的设计，使主要活动中心更加显著
策略 7	识别地域的自然边界，促进地域之间的联结
策略 8	增强主要目的地和其他定向点的视见度
策略 9	增强旅行者路径的明晰性
策略 10	通过全市范围的街道景观规划，表示不同功能的街道
策略 11	通过全市范围的街道照明规划，表示不同功能的街道

注：资料源自 Urban Design Plan（San Francisco City Planning Department，1972）

轻交通拥挤，增加交通安全。⑤绿化有助于加强城市格局。⑥照明系统使人们在夜间也能分辨不同地区的城市功能。

2. 自然和历史保存

目标是保护具有自然感和历史延续感的资源。

1）城市中自然和历史保存的基本原理

（1）自然地区和特征，如沙丘、岩岸、山丘和海湾——特别在相对未被搅乱的自然生态环境中——在一个密集开发的城市内，是无可取代的，具有特殊的公共价值和利益。

（2）如果在设计中考虑主导的设计特征和对环境的影响，新的开发就能加强和保护旧金山鲜明的特征。

（3）建筑立面、出入口、踏步、挡土垾及其他特征的外露细部提供视觉的情趣和丰富感，并且与旧金山的历史性的尺度和质地相适应。

（4）在历史性和有特色的旧区，为了保护重要的设计特征，在细部、尺度、比例、质感、材料、色彩和建筑形式方面保持某种同一性是必要的。

（5）保存旧金山强烈而连续的中心区街道立面就能保证维护这一地区的特征和空间质量。

（6）新建筑如若反映毗邻的有建筑艺术价值的老建筑的特征，就能在周围地段中取得积极的效果。

（7）在良好的旧建筑的更新与修缮设计中，如果原建筑设计的用材和细部处理得到尊重，就能保存街景特征和情趣。

（8）历史性建筑具有与往事和传统建筑风格的关键性联系，保存下来有利于教育、游憩、文化和其他活动。

（9）历史性的建筑和场地通常要有开阔的视觉空间或静态的游憩用地。城市旷地的不足通过加强历史性地区的半游憩功能可以得到补充。

（10）在塔式高层建筑群中保存某些矮小的旧建筑和场地将有助于保持独特的城市景观，具有开敞的绿化空间感，形成更宜居住的环境。

（11）在公园内建造地下车库时，园内设计出入口的坡道、通风口及电梯构筑物等会严重削弱公园的自然质量。

（12）街道空间是重要的公共旷地，特别是在那些缺乏安适条件的密集居住区更是如此。

（13）街道提供光线、空气、公用事业管线空间和私人房地产出入口。

（14）街道空间可作为控制和调节今后的开发规模和组织的手段。①防止独家开发过大的街区，并在上面修建大体量的建筑；②间接控制开发地区的视觉尺度和密度，并保持街道立面的连续性。

（15）传统的街道格局和空间是历史建筑、里程碑建筑或此类地区保护适当环境必不可少的因素。

（16）街道上所见的景观可供导向，并有助于观察者更清晰地感知城市及其各区。

（17）封住、压抑或损害、破坏海洋，大洋，远山或城市其他部分的令人愉悦的街景，会破坏城市特有的环境素质所带来的重要特征。

2）自然和历史保护的政策

（1）少数迄今尚存的未经人工开发的地区必须保持其自然状态。

（2）在其他已经建立自然感的旷地中，改善措施必须限于必要的方面，并估计不会减损该旷地的主要价值。

（3）避免侵蚀旧金山海湾，那是和海湾规划或城市居民需求不相容的。

（4）保护具有历史性、建筑艺术的或美学价值的知名里程碑建筑和地区（图 5.1)，并提倡保护其他与历史建筑有连续感的建筑和特征。

（5）为加强而不是削弱古建筑的原始特征，在修复时必须谨慎从事。

（6）在设计新建筑时必须尊重附近的历史建筑的特征：①认识和保护在视觉形式和特点方面有特大贡献的杰出的且独一无二的地区；②要保持一个强有力的立法规定，反对放弃街道用地为私人所有所用，或用于建造公共建筑（以上是对历史建筑的保护）。

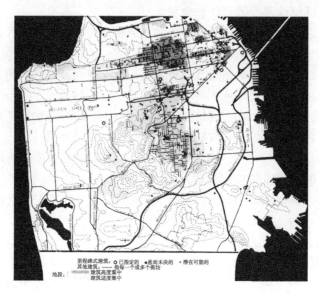

图 5.1　历史性或有建筑艺术价值的结构和地段[2]

3. 旧金山发展项目的影响

旧金山总体城市设计首先分析了旧金山大型发展项目、新建筑开发的需求。

1) 目标

目标是调节主要新建筑的开发，以补充、完善城市格局、资源保护和邻里环境。

为同现有建筑取得协调，要求在每块建筑基地上仔细考虑周围环境的特征。每座新建筑的尺度必须与所在地区的主导高度和体量、与较大范围的建筑轮廓线、景观和地形形态的影响综合考虑。大基础上的建筑设计具有最为广阔的影响，因而要求给予最大的关注。

新建筑对这个城市或其邻里的格局的影响主要体现在建筑尺度上。好的尺度取决于高度、体量和总的外观。早在 1927 年，旧金山已经建立起全美各城市中最广泛的、经过立法的高度控制体系，以示对建筑高度的关注，然而却没有一个全市性的建筑高度控制规划，公众都对建筑轮廓外观可能急剧变迁表示关注。要调节主要新建筑的开发，以完善城市格局、资源保护和邻里环境，新建筑的尺度必须与所在地区的主导高度和体量，以及对大范围的建筑轮廓线、景观和地形的影响结合考虑。

旧金山总体城市设计关于主要新建筑有 18 个条款，主要论述了新建筑与自然环境、建筑环境的关系和景观要求。

2）主要新建筑开发的政策

（1）视觉和谐：①提倡新老建筑之间视觉联系和协调过渡；②避免色彩、体型及其他特征的极端对比，从而招致新建筑过分突出超过其重要性；③位置显著的建筑，应努力取得设计的高质量，对城市不同地区的视觉形式和特征进行分析（图 5.2）。

（2）高度和体量：①把建筑体量同周围建筑的主导尺度联系起来考虑，避免新建筑显得压倒一切或喧宾夺主；②提倡能重视和加强旷地及其他公共用地整体性的建筑形式；③把新建筑高度同城市格局的重要象征和已有开发的高度、特征联系起来（图 5.3）。

图 5.2　视觉形式和特征的质量[2]

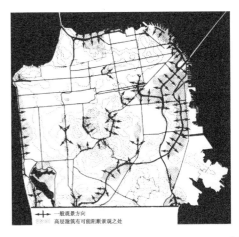

图 5.3　高层建筑对主要道路景观影响的分析[2]

4. 新建筑开发的基本原理

（1）充分考虑建筑的规模与外形及其在城市景观中的可见性，以及与重要的自然特征、现有建筑之间的关系。

（2）建筑的场地定位、体量大小与街道格局的关系会影响街道空间景观的质量（图 5.4）。

（3）高大建筑在重要的活动中心（例如快速交通站）成组布置能从视觉上表现这些中心功能上的重要性。

（4）低层、尺度良好的建筑地段与高层、大尺度建筑地段之间应有良好的过渡。

（5）较高的或视觉上更为突出的建筑能提供导向点，增加街区的形态特征、变化和对比（图 5.5）。

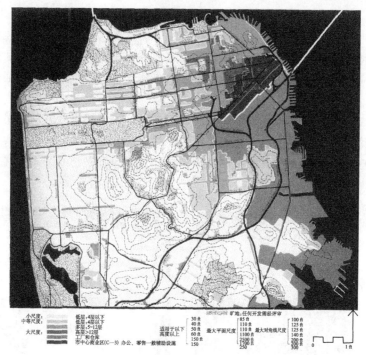

图 5.4　关于建筑体量的城市设计准则[2]

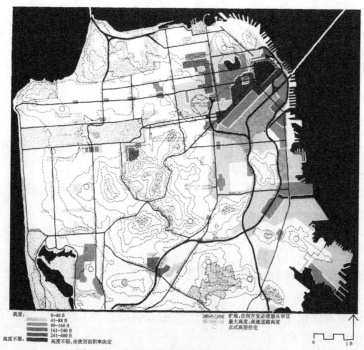

图 5.5　关于建筑高度的城市设计准则[2]

（6）过分强调重要的公共建筑之间形式的对比变化，会减弱城市形式的明晰性。

（7）当一座体量过大的建筑作为轮廓线中的主体时会在视觉上产生最具破坏性的效果。

（8）高大建筑应妥善定位，减少在公共性或半公共性旷地上的投影。

（9）架空的各步行层要在视觉上、功能上与街道步行层系统相联系。

（10）统一建筑高度对大型广场起良好的限定空间的作用。如较大的公共旷地由不规则的建筑包围，则将形成贫乏的空间。

大基地开发的基本原理如下：

（1）认识大基地开发中提出的特殊的城市设计问题。

（2）一般不鼓励大基地的聚集和开发，除非这类开发已经慎重地考虑了对周围地区及城市的影响。

（3）鼓励一种持续不断的关于城市开发对城市自然形态长期影响的认识。

5. 关于邻里环境的基本原理和政策

城市未来长期的形体环境也可取决于邻里环境质量，它对个人具有压倒一切的重要性。人们对邻里环境特别关心的是卫生和安全，以及是否应具备旷地和游憩的机会。邻里环境的改善主要增加个人的安全、舒适、自豪感和机会。基本原理有 30 个条款，并设有附图，反映城市设计总图所考虑的需求和特征，阐述邻里环境中适度的和应批评的城市设计关系。

1）邻里环境的基本原理

（1）使用恰当的种植材料，在造景和旷地设计中有助于识别一个邻里并改善它的环境质量。

（2）宽阔而丰富的人行道可供室外游憩并使步行者感到舒适。街道小品、铺砌和其他设施能增添街道的舒适感和特色。

（3）居住邻里内交通速度过快、流量过大可以通过一系列设计技术措施使之降低。消除交通矛盾，人流与车流分离以提高步行的舒适感。

（4）拱廊提供连续、有顶的建筑出入口，并大大增加恶劣气候下步行者的舒适感。加强高大建筑立面水平划分、质感和其他建筑细部，以取得"步行者"的尺度。

（5）私有土地经过造景或开发成旷地能对城市视觉资源和游憩资源起补充作用。

（6）开发沿岸地带时使陆地与水面的分界面达到最大限度，以增加公众接近水边的机会。

2）改善邻里环境的政策

（1）卫生与安全。①保护居住区免受噪声、污染和过量交通带来的危险的影响；②当大量的交通不可避免时，要为居住用地设置缓冲带；③公共活动地区要提供足够的照明；④设计步行街和停车设施，使对步行者的危险减少到最低程度。

（2）邻里气氛。⑤对公共活动地段提供足够的维护；⑥强调商业和政府服务的地区中心的重要性；⑦鼓励和扶持与改善邻里有关的志愿活动。

（3）游憩的机会。⑧给一系列的游憩设施提供方便的交通；⑨游憩区用地要最大限度地用于游憩目的；⑩鼓励或要求在私人开发中提供游憩空间；⑪将居住区街道空间和其他未加利用的公共用地用于游憩。

（4）视觉悦目。⑫在公有和私有地段设置，促进和维护造景；⑬通过赋予人的尺度和情趣改善步行街；⑭搬迁或遮掩有碍观瞻的乱七八糟的东西；⑮保护邻里居住用地的可居性及特征，免受不协调的新建筑的干扰。

在阐述人与环境之间关系的基础上，分别制定了城市设计目标，达到目标所需遵循的基本原则，和所需采取的实施策略。

为达到上述目标，规划部门编制了 8 个基础报告和进行了 3 项专题研究，为总体城市设计提供了充实的基础。根据加州的法律，地方政府必须将城市设计策略转译为区划法规的控制条文，作为城市设计的实施工具。

1979 年的旧金山区划法规引入了城市设计的控制要求，还包括了更为详细的控制元素，形成规定性极强的控制方式。但在实施过程中，引起了较大的争议（图 5.6）。

美国的城市设计控制系统和运作过程由设计目标（总目标/子目标）、设计原则、设计导则、宣传引导、操作过程和实施机制 6 个部分组成，其中前 3 个部分为控制系统，以设计构建为主；后 3 个部分为运作过程，以建设管理为主。

5.1.2　20 世纪 80 年代旧金山市的城市设计

1. 城市建设的控制

1983 年，旧金山市政府城市规划局继承以往的成果，以公元 2000 年为目标，对市中心区（金融贸易区）以城市设计整体控制的原则，编制了"城市中心区规划"（downtown plan）。该项规划对地区内办公、零售、旅馆、住宅空间和开放空间，以及历史建筑保存、城市造型、交通设计与管理等予以探讨，提出旧金山市应采取集约型的土地利用形式，保存具有历史价值和独特风格的建筑和城市格局，创造具有特色的世界都市形象。该项中心区规划限定了市区每年允许开发的办公楼总建筑面积的上限，以避免城市形态的转变过激。1986 年又进一步

图 5.6　环境缺陷与社会经济因素[2]

降低了其上限，使开发许可更为苛严。1987 年将其控制区域扩大职权使用，同时对建筑的体量、造型、物质环境及外观均作了详细规定。

　　为了提高城市住宅的供给量，指定了"连锁开发规划控制措施"（linkage program），规定办公楼建设必须配合住宅开发，以提供就业人口的居住需求。旧金山城市设计的特点及城市设计审议程序可归纳如下：

　　（1）城市设计受到市民普遍而强烈的关心，且市政府实施城市设计的过程也十分重视公众参与。

　　（2）全市以"总体城市设计"为指导纲要，各特定地区及邻里单元则据此制订详细的城市设计准则。

　　（3）城市规划委员会具有极大的城市设计审议裁决权，且非常尊重政府部门城市设计人员的建议。

　　（4）城市设计审议的执行部门由建筑管理部门受理，但必须转交城市规划部门，并提呈至城市规划委员会公开审议。

　　如获审议许可，可再转交建筑管理部门核发建筑许可证，如被城市规划委员会否决的开发项目，可经由上诉手续办理复审。

　　控制系统中设计导则的作用是控制和指导其他相关设计者对具体设计项目的

设计。运作过程中设计导则的作用是为城市建设管理者提供管理、引导和评审城市开发建设项目的依据。

规定性导则确定环境要素和体系的基本特征和要求，是下一阶段设计工作应体现的模式和依据，是必须严格遵循的，因而容易掌握和评价。指导性导则描述的是形体的环境要素和特征，解释说明对计划的要求和意向建议，并不构成严格的限制和约束，提供的是更加宽松的启发创作思维的环境。

在环境设计成果中，一般两种设计导则同时存在，共同发挥作用。许多学者在城市设计专著中提出应该尽可能多地使用指导性设计导则，作为控制和引导的手段，使城市设计成果具有更大的弹性。

2. 尺度的控制

在旧金山城市开发过程中，城市新开发必须与完善城市和住区环境统一。每一个新地块的建设活动都必须细致地考虑周围现存环境与发展要求协调。每一个新建建筑的尺度都必须与这一地区主导的建筑高度和体量相关，并同时考虑其对天际线、景观特征的影响。较大基地中的建筑设计有更多的环境影响，因而需要更加给予关注。城市设计基本原则及其解释说明了这一规划的基本原则和特征，并描述了在重要地段新开发中与城市设计的关系。一个建筑的尺度和形状，在城市中的视觉效果、对自然环境及建成环境的影响等问题决定了其在城市中的成败。

（1）靠近山顶的高而体量不大的建筑有利于强化和保护山体特征。

（2）靠近山体的大体量建筑会破坏自然形态、街区特色和城市特色。

（3）建在山脚下矮的小尺度建筑，可完善地形形态而不影响周围环境景致。

旧金山城市设计文件中对设计导则的描述是"对整体环境形态建立起最低的标准，而不是对设计提出最高的要求"，目的是给各项具体设计留有较大的创作余地。

在城市设计的过程中，城市设计导则是以规定性（prescription）为主，还是以绩效性（performance）为主，往往是颇有争议的。规定性的设计导则强调达到设计目标所应采取的具体设计手段，如建筑物的高度、体量、比例和具体尺寸、立面的特定质材、色彩和细部等。绩效性（或称为指导性）的设计导则则注重达到目标的绩效标准，如建筑物的形体、风格和色彩应与周边环境保持和谐，而不是规定某一特定的形体、风格和色彩。

例如，将城市公共开放空间具有充足的日照作为设计目标，规定性导则会具体地限定广场两边的建筑高度，而绩效性导则只是设置广场的日照标准，只要周边建筑的高度能够满足广场的日照标准，则无需加以干涉。

规定性导则较为具体，为下一层次设计的审议提供较为明确的评价标准，但往往又对建筑设计形成过多的制约，影响到建筑设计的创作性，导致城市景观的单调划一。绩效性（或指导性）的设计导则提倡达到设计目标的多种可能途径，鼓励建筑设计的创造性，有助于塑造丰富和生动的城市景观，但对于设计控制的实施提出更高的要求。

公共开放空间的设计导则是以规定性为主的，但也包含一些绩效性的设计导则，如景观设计和小气候环境。旧金山的居住区设计导则完全是绩效性的，并且每一项设计导则都配有引导性的示例，采取图文并茂的形式，有助于解释每项导则的控制意图，例如尺度。

旧金山居住区设计导则对建筑轮廓、比例与尺度、材料质感、细部处理和开口部位均提出了设计要求。更详细的设计控制是对环境设施的控制要求，如标志标牌、街道家具、植被标准和铺装等。

尺度：建筑物的尺度是一个建筑物自身元素的尺寸和其他建筑物元素的尺寸之间的相对关系给人们的感觉。新建或改建项目的建筑尺度应与相邻建筑物保持和谐。为了评价和谐程度，应当分析相邻建筑物的尺寸和比例。

尺寸：尺寸是指建筑物的长度、宽度和高度。与邻近建筑物相比，一个建筑物是否显得尺寸过小或过大。有些建筑元素与其他建筑元素相比，是否显得尺寸不当。建筑尺寸是否可以调整，与相邻建筑物保持更好的关系。

尊重邻里的尺度：如果一个建筑物实际上大于它的相邻建筑物，通常可以调整立面和退界，使其看上去小一些，如果这些手段都无效的话，就有必要减小建筑物的实际尺寸。建筑物的比例也许与相邻建筑物保持和谐，但尺度还是不当的。图 5.7 上图的 3 号建筑物就是太高和太宽了；下图中的 3 号建筑物的尺寸仍然大于相邻建筑物，但在尺度上是保持和谐的，因为立面宽度已被分解且高度已降低图 5.8 中，下图中部的立面效果及建筑风格与两侧不协调，将其调整为上图的形式，则可获得协调统一的街道景观。

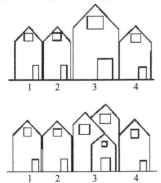

图 5.7　旧金山的居住区设计导则　　　　　图 5.8　旧金山居住区设计导则控制要求

（以尺度为例）

旧金山在制定总体城市设计策略后，还分别制定了滨水地带、中心城区、市政中心和唐人街等地段性城市设计策略。中心城区的城市设计策略涉及商业和居住发展、开放空间、历史保存、城市形态、交通组织和防震安全等议题，其中，公共开放空间的城市设计策略是十分详尽的。

城市设计策略将公共空间划分为 8 种类型，分别制订了城市设计导则（表 5.2），包括尺寸、位置、可达性、休息座椅、景观设计、服务设施、小气候（阳光和风）和开放时间等方面。

表 5.2　旧金山公共开放空间的城市设计导则 （以城市花园、公园和广场为例）

项目	城市花园	城市公园	广场
面积	1200～1000ft²	不小于 10 000ft²	不小于 7000ft²
位置	在地面层，与人行道、街坊内的步行通道或建筑物的门厅相连		建筑物的南侧，不应紧邻另一广场
可达性	至少从一侧可达	至少从一条街道上可达，从入口可以看到公园内部	通过一条城市道路可达，以平缓台阶来解决广场和街道之间的高差
桌椅等	每 25ft² 的花园面积设置一个座位，一半座位可移动，每 400ft² 的花园面积设置一个桌子	在修剪的草坪上提供正式或非正式的座位，最好是可移动的座椅	座位的总长度应等于广场的总边长，其中一半座位为长凳
景观设计	地面以高质量的铺装材料为主，配置各类植物，营造花园环境，最好引水入景	提供丰富的景观，以草坪和植物为主，以水景作为节点	景观应是建筑元素的陪衬，以树木来强化空间界定和塑造较为亲切尺度的空间边缘
商业设施		在公园内或附近处，提供饮食设施，餐饮座位不超过公园总座位的 20%	在广场周围提供零售和餐饮设施，餐饮座位不超过公园总座位的 20%
小气候（阳光和风）	保证午餐时间内花园的大部分使用区域有日照和遮风条件	从上午中点到下午中点，保证大部分使用区域有日照和遮风条件	保证午餐时间内广场的大部分使用区域有日照和遮风条件

续表

项目	城市花园	城市公园	广场
公共开放程度	从周一到周五为上午 8 点到下午 6 点	全天	全天
其他	如果设置安全部门，应作为整体设计的组成部分	如果设置安全部门，应作为整体设计的组成部分	

5.1.3 其他城市的城市设计导则

圣地亚哥市总体城市设计导则的编制分为 5 个主题：①城市整体意象；②自然环境基础；③社区环境；④建筑高度、体块和密度；⑤交通。表 5.3 描述了主题①和主题④。

表 5.3 圣地亚哥市总体城市设计导则的 2 个主题

城市整体意象	建筑高度、体块和密度
（1）目标 加强对人与环境之间视觉和感知关系的综合开发 （2）导则和标准 •认识和保护主要景观点，特别注意与之相关的公共空间和水体 •认识建筑群体效果对城市和社区特色的塑造 •加强每个社区的特征 •保护和促进形成社区的公共空间系统 •加强主要节点和景观视觉的标志性 •认识城市结构与自然地形和自然环境关系的重要性 •不断反思和评价城市区划的法规和建筑法规，保证最佳的建设选择	（1）目标 重新审视和评价相关规则，注重开发质量而不是数量 （2）导则和标准 •促进个别地段急需的有意义的开发项目 •强调新旧建筑的视觉协调和过渡 •在城市重点地段鼓励高水平的建筑设计 •鼓励尊重并改进公共空间与其他公共地段整体性的建筑形态 •对建筑高度的控制应考虑城市模式和原有的建筑高度和特点 •加强对较大项目开发中的城市设计问题的认识

对每个主题的表述都是首先描述存在的问题，然后是设计目标、设计导则和标准，最后是对进一步研究的建议和指导。

西雅图市的城市设计导则的编制有 3 个步骤：①问题的界定和解释；②设计目标的形成；③提出城市设计导则内容的具体要求。对城市设计导则的语言表述提出了具体要求（表 5.4），并对社区设计导则的编制提出指导性建议（表 5.5）。

表 5.4 西雅图市的城市设计导则语言表述要求

设计导则应该	设计导则不应该
• 适用法律语言	• 提出具体解决办法
• 使用图示说明	• 带有个人偏好和时尚追求
• 强调整体性	• 增加建筑造价
• 注意各级导则的协调一致	• 与分区法相矛盾
• 注意设计地段的特点	• 与土地使用要求相矛盾
• 使用简明易懂的语言	

表 5.5 西雅图社区设计导则的编制指南

工作阶段	政府的帮助	导则编制工作
组织和设计过程	可以向市政府申请邻里配套基金 市政府参加工作启动会议 市政府为调查邮件提供地址清单	成立邻里工作小组 设计工作过程和公众参与计划 制定时间进度和预算 聘用咨询机构（可选择）
进行邻里调查	市政府提供地形图、文件和土地使用/区划信息	完成初步任务（界定研究地域、准备地形图、汇编研究报告） 进行物质调查，包括自然和文化特征、土地使用和区划 其他调查（可选择） 分析邻里的区划 汇编和分析结果
了解公众意愿和确定目标	可以参阅市政府收集的各种设计导则 市政府可能参加社区会议	调查设计和开发意愿（社区讨论会） 将需求和意愿转译成为目标 目标排序（社区讨论会） 编制邻里设计图（可选择）
编写导则	市政府评议邻里设计导则 市政府可能参加社区会议	查阅城市范围的设计导则 评议城市范围的设计导引是否表达了邻里目标 编写导则，如有需要可展示 导则草案的社区评议（社区讨论会） 导则的正式稿呈市政府审议和批准

资料来源：Punter J. 1999. Design guidelines in American cities：A review of design policies and guidance in five west coast cities

　　为了形象地说明设计目标和概念，许多城市设计导则除语言表述外，都尽可能使用图示、表格和意象设计图，目的是使设计导则更清晰、更有意义并易于理解，有效地控制和引导开发建设。

　　波特兰中心区设计导则的编制始于 1971 年，后经几次修改，于 1992 年完成，被认为是美国的设计导则的成功典范，得到许多城市设计同行的推崇，并被学习和借鉴。

　　波特兰中心区设计导则（表 5.6）有以下层次：①设计目标（总目标与子目

表 5.6　波特兰市中心区设计导则的基本格式和主要内容

1. 城市设计的总目标和子目标

　　鼓励优秀的城市设计；在城市开发过程中把城市设计和城市文化遗产保护结合起来；加强波特兰城市中心区的特色；促进中心区开发的特色和多样性；建立中心区整体和局部之间的城市设计关系；在城市中心区提供愉悦的、丰富的和多样的人行环境；通过提升艺术品味提高城市的人情味；创造 24 小时安全、适于生活、繁荣的中心区；保证新的开发建设符合人的尺度，与中心区的尺度和特色一致。

2. 城市设计导则的分类

　　城市设计导则分为以下 3 类：①城市特色——建立波特兰市的城市设计框架；②人行道关系——强调人的活动与步行环境；③项目设计——保证每一个开发项目对波特兰市的城市设计框架和使用者都有意义。

3. 城市设计导则内容（以“城市特色”一项为例）

A 城市特色

　　本导则是为了加强波特兰市中心区原有的城市特色，并使这一特色在城市沿河发展建设中得以加强。

　　A1 与河流结合

　　沿河岸开发的工程项目应重点考虑与河流的协调关系，诸如建筑与景观元素、开创位置、入口和室外入口区，提供人行与河岸的可达性等；加强人行道与桥头的联系，设置安全、愉悦的灯光系统和道路铺装。

　　A2 强调城市主题

　　在工程项目设计中反映波特兰特点的主题。

　　A3 尊重城市街区结构

　　以适当的形式保持和发展传统的 200 英尺的街坊模式，以及建筑物占地的公共空间比例；在超大街区中，机动车和人行道的布置应反映传统的街坊模式，包括一些元素如连廊、人行道设施等；高层建筑的位置应尊重传统街坊的网格。

　　A4 采用统一设计元素

　　利用原有的和加进新的设计元素协调并联系每个地块，加强中心区的连续性。

　　A5 应加强和美化的特色区

　　通过一些小尺度的、反映地方特点的设施加强特殊地区的特色。

　　A6 建筑的改造、保护和再利用

　　以适当的方式改造、保护和再利用原有建筑物和建筑元素。

　　A7 建立并维护城市围合感

　　通过界定城市公共空间创造围合感。

　　A8 重点考虑城市景观

　　通过提供活动场所活跃城市景观，如提高人行道的使用效率；提供室内外空间在视觉和活动上的渗透；使室外空间反映和表现室内空间的活动和质量，如中庭、入口和使用性质。

　　A9 加强城市入口处理

　　在中心区城市设计确定的重要入口节点上加强入口形象的处理。

4. 导则的管理表格（以“城市特色”一项为例）

项目名称_____　项目编号_____　日期_____

应考虑	应遵守	不必遵守	控制内容
			A 城市特色
			A1 与河流结合
			A2 强调城市主题
			A3 尊重城市街区结构
			A4 采用统一设计元素
			A5 应加强和美化的特色区
			A6 建筑的改造、保护和再利用
			A7 建立并维护城市围合感
			A8 重点考虑城市景观
			A9 加强城市入口处理

标），设计目标为城市开发建设提出了总体思路；②导则分类，从基本框架、公共空间到项目设计 3 个方面构建了有机的、逻辑的评审过程；③导则的内容，导则的具体内容在表述上简单扼要，并有部分形象的图示说明，既易于理解又为具体设计留有创作余地；④管理表格，导则管理表格为设计评审和管理提供了方便的操作模式。

英国的开发控制和设计控制是一体化的，法定规划作为开发控制和设计控制的策略依据，地块规划要点包括了开发控制和设计控制的具体要求（表 5.7）。

表 5.7　基地布局规划要求

基地布局：私人住宅在基地北部（临近一处庄园），廉租住宅在基地南部（临近既有社会住宅），各自沿着相应一侧的城市道路设置车行通道
交通组织：尽管两个住宅片区的车辆通道互不相连，但应确保步行路径南北贯通，并在步行路径的中部设置活动节点
建筑形式：虽然周围住宅的建筑形式较为一致，但并不具有历史和建筑价值，因而允许开发项目的建筑形式具有独特性，但需考虑与北侧庄园的景观协调关系
绿化景观：保留基地内的树木，景观设计和植物配置宜结合北侧庄园选择有关主题

资料来源：Hounslow Valuation Department. Planning brief for steveley road redevelopment site

在发达国家和地区，城市设计控制作为对于私人利益和私人行为的公共干预，必须是在政治上可行的，即城市设计策略的控制元素必须是广大公众所认可的公共价值的范畴。

香港为了应对人口增长和城市扩展的压力，提升香港作为国际都市的建成环境品质，分别在 2000 年 5 月和 2001 年 9 月发表了香港城市设计导则的公众咨询文件，如表 5.8 所示。根据第一轮和第二轮的公众咨询文件，对香港 5 个区域（港岛、九龙、新镇、乡村地区和维多利亚港周边地区）的以下 5 个主题进行城市设计导则的编制：①区域的高度轮廓；②滨水地带发展；③城市景观（包括开放空间、历史建筑保存、坡地建筑）；④步行环境（步行交通与街道景观）；⑤道路交通的噪声与空气污染。

5.1.4　旧金山湾概念规划 （1996）[3]

旧金山湾概念规划是为一片占地 182acre（约 74hm²）、位于市场街以南、紧邻旧金山中心城区的地区进行的改造规划（图 5.9）。该规划体现了基于市场分析的土地使用配置，是该规划设计的主要概念，通过对土地重新配置促进一个有活力的、具有综合功能的地区的再现。

表 5.8　香港城市设计导则的公众咨询议题（如何保护山体轮廓的市域范围）

议题	陈述或建议	征询公众意见
方法	（1）1991 年的都会规划导则可以作为保护山体轮廓的考虑起点 （2）在适当部位，根据个案所具有的特定突出效果，可以允许放宽高度限制的灵活性 （3）基于公众的可达性和认知度，选择景观视点 （4）在著名旅游点的景观视点应当得到保护 （5）如有可能并且得到公众的广泛支持，保护具有突出特征的所有山体轮廓 （6）避免私人土地的开发容积率受到损失 （7）考虑土地使用、区位和对于保护山体轮廓的影响，允许在战略性部位设置高层建筑节点	如果规定性措施是必要的，应当如何确定维多利亚港两岸发展的整体高度轮廓？
规章	1991 年的都会规划导则提出了保护山体轮廓的市域范围，但只是指导性的而不是强制性的。目前，维多利亚港两岸的有些建筑高度已经突破了都会规划的导则 控制视域范围内的建筑高度有如下几种备选方法： （1）引入新的法规，确定建筑高度的上限 （2）在既有的法定规划（OZPS）中，确定视域范围内的建筑高度或层数限制，同时可以加上适度放宽的条款 （3）由于大的基地较有可能产生高层建筑（如果建筑密度较低的话），可以在既有的法定规划中，适当控制这些大基地的建筑密度下限，低于建筑密度下限的开发项目必须得到规划委员会的许可 （4）超过一定高度的新开发项目必须呈报规划委员会，评价对于山体轮廓保护的视觉影响，而不必在法定规划中规定高度和层数控制	您是否仍然想要依据导则来保护山体轮廓的视域范围？是否有必要引入规章性措施来控制建筑高度？您认为哪类规章性措施更为合适？您还有其他建议吗？
机构	另一种方式是将滨水地区划为特别设计审议区，城市设计导则可以作为设计审议的参照依据。规划委员会可以将滨水地区的设计审议作为法定规划和开发控制过程的组成部分，特别考虑滨水开发项目对于山体轮廓的视域范围的影响，以及设置作为滨水地标的超高层建筑的理由 　　另外，滨水发展项目可以由专门的设计审议小组受理，有各类专业人士参与，也许可以下属规划委员会。并且，还有必要对于设置监督滨水发展项目的合适机制进行调查	您是否赞同将维多利亚港周边的滨水地区化为特别设计控制区？您是否认为滨水地区的发展项目应由规划委员会进行设计审议，作为既有的法定规划过程？您是否认为滨水地区的发展项目应由专门的设计审议小组来受理？设计审议小组的职能是指导性的还是决策性的？设计审议小组是否应当下属规划委员会？您还有其他建议吗？

图 5.9　旧金山中心城区鸟瞰

　　就现状而言，旧金山湾一带街区尺度过大，用地空旷，遍布地面停车场、高架路和汽车车道，交通负荷繁重。但与此同时，这个区域也有许多幽深静谧的小巷、精于折中主义风格的匠人、轻工业建筑、音乐俱乐部、夜间大学、新兴商业及生活/工作一体化住宅开发等。概念规划设计了一个以该区原有便利条件为基础的商业孵化区，以吸引本地、周围地区甚至国际的商业投资进入该地区，这一概念将促进可利用的城市空间的开发，建设密度较高且多样化的优秀建筑。规划同时制定了设计标准和投资公共基础设施的方法，这些都将迅速推动该区域的复兴。

　　旧金山湾交通枢纽建于 20 世纪 30 年代，是旧金山湾地区的主要交通中转中心。目前这一交通枢纽已经不能满足目前的建筑法规要求和适应未来使用需要，需要进行全面重整和改造（图 5.10）。

　　交通枢纽改造设计方案将该枢纽设计为一个活跃的、高密度、多用途的区域（图 5.11）。设计重新构思了旅客与交通枢纽之间的关系，并综合了对零售空间的考虑。与原来的建筑形成鲜明对比的是新的枢纽最大限度地利用了自然采光，将中转活动集中在一个核心中庭内。新的交通枢纽不仅能容纳不断增长的汽车中转，而且增设了火车中转设施（图 5.12、图 5.13、图 5.14）。将来，这里会有与半岛和东湾相连的轨道交通及与更远的车站相连的高速轨道交通。新建项目的费用来自城市交通运作的费用。设计在提供最大限度中转交通服务的同时，尽可能地降低了新枢纽在视觉上对城市的影响。

图 5.10　现有交通枢纽和周围地区

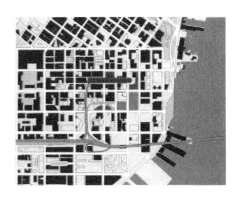

图 5.11　旧金山湾地区总平面图

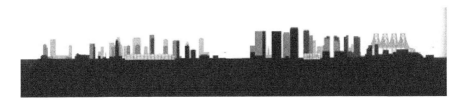

图 5.12　新交通枢纽和相邻联合开发项目剖面

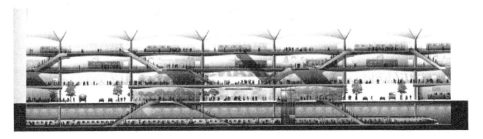

图 5.13　新交通枢纽剖面

图 5.14　街景改造示意图

5.2　温州市整体城市设计[4]

　　温州城市建设在高速发展的过程中，与我国其他城市一样，出现了主要城市街道景观印象平淡，城市空间环境形象平淡、雷同，高层建筑布局无序，城市传统风貌特色消失等诸多问题。虽然近几年，为解决上述问题进行了为数不少的局部城市设计和详细规划，但总觉得缺乏从客观总体层面来把握城市设计的依据。

　　温州市整体城市设计目的在于从整体上梳理出清晰有序、特色鲜明的城市空间形态发展框架和设计准则（图5.15），为局部城市设计和详细规划提供控制引导依据。

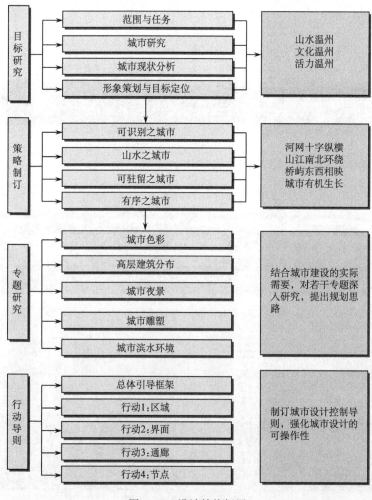

图 5.15　设计结构框图

温州市整体城市设计范围主要是温州中心城区，东起经济技术开发区西部，西到景山、东瓯大桥，北以瓯江为界，南至瓯海大道，地区总面积 96hm²。城市设计分策略篇与行动篇两大部分，前者通过对城市背景与现状的研究分析，借鉴国外城市设计经验，确定城市形象的总体策划与设计目标，进而制订相应的设计策略；行动篇则根据前面制订的目标、策略，结合专题研究，提出具有可操作性的城市设计准则。

在策略篇中，根据温州历史、现状与环境条件，城市设计对温州市形象总体策划为山水温州、文化温州和活力温州。

山水温州：强化温州城自然山水特征，使城、山、水、绿融为一体，成为名副其实的山水城市、生态园林城市（图 5.16）。

图 5.16　城市的山水格局

文化温州：城市形象体现温州文化精神韵味，保护、继承与发展温州建筑文化传统特色和文脉，成为蕴涵文化内涵的城市。

活力温州：加强城市公共开放空间系统建设，为市民提供丰富多彩的公共活动场所，让城市焕发更大的活力与生机。

基于上述城市形象的总体策划，温州整体城市设计提出 4 个主要的设计目标，即：

（1）可识别之城市。通过对城市意象系统的提炼强化，和进行城市特色分区建立城市地标指认系统，使温州成为可识别的城市。

（2）山水之城市。力求延续温州古城"倚江、负山、通水"的山水格局，加强滨水环境特色的建设，寻求山、水、城、绿的和谐交融。

（3）可驻留之城市。通过对温州公共开放空间、场所及其使用活动的组织，增加城市空间的吸引力与趣味性，使温州成为宜人的可驻留城市。

（4）有序之城市。梳理城市空间结构，合理引导高层建筑的布局，进行城市色彩分区，形成有序的城市竖向空间形态。

为达到以上4项目标，整体城市设计研究制订了9项城市设计策略，提出了相应的设计对策控制原则。9项城市设计策略包括：

图 5.17　构筑城市意向系统

（1）强化城市特色分区。将温州中心城区划分为中心区、老城传统文化商贸区、杨府山文化会展区、过渡区及扩展区等5个城市特色分区。

（2）构筑城市意象系统。通过建立环城山水公园带、滨江绿化景观带等城市意象要素系统，在温州市民及外采的访问者、观光者的记忆中留下关于温州的鲜明印象。以城市标志性建筑布局，显现的山、露出的水，形成城市方向指认标志（图5.17）。

（3）延续城市山水格局。温州古城"倚江、负山、通水"，"山水"与"城"完美结合，规划尝试将古人"山水城"的哲学理念在当代的城市建设中继续得以延续，塑造新的城市山水格局（图5.18）。

图 5.18　延续城市山水格局

（4）完善城市绿地系统。建立环城山水公园带，成为城市绿色呼吸道与城市建设发展的缓冲带，改善城市生态环境。建设城市绿心，加强主要道路绿化，强化水绿结合，修复山体绿化，恢复山体植被。

（5）强化城市水环境特色。梳理城市水系，建立两极水系河道系统，第一级是联系区域及整个城区的"十字十环网"的水系网络，以中央公园作为总枢纽；
第二级是遍布市区的主要河道。加强对瓯江滨水亲水环境和三洋生态休憩水网区
的规划与保护（图 5.19）。

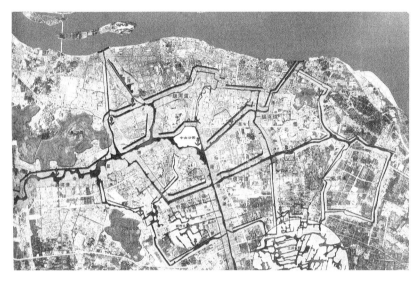

图 5.19　强化城市水环境特色

（6）建立城市公共活动领域圈与广场系统。根据不同领域圈的自然与文化特
征，组织丰富的城市公共活动，增加城市的吸引力。

（7）组织城市游览观光系统。建立水陆两条游览观光路线，串联各中心城人
文游览区和中心城外围的山水自然浏览区。

（8）引导城市建设重点。根据保护城市文化、展现城市山水、建设现代化温
州的需要，在中心城区范围确定三类区域，近期重点建设发展区、城市文化保护
区和自然山水保护区，分别进行引导和控制。

（9）引导城市门户与街道景观建设。根据主要城市道路的性质对城市道路景
观进行分类。以城南大道、疏港公路等快速交通干道为基础建设绿化型街道景
观，以人民路、市府大道等生活性城市干道为基础建设城市型街道景观。强化五
处中心城区出入口的建设。

根据上述设计策略，汇总和提炼总体城市意象：

山江南北环绕，河网十字纵横，桥屿东西相映，城市有机生长。

通过研究和分析，确定温州城市空间形态的意象框架：

（1）山水绿围绕两个绿心。即瓯江滨江绿带及环城山水公园绿带形成城市
绿环，围绕中央公园与杨府山两处城市绿心。这以水景、山景为特色的绿心建
设，对温州城市环境形象的建设将起到画龙点睛的作用。山水绿环除瓯江滨江绿

化景观带外，还在中心城区西、南侧以宽阔的绿带连接翠微山、景山、中山及三墙水网区形成的环城山水公园带，共同形成城市意象中的边缘界面。

（2）河、路两套景观通廊系统交织全城。十字加环的水系景观通廊和城市主要街道和道路形成的城市街道景观通廊系统叠加交织在整个中心城区。

（3）3个重点区域各具城市形象特色。3个重点意象区域分别是新市中心、以五马步行街为代表的老城传统文化商贸区和杨府山文化艺术及会展区，以其各具特色的城市环境形象显现温州的城市风采。

（4）4处地标建筑指示空间方位。在世纪广场、太阳广场、中央公园及飞霞北路滨江路布置四处城市地标建筑，构成城市指认系统坐标。

（5）5个城市节点展示全市精华景观。5个城市节点包括世纪广场、中央公园、杨府山太阳广场、江心屿及松台广场。

在行动篇中，结合温州城市景观环境建设的实际需要，对高层建筑布局、城市色彩、城市雕像、城市夜景与城市滨水环境等5个专题进行了进一步的深化研究。在这5个专题中，温州规划管理部门最为关注的焦点是高层建筑布局与色彩设计两个问题。

高层建筑布局引导是为了避免城市高度增长所带来的城市景观质量下降、城市特色丧失等种种负面影响。设计根据高层建筑分布现状、主要山水景观视廊分析、主要城市天际线及城市竖向空间形态组织的要求，综合叠加汇总，确定高层建筑的合理布局，将城区分为允许建设高层区、允许建设小高层区（允许建设12层以下建筑）、控制建设小高层区（以多层为主的地区）和禁止建设小高层区（适宜建设低层、多层建筑，禁止小高层建设的地区）。

城市色彩是形成人们对城市认知的重要方面。通过研究分析，确定城市色彩构成的3个要素分别是：主色调、辅色调、场所色。主色调是在建筑外表中占有统治性的颜色，如墙面的颜色；辅色调是指建筑门窗、装饰线脚等的颜色；场所色包括铺地、街道设施及绿化的色彩。依此提出了城市色彩控制的4个主要方法：主色调统一法、辅色调统一法、场所色统一法、主辅色调置换法。根据城市的5个特色分区，分别提出了具体的色彩风格。

夜景规划是城市设计的一个分项内容，对温州城市夜景的规划与引导是为了塑造城市夜晚的美妙景观，夜景设计重点一是通过夜景点、夜景通廊、夜景区的规划安排，突出城市夜间的结构形态；二是通过对中心城区杨府山、牛山等主要山体的照明设计、对瓯江及城区内部的水系网络的照明，强化夜间的城市山水等自然地理特征，增强城市夜间的可识别性。

城市雕塑的规划重点。对主要城市公共空间的雕塑进行系统的规划，对重要城市广场、街道、大型公共绿地的主要雕塑的主题、位置、尺度和风格进行引导和安排。

温州具有典型的水乡环境，但由于滨水地区土地利用方式不当及过度开发，造成了城市现有滨水环境的衰退。城市滨水环境引导，对河道划分等级，并分别对滨水建筑、滨水绿化、滨水道路、桥梁与驳岸提出了规划控制要求，改善城市滨水环境。

最后，结合温州城市的整体景观意象，分别对城市不同区域、界面、通廊和节点确定范围、目的、功能定位及设计准则，为城市规划管理部门管理城市建设开发提供切实的依据，依此增强整体城市设计的可操作性和有效性。

5.3 堪培拉市的城市设计

堪培拉是 20 世纪初才出现的城市，它的名字来自澳洲土著民族语言，意思是"聚会的地方"。堪培拉被定为首都是因为它位于澳大利亚两个最大的城市悉尼和墨尔本之间，在两城争作首都而难决高下的情况下，决定建立这个新城。它本为一片原始山野，虽命名于 1913 年，但真正开发建设是在 20 世纪后半叶。如今，它已由一个纯政治性都市变成为一个现代化的都市。

1912 年，澳大利亚联邦政府组织首都规划国际竞赛，来自美国芝加哥的建筑师沃尔特·格里芬（W. Griffin）的方案获最佳奖（图 5.20）。他的方案把城市的核心定在首都山。当时这座山只不过是个土丘，山下是一条弯曲延伸的河流，格里芬把它规划成一个大人工湖。从首都山向外放射的道路通向卫星城，卫星城是主要的居民点，而市中心只保持很小的规模，主要用作建政府大楼。格氏的规划受 19 世纪英国"花园城市"理论和美国"城市美化"运动的影响，尤其是受林芬特的华盛顿规划的影响。

1. 设计理念

格里芬 1911 年的规划方案利用了一切可以利用的山峦和水面，确立了 3 条城市主要轴线。在充分尊重自然的基础上，把适宜于国家首都的尊严和花园城市生活的魅力调和在一起。使人感到城市空间辽阔、明朗，而不是密集的建筑群，是开敞的、尊重自然生态的城市空间。

该规划方案充分体现了城市结合自然环境与生态环境的原则。城市东、南、西三面有森林密布的群山环抱，北面与城内有缓和的山丘、湖泊，西面有莫朗格罗河。格里芬将山脉作为城市的背景，市内的山丘作为主建筑的基地和对景焦点，在西部筑起一个水坝，形成一个工湖将城市分为两部分，南部以政府机构为主，以"首都山"为轴心；北部以生活居住为主，以城市广场为中心，两部分用两桥相接。道路的放射骨架都形成景观轴线，同一层层街道交织成蛛网，纵横交错，内外衔接自然，水光山色相互掩映。按此规划建成后，生态环境优良，景观

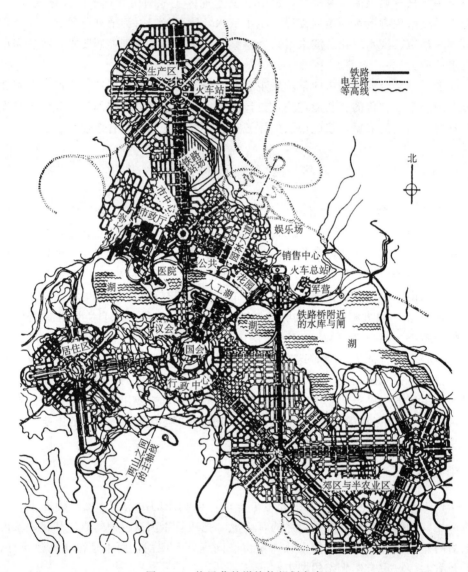

图 5.20　格里芬的堪培拉规划方案

秀丽，享有"花园城市"、"生态城市"的盛誉，成为城市与环境有机结合，把自然风貌与城市景观融为一体的典范。

20 世纪 60 年代初，按格氏规划开凿了人工湖，湖面东西总长 12km，南北最宽处约 1km，周边 35km，面积达 704hm² 。湖岸依地势呈蜿蜒曲折变化，形成大小不同的几个湖面。为了纪念规划这座都市的建筑师，这个湖被命名为格里芬湖。正是这个人工湖使堪培拉成了可以与世界上其他首都相媲美的都市。从此，堪市的发展就以格里芬湖为中心，逐步向外延伸。湖的沿岸修建了公路，路边遍植花木。湖中引来莫郎格罗河的河水，阳光下湖面上波光粼粼，风帆点点，与远近山丘相映成辉。湖中还修筑了一座喷泉，该泉以发现澳洲大陆的科尔船长命名，喷泉水柱高达 137m。对堪培拉规划有重要影响的是在湖滨与两条主大道间形成了一个三角形地区，被指定为联邦"专用地"。

　　堪培拉总体规划的平面方案，很像汉字中的"本"字。它由横的"水"轴和竖的"陆"轴为主轴线，两条斜路与下面的短横线，好像一个身展两臂、头枕溪流的巨人悠然仰卧在一片绿地之上[5]，如图 5.21 所示。堪培拉的"水"轴，严格说来，不是一条水平直线，而是由大大小小的自然和人工湖蜿蜒组成（图 5.22）。

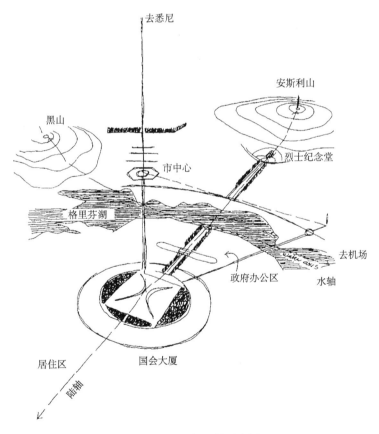

图 5.21　堪培拉整体示意图

图 5.22　格里芬湖远眺

　　20 世纪 70 年代，对堪培拉规划进行了修改，由国家首都开发委员会主持设计。实际上这是对 1912 年格里芬方案在空间布局上的调整。新方案有更为开放的空间，确定了几座重要的国家级纪念性建筑，如高等法院、国家美术馆、科技馆等在"专用地"的位置。这些建筑物设计精美，周围的环境更颇具独到之处，形成了主要湖岸景色。

　　1974 年，联邦政府通过了在首都山上建新议会大厦的提案，在来自世界各地的 300 多份入选方案中，一个构思独特的方案成了新大厦的蓝图。1988 年，新国会大厦落成；它依首都山而建，两条巨型大理石墙逐渐升起，直到山顶后再由四根斜向大钢柱将一根 81m 高的国旗旗杆托起。两条大斜墙围合的山坡被草坪覆盖，大厦的部分建筑物就坐落在这山坡底下（图 5.23、图 5.24）。

图 5.23　堪培拉国会中心区鸟瞰

图 5.24　新议会大厦

　　议会大厦大部分建筑藏于地下，上面是铺满绿草的平缓的小山坡，从远处望去，只能见到山顶耸立着一个以不锈钢构架的高塔。这道奇丽而壮观的风景只能在堪培拉看到。从山坡正面能见到主入口两侧是两堵巨型墙，众参两院就分别建在这左右两侧的大墙后面。大墙在平面上实际呈"X"形，它将众参两院分在左右，将主入口及总理府分在前后，这个绝妙的空间组合只有从空中才能看到其全貌。

从议会山顶向下俯瞰，由安斯尔山—战争纪念馆—纪念广场—格里芬湖三角形地区上几座重要的国家建筑——澳大利亚"白宫"—大草坪—新议会大厦组成的景观线既庄严又完美（图 5.25）。

图 5.25　堪培拉国会山区域鸟瞰

人们惊喜地发现澳大利亚人有自己的审美观。他们欣赏那种结合澳大利亚自然环境的建筑美，而绝不是单纯模仿外国建筑师的设计。华盛顿的国会山是古典主义的典型，它的外观有更多欧洲古典建筑的东西，而堪培拉的议会山却是澳洲独有的，它极富雕塑感，简洁且融于自然，强调首都山整体形象而并非建筑自身[6]。

堪培拉的新国会大厦的设计应当可以证明。如果是按西方的习惯手法，这座大型的、代表国家的庄严建筑必定是要放在它所处的国会山的顶上，俯览周围的群体，像美国的国会山一样。然而设计竞赛的得胜者——美国建筑师罗马多·裘戈拉的设计却正好相反，他把一座规模空前的大厦"埋"在山下，只有一根精心设计的旗杆升向高空。人们开玩笑地说，"它象征了澳大利亚人民随时可爬到国会和政府的头上"。裘戈拉认为，他完全遵循了格里芬的规划思想，绝不超临于自然之上。他的方案，也因而被澳大利亚人欣然接受，终结了将近一个世纪的首都建设。

从建都之初至第二次世界大战结束，堪培拉所留下的重要建筑只有 1927 年建的临时国会大厦，它坐落在首都山麓，建筑设计比较简朴，大厦外表一色纯白，被誉为澳大利亚的"白宫"。第二次世界大战结束后，堪培拉城迅速膨胀起来，1949～1966 年人口增加了 3 倍，格氏设想的城市人口为 7.5 万，而今已经近 30 万，大大超出了当初规划的预想。

在此后的 30 年中，堪培拉一直在努力建设中，但进展缓慢。1965 年被视为堪培拉成为行政中心的新纪元，政府的决心、新兴城市的高度繁荣和郊区的迅速拓展，促使国家首都发展委员会将堪培拉放在国家级的重要位置上来考虑其城市发展。委员会意识到如果不进行适当的疏解，城市的原始特征将毁于一旦。

1966～1975 年，城市进入高速发展期，委员会为了应对发展的压力，推出了所谓的"Y"形规划，即依据原有的基本构思，扩充城市网络，连接新城发展，以适应未来 30 年增长至 50 万的人口规模。就目前来看，虽然城市结构不断发展和丰富，但这一过程并没有偏离格里芬的最初构想。成功的基础除了出色的方案，还在于有效的城市规划与管理体系。具体而言，规划分为概念性的结构规划（structure plans）和实施性的发展规划（development plans）。其中国家首都规划署针对于城市发展有着重大意义的地区列出了三类特定地区，置于联邦国会和政府的直接控制之下，并提出了极为严格和详尽的规划原则、政策导向和具体设计条件，以确保堪培拉作为首都的特性。并延续其优秀的城市设计理念和成就。

依据首都发展委员会 1982～1983 年制定的发展原则如下：第一，建成格里芬轴线林阴道，从而将湖区周围的新议会、临时议会和其他国家机构等重要建筑物连接起来；第二，确定未来建筑物的选址；第三，逐步美化环境，营造整体景观，改变当时支离破碎、凌乱的格局；第四，进行相应的交通体系和停车设施的改善措施。

按照上述意图，分别对行政办公建筑、就业岗位、旅游者、交通体系（包括通勤和旅游）、步行环境和景观体系进行需求评估。由于评估的建立有一定的不确定性，为此，在上述原则指导下，当局制定了针对城市结构更为详尽的各项目标，以便及时依据变化的环境定期校核具体的发展进程和效果。

2. 结构规划

在结构规划层次确定三类特定区域，代表了堪培拉城市结构的主要元素，而相应制定的规划原则和引导政策也充分考虑到获取或保持应有的城市景观效果。

（1）行政中心区。规划、发展和保留基础设施、湖区和景区环境，综合土地利用、交通规划、城市设计、景观营造、自然和文化遗存保护诸多方面，以最合理的整体设计，确保该区域的规模和尺度的和谐。

（2）格里芬规划中的放射大道。确保这些放射大道作为行政中心区域直达系统的整体性，以适应现代化交通的高标准要求，增进行政建筑的功能发挥，保留、延续、增进核心区城市景观和自然背景的融合。

（3）结构性开放空间。结构性开放空间包括格里芬湖及沿岸滨水地带、城内丘陵及马鲁比吉河流域。①格里芬湖及其滨水地带应作为首都地区的核心景观予以保护和发展：维持水位和保护岸线与水质，鼓励与整体景观的各方面，包括视觉感受、风貌保护、象征意义等相协调的娱乐和旅游活动。②城内丘陵则注重保护澳大利亚的自然景观特点，以及作为行政中心区和干道系统的背景效果；保持现有的山体清晰轮廓及周边城镇的发展规模，城镇规划需确保山脉和丘陵景观及象征价值免遭损害，并保证自然景观和休闲娱乐相辅相成，成为一个整体要素。③保护和提高马鲁比吉河流域的环境质量、特色景观、自然和文化资源，将其作为重要的国家资源和开放空间保留而避免人工开发，使之成为发达的城市地区与原始的山地和荒林地带的缓冲区。

3. 城市设计目标[2]

（1）轴线的划定。格里芬轴线以林阴道的形式由新议会大厦一直延伸到湖区，并连接各重要设施。林阴道人车共行，强调人行环境。

（2）林阴道。林阴道设为双车道，路面宽阔，留出中央绿带，创造视觉趣味，提升道路的休闲功能。

（3）滨水地区。滨水地区与湖面同样重要，并提供视觉和使用上的舒适感。

（4）标志物。格里芬湖面和水道轴线的相交处应设置标志物，如建筑、艺术作品、特色装饰或是开辟某种公共活动的集中区域。

（5）路网。调整东西贯通的道路体系，使其主要功能成为尽可能直接连接主林阴道和两侧放射大道，远离林阴道的每个入口均用景观修饰使其清晰可见；建立支路和人行道系统以提高议会区与附属区的便利程度。

（6）建筑选址。建筑选址后，先进行场地的树木和灌木种植，以使将来新建筑建成时，其环境与原有建筑环境协调一致；重要的国家机构建筑应面向林阴道，其他建筑则更多的选择东西向布置，使整体的建筑布局与格里芬规划的设想一致。

（7）停车。应逐步限制地面停车，以地下或室内停车替代；由于可用的停车场地减少，需引入公共交通系统，以满足游客活动的需求。

（8）旅游服务。临时议会大厦处于核心位置，应作为旅游信息和服务设施中心，以及配备相应的必要或适当的功能。

（9）景观。主要景观结构由行植和丛植的树木构成，它们从视觉上强调路网走向，界定了开放空间。在相当长的时间内，议会区的很大部分景观由于建筑的空缺，需要树木作为围合要素来限定通道空间。

（10）消费者服务设施。议会区的功能应更为人性化，提供各种设施以满足不断增加的工作人员和游客日常购物和服务的需求，需要建设高水准但不具纪念性的实用建筑。开放空间内的建筑应逐步达到更加平衡的状态，以实现格里芬有关堪培拉的最终设想。

澳大利亚人非常重视作为国家形象的首都堪培拉，因此在新城市开发项目中维护城市规划原则始终是城市设计的指导方针。不仅如此，对任何处在政府规划地中的已有项目进行改扩建都必须报该委员会批准，哪怕只是改一段围墙。这种有法可依的规划原则和组织有序的工作保障了 1912 年国际竞赛中选方案的总体格局延续至今。

随着堪培拉的发展，在市中心以外开发了数个卫星城，每个卫星城的城中心一般都建有大型购物商场、娱乐中心、健身中心和学校等。同时，在各城中还建有不同规模、不同内容的公园供当地居民免费享用。卫星城与堪培拉市中心有公路网相连，除私人交通外，公共交通四通八达。这些卫星城都经过精心规划，建筑风格各有特色，尤其是卫星城中心的建筑让人很容易记忆。比如，其中一个中心是以一群群红色屋顶的建筑依山坡而建，而另一个却是在人工湖岸边修建的不加任何表面装饰的原色混凝土建筑群。这样的设计使住在各卫星城的居民们有自己家园的感觉。

5.4　杨凌农业高新技术产业示范区总体规划[①]

杨凌地处陕西中部的关中平原西段的中心，东距西安 90km。示范区面积 22km²，人口 5.5 万（图 5.26）。中国农耕始祖后稷曾带领部族在该地区"教民稼穑"，我国第一所培养现代农业人才的学府——西北农林专科学校——即设于此。目前已拥有 5 个农林院校，7 个科研院所，拥有各类农业科教人员 6100 多名，为国家培养各类农业科技人才 10 万余。

该示范区于 1997 年 7 月由国务院批准设立，纳入国家高新技术产业开发区序列。这一行动是在我国区域经济发展战略重点转移，实施两个转变和可持续发展战略的关键时刻进行的，具有重大而深远的意义。规划至 2020 年建成区面积

---

① 1996 年年底，受陕西建设厅规划处的委托，本书作者和范少言博士、陈芳老师为杨凌农业科学城做总体规划方案。该方案是为杨凌申报国家级开发区而做的准备工作之一。1997 年春，规划方案完成，经省建设厅请有关专家和领导审查后，再次进行修改，然后上报省政府和国务院。

1997 年 7 月国务院批准成立杨凌高新技术产业示范区。其总体规划设计随即面向全国招标，要求设计资质为甲级。那时，西北大学城市建设与区域规划研究中心的规划设计资质仅为丙级，没有资格参加竞标，范少言博士与中国城市规划设计研究院联系，由我们联合参加竞标。项目负责人是王朝晖博士。在竞标中，我们的规划方案获一等奖，并成为实施方案。

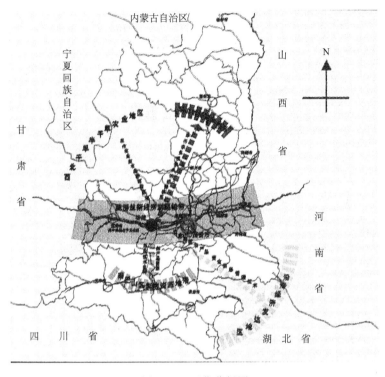

图 5.26 区位分析图

10km², 人口 10 万。

规划力求充分体现国家设立示范区的目的, 突出"农业"、"高科技"、"产业"、"示范"四大功能, 把杨凌建成现代化的农业科学技术产业城。追求人工建设环境与自然生态环境的协调 (图 5.27)。

布局上以"绿心"——现代农业及乡村建设示范园区为中心, 由网络状的农业作物、林地和水网体系, 将几个功能区有机地联系在一起, 形成城乡一体化的生态型田园城市。从空间布局上分为不同的子园区 (图 5.28): ①现代农业及乡村建设示范园区。重点展示区内各类农科技术和农业产业化成果、人工与自然和谐统一的环境改良成果、现代化乡村改造与建设成果。②农业科学园区。综合性的科研、实验、教学和信息中心。③农业高新技术产业园区。安排各类农业科技加工工业和高新技术产业。④农业综合园区。栽培和展示各类干旱、半干旱地区农作物的基地。⑤农业中试园区。提供旱地农业节水灌溉、生物工程、遗传育种等农业高新技术的试验场所。⑥生活服务园区。布置综合性多功能的城市中心, 建设居住小区和公园。⑦农业观光及休闲带: 建设沿渭河北岸农业观光及休闲带。

图 5.27　杨凌农业高新技术产业示范区总体规划

　　规划特色：①方案综合。本次方案是在全国多家规划设计单位参加的竞赛获得一等奖方案的基础上，综合多家方案的优点做出的。在北京召开的国务院 14 个部委共建示范区会议上，获得肯定和好评。②突出农业特色和城乡融合。规划的目标是创造形成一个城乡一体化的生态型田园城市。论证了示范区的农业高新科技及产业的发展战略。规划强调城乡融合，城乡一体化（图 5.29）。③突出生态思想。进行了生态适宜性评价（图 5.30）。示范区内大部分土地用作生态林地、生态农业用地和城市绿地。全区生态绿地加城市绿地占总用地 60% 多。④突出可持续发展战略思想。提出了经济发展模式及科研体制的可持续发展战略方针；强调规划结构的弹性和灵活性。鼓励节能及使用可再生和清洁能源。规划强调把农村建设与可持续农业结合在一起，提出了区内农村建设的现代化目标。精心规划和利用水资源。人工湖泊由人工河贯穿连接，存蓄天然降水。将污水处理和污水资源化相结合，循环利用。农业用水以 28 字方针为指导，保证水资源的可持续供给。

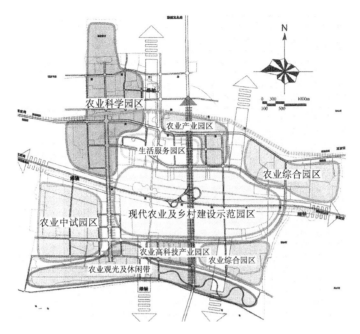

图 5.28　结构分析图

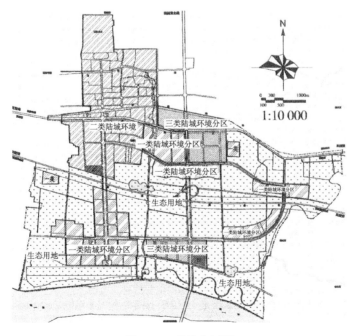

图 5.29　环境分区图

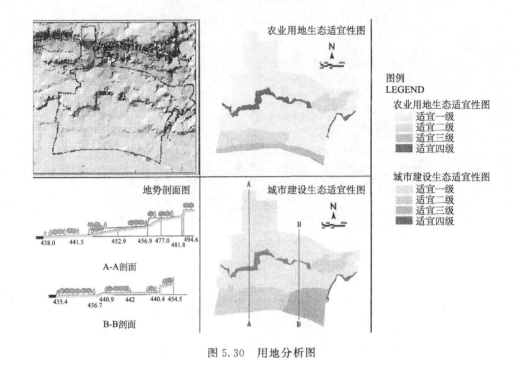

图 5.30　用地分析图

5.5　洛斯阿拉莫斯中心城区总体规划（1998）

洛斯阿拉莫斯于 1968 年正式建市。第二次世界大战期间这里被联邦政府作为核武器研究基地，并在这里组装了第一颗原子弹。洛斯阿拉莫斯坐落在海拔 7500ft（约 2288m）的高地，城市人口为 1.8 万（2000 年）。

许多早期居住在洛斯阿拉莫斯中心城区的居民都会亲切地谈起以往生活由于居民日常交往所形成的社区感。多数居民通过步行就能满足日常生活的需要，即使开车也只需泊车一次，然后步行去各个商店和其他建筑，这使居民拥有归属感。许多年后，市郊规划法规的实行刺激中心城区向郊区大量扩张，市区中心不再具有紧凑的格局和多功能综合的特性，也不再适于步行了。传统的城镇中心应该是以较窄的街道和紧凑布置的沿街店面为特征，而洛斯阿拉莫斯中心城区则不同，其中心区是由宽阔的大道和被停车场所包围的建筑物构成的（图 5.31）。各个停车场之间的交通非常混乱，行驶在主要道路上的汽车，有三分之一是载着从中心区一个商店到另一个商店购物的居民，中心区 70％的面积为沥青地面所覆盖。市郊规划法规是造成这种状况的主要原因，它大大减少了在城市中心区建造住宅和其他公共设施的可能，进而造成了中心区的衰落。洛斯阿拉莫斯市中心区像一个岛屿一样位于风景优美的帕加里高原，被周围的自然风光环抱。这样的地理条件适合建造一个密度较高、相对紧凑的中心城区。并且应该有一条界定其范围的边界线来保护其周边区域。应该选择现有的部分地面停车场，开发建设为二至四层的多功能建筑，使洛斯阿拉莫斯市中心区成为"泊车一次，步行为主"的地方。

图 5.31　洛斯阿拉莫斯中心城区鸟瞰

　　该项总体规划旨在将洛斯阿拉莫斯市中心恢复为一个具有连贯性和特殊风格的区域，通过总体规划来解决土地未被充分利用、商业活动低迷和社区感失落的问题。刺激和吸引居民留在中心区，同时也使进出和内部移动更加便利，是该规划的思路。实施手段是设置和引入新的开发条例。这一新的规划开发条例鼓励设计多功能的建筑和共享停车场地，而不是严格功能划分、每个商店都建多余的停车场地。这样才能增加该区域的步行特征和紧凑度，才能产生真正意义上的城市中心。该总体规划包括发展策略（图 5.32）、建筑设计规则（图 5.33）及标准和开发规则[3]、城市基础设施设计规则（图 5.34）。

　　几个重要的启动项目也在规划中得以论证。按照 10 年和 20 年为周期，对该规划中的 4 个部分（市政中心、主要大街、东端和南部）作了详细设计，展示了一种总体规划未来实施的可能模式（图 5.35）。

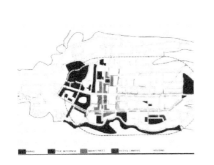

图 5.32　中心城区发展策略

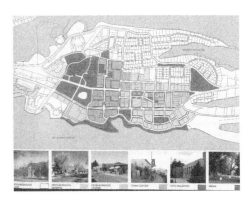

图 5.33　建筑设计规则示意图

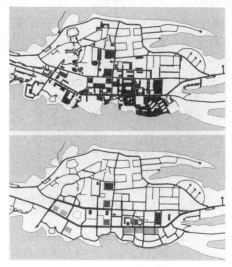

图 5.34　规划的道路网

（上）街道和停车场现状；（下）规划的街道和停车场

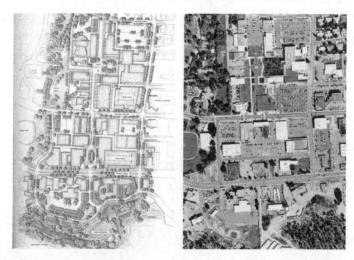

图 5.35　主要大街地带设计（左）和现状（右）

参 考 文 献

［1］培根 E N. 城市设计 . 黄富厢，朱琪译 . 北京：中国建筑工业出版社 . 1989

［2］上海市城市规划设计研究院 . 城市规划资料集第 5 分册城市设计 . 北京：中国建筑工业出版社 . 2005

［3］马歇尔 L. 美国城市设计案例 . 沙永杰译 . 北京：中国建筑工业出版社 . 2004

［4］中国城市规划学会 . 中国当代城市设计精品集 . 北京：中国建筑工业出版社 . 2000

［5］张钦楠 . 阅读城市 . 北京：生活·读书·新知三联书店 . 2004

［6］何韶 . 城市设计十议 . 北京：科学出版社 . 2001

第6章 城市中观层面的设计

6.1 城市空间轴线的设计

6.1.1 城市空间轴线的概念

城市轴线通常是指一种在城市中起空间结构驾驭作用的线形空间要素。城市轴线的规划设计是城市要素和结构组织的重要内容。一般来说，城市轴线是通过城市的外部开放空间体系及其与建筑的关系表现出来的，并且是人们认知体验城市环境和空间形态关系的一种基本途径。如城市中与建筑相关的主要道路、线性形态的开放空间及其端景等，这种轴线常具有沿轴线方向的向心对称性和空间运动（时常还伴随人流和车流运动）特性。

城市轴线从其表现形态上，有的呈现显性状态，有的则需要通过一定的解析才能将相对隐含的城市轴线揭示出来。但城市轴线的形成，无论其形成和发展时间的长短，都有一个历史的发展过程。因而，除了一些当代建设的新城市中规划的轴线，大多数城市的轴线都可以大致认为是城市传统轴线。从古罗马时期城镇的十字轴线、中国古代依据《周礼·考工记》中关于城市布局论述而规划修建的城市，到近现代城市建设中世界公认的巴黎传统轴线、华盛顿轴线、堪培拉轴线等，无不经历了一个伴随其所在城市本身发展的时间历程。

从轴线所涉及的城市空间范围来看，城市轴线可以分成整体的、贯穿城市核心地区的轴线空间和局部的、主要以某特定的公共建筑群而考虑规划设计的轴线空间。一个城市也可以有一条以上的轴线，乃至有很多条（组）规模和空间尺度不同的城市轴线。前者如中国明清两代的北京城市中轴线、巴黎以东西向贯穿新旧城区的城市中轴线为核心的多组轴线空间；后者如罗马帝国时期的广场群（图6.1）、哈德良别墅建筑群、日本奈良法隆寺和东京浅草寺入口空间序列中体现出来的轴线。

理解认识城市轴线可以是大尺度图像性的，大多数城市轴线对于人们来说可以通过视觉途径来察觉。轴线分析是我们解读城市空间并赋予其意义的一种经典研究方法，也是规划设计中预期城市空间架构的一种手法。城市传统的空间轴线主要诉诸视觉层面，并由轴向线性空间、广场、相关的建（构）筑物等组成。

今天的城市轴线则要考虑更加广泛的内容，如社会经济发展、空间结构调整、城市预期的成长性和发展建设的管理等。在现代城市中，还出现了一些基于机动车交通的巨型尺度的空间轴线（图6.2），因而导致了图面上而非人实际体验的城市轴线空间。这样的轴线在一些城市新区和新城建设中特别明显。

1.圣彼得教学及广场　2.圣·安杰罗城堡　3.纳活那广场　4.万神庙　5.奥古斯都墓
6.台伯河　7.波波洛广场　8.波哥赛花园　9.西班牙大台阶　10.许愿池　11.卡比多山
12.国家纪念碑　13.图拉真纪念柱　14.古罗马帝国广场　15.总理府广场　16.古罗马共
和广场　17.君士坦丁凯旋门　18.喷泉　19.古罗马斗兽场　20.火车站广场

图 6.1　罗马中心区街道和广场群联系

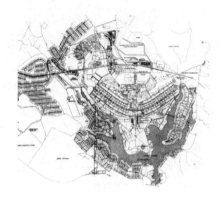

图 6.2　巴西利亚总规划平面图

6.1.2　城市空间轴线的组织方式

培根曾经认为，历史上曾出现过 6 种常见的城市空间设计的发展方式，即以空间连接的发展、建筑实体连接的发展、连锁空间发展、以轴线联系的发展、建立张拉力的方式发展和延伸的方式发展。其中后 3 种都与城市轴线概念相关。

在西方，基于整个城市范围来考虑轴线空间的驾驭作用在巴洛克时期表现得特别明显。巴洛克时期的城市设计强调城市空间的运动感和序列景观，采取环形加放射的城市道路格局，为许多中世纪的欧洲城市增添轴向延展的空间，也在一定程度上扩大了原有城市空间的尺度。

巴洛克时期的城市轴线设计思想曾经对西方城市建设产生了重要的影响。除了罗马（图 6.3）和巴黎外，还对美国华盛顿特区规划设计（图 6.4 及图 6.5）、澳大利亚堪培拉规划设计、日本东京官厅街规划建设乃至中国近代南京的"首都计划"等产生过重要影响。

西方大多数城市轴线采用的是开放空间作为枢纽并联轴线两旁建筑的组织方式。由于历史文化背景的显著差异，中国城市传统轴线具有自身的特点，所采用的是建筑坐落在轴线中央的实轴而非西方那样的虚轴。

6.1.3　城市空间轴线的设计要点

城市轴线既可以根据城市本身的建设和发展需求而规划设计，也可以结合城市所在的特定地形地貌来确定建设。即便是采取几何轴线的城市结构控制方式，城市及其周边的地形地貌仍然能够成为规划建设可资利用的重要素材，并使城市具有鲜明的地域特色。

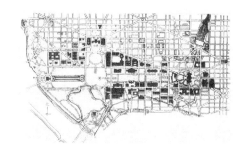

图 6.3　封丹纳罗马改建规划　　　　　图 6.4　华盛顿的中心区平面

图 6.5　华盛顿中轴线

　　城市轴线与城市道路布局、城市广场和标志性建筑定位、开放空间系统构思一样，都是处理和经营城市空间及其结构的一种手法。同时，一座城市也可以像巴黎那样，根据不同的主体和规模层次规划建设多条空间轴线（图 6.6）。适度运用城市轴线的空间设计方法，有助于在一定的规模层次上整合或建立城市的空间结构，体现一个时期城市发展和建设的意图。

　　城市轴线的魅力和完美主要体现在轴向空间系统与周边建筑规划建设在时空维度上的成长有序性、形态整体性和场所意义。就具体城市设计手法而言，城市轴线所特有的空间连续性及序列场景的考虑和创造是至关重要的。培根曾经强调，人对于体系清晰的空间的体验是顺应人的运动轴线而产生的。为了定义这一轴线，设计者要有目的地在轴线两边布置一些大小建筑，从而产生空间上的关联和后退的感觉，或者在场景中加入跨越轴线的建筑要素，如牌楼、拱门和门楼等，从而建立起空间尺度和序列感，如图 6.7 所示。

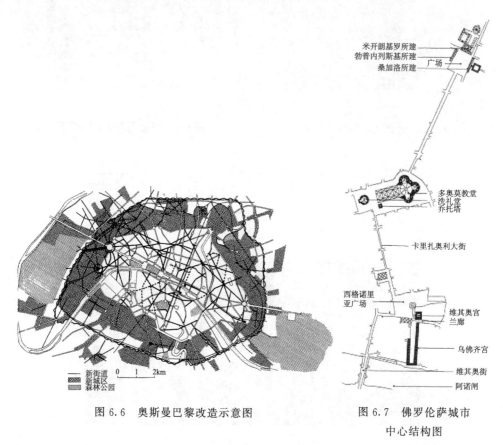

图 6.6　奥斯曼巴黎改造示意图　　　　图 6.7　佛罗伦萨城市中心结构图

6.2　北京的城市中轴及其延续

6.2.1　北京城市中轴线设计

　　中国是历史悠久的文明古国，北京作为辽、金、元、明、清和新中国的首都，以其严整的城市形态、深厚的文化底蕴，成为华夏文明的中心，其城市中轴线更是世界城市建设艺术的杰出代表。

　　北京旧城中轴线发端于元大都城，经明永乐年间建设内城、嘉靖年间建设外城，使旧城中轴线不断形成与强化。以紫禁城和皇城为中心，轴线穿过故宫三大殿、天安门至地安门的位于中轴线的门楼，向北经景山最高点万春亭，以钟鼓楼为北端点；向南穿过千步廊（即现在的天安门广场）、大明门、正阳门、前门箭楼，经天桥至永定门为南端点，形成了气势恢弘、规模空前的城市轴。在这条轴线上及其两侧，按照"前朝后市，左祖右社"的规划，布置了皇宫、太庙、社稷坛、天坛、先农坛等封建王朝最重要的建筑群。

北京城市总体规划尽量保持旧城中轴线的原有风貌特点：从正阳门箭楼至钟鼓楼段共 5km，是中轴线最核心的部分，完整地保留了景山、故宫。天安门广场经过人民英雄纪念碑的建设、中华人民共和国成立十周年大庆的扩建和随后的毛主席纪念堂的建设，改变了城市以故宫为中心的格局，天安门广场成为连接南北中轴线和东西中轴线的城市中心广场，初步形成了历史与现代融合、体现首都中心的独特风貌。从正阳门箭楼至珠市口，规划中强调保持传统商业街面貌；珠市口至永定门则突出天坛、先农坛分列两侧的传统格局，强调控制轴线两侧的建筑高度和体量，保持中轴线两侧的开阔空间。

现代北京的中轴线全长 25km 左右，核心区宽度约 1000m。是北京城的脊梁，也是形成北京空间架构的重要组成部分。北京中轴线分成三部分，即从永定门至鼓楼的 7.8km 旧城中轴线，是北京旧城传统城市中轴线，它是世界上最成功的建筑艺术线，以此轴为脊梁的北京旧城的总体布局和城市艺术也赢得了各种赞誉。在北京市总体规划中，对中轴线采取继承与发展的方针，使之成为城市最主要的南北轴线。进入 21 世纪以来，北京城市建设高速发展，并且面临 2008 年奥运机遇，城市面貌处于快速变化中。在新北京的发展中，中轴线又向南、北延伸，形成南中轴线和北中轴线。

南中轴从永定门到南苑，是传统轴线向南的延伸，形成城市干道。干道两侧安排大型公共建筑，与城市三环路、四环路相交的节点规划标志性建筑，开辟城市广场，突出体现风格各异、层层递进的首都南大门的形象。从四环路至南苑段是城市绿化隔离地区，为大面积的绿色空间，中轴路两侧各留出绿化隔离带，突出绿化环境优势，形成庄严、美丽的气氛，成为南大门的前奏。

北中轴从钟鼓楼向北至洼里，是传统中轴线向北的延伸，采用"虚实结合"的处理手法。其北端是规划的 2008 年奥运会主会场——奥林匹克公园。奥林匹克主会场分列轴线两侧，轴线向北安排了大面积的森林公园，为整个中轴线的端景；由此向南直至北土城（元大都城墙遗址）为林阴大道，以衬托北部公建群和奥林匹克公园的壮观景象；北土城以南至二环路两侧已建成诸多办公及酒店建筑，建筑高度控制保持比较平稳的天际线。

北京市城市规划设计研究院对北京中轴线的城市设计方案如下[2]。

1）目标

城市设计着力于在保护传统中轴线的基础上发展南北延长线，规划以北端体育文化城、中部的历史文化城及南端的科学文化城为基础形成一条有鲜明民族特征的、融合了艺术和纪念意义的轴线，使北京中轴线所串联的城市空间成为欢乐庆典的中心。

2) 功能结构

以文化功能为主，展示古都风貌与现代化国际都市的完美结合。以北部体育文化城、中部历史文化城、南部科学文化城为核心，共3大组团、10个功能区构成中轴线用地功能体系。并对中轴用地结构、旅游、建筑高度和连接中轴的道路系统等进行详细的分析论证（图6.8），对中轴线与北京整体城市格局进行拟合（图6.9）。

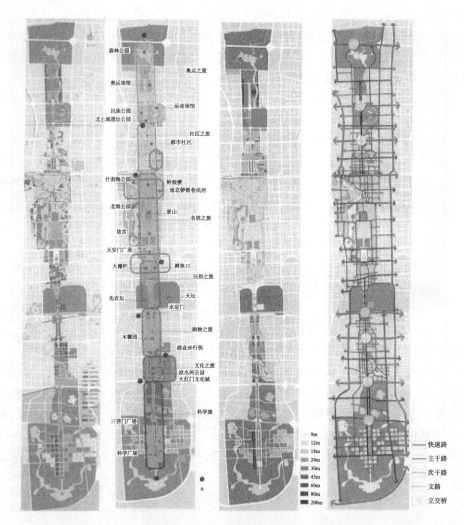

图 6.8　中轴线、旅游、高度分析和中轴线道路系统图

北中轴线（奥运公园—北二环）——时代轴线，庆典，规划有体育文化城和都市社区等功能区。

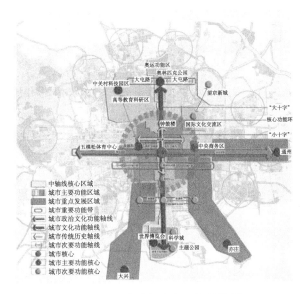

图 6.9 中轴线与城市空间结构图
（中国城市规划设计研究院方案）

传统中轴线（北二环—永定门）——历史轴线，纪念，规划有民居展览馆、文化纪念中心、民俗大观园、皇家祭祀文化与民间艺术博物馆等功能区。

南中轴线（永定门—南苑）——未来轴线，腾飞，规划有现代商业园、文化小镇、田园社区、科学文化城等功能区。绿化与水系规划贯穿整个轴线，成为连接各功能区并形成景观走廊的重要组成元素。

3）用地布局

奥运公园——体育文化城：主要包括奥运场馆、文化建筑、展览建筑、商务建筑、居住建筑及景观绿化，为开放性运动休闲文化区。整体空间以大体量公共建筑、自由开阔的广场空间，与"城市插入体"（东西边缘逐步渗透的近人尺度建筑）、封闭的围合空间进行对比，隐喻传统城市空间的处理方法和城市肌理的形成，北部以大片森林公园为背景。

北土城与北二环之间——都市社区：从北土城至北二环，现状分布大量住宅区，这是城市渐进发展过程中的一个片段，规划尊重都市社区结构的发展足迹，并认为适当的居住功能是地区活力的一个重要保证，有利于中轴线的人文精神表达。

钟鼓楼、什刹海、南北锣鼓巷地区——民居展览馆：西侧什刹海地区为环境优美、民居围绕的公园；东部南北锣鼓巷地区规划恢复传统的胡同肌理和院落布局，形成完整的传统民居社区，是传统民居的实体真迹和体验空间；中部钟鼓楼周边强化民居特色，以对比衬托突出钟鼓楼的节点主体位置，形成纪念性空间。

景山到前门地区——历史文化城：景山—前门为历史文化建筑集中区域，与

图 6.10　奥林匹克公园
与故宫轴线

现代广场并存，是北京城市风貌的最集中体现。前门地区为民俗大观园，前门地区历史上是外城进入内城的重要入口，云集了商铺、会馆、旅社等特色建筑，至今仍具有典型的城市肌理和特征，是真实的并具有地理识别性的城市区域，是传统生活场景的活化石。保护本地区具有鲜明特色的区域环境、城市肌理和人文特色，形成原址、原味、原形，反映传统生活场景的民俗大观园。

珠市口至永定门区域——皇家祭祀文化与民间艺术博物馆：结合天坛公园、先农坛公园祭祀文化及天桥传统民间艺术，将这一区域视为皇家祭祀文化与民间艺术博物馆，规划文化、居住类建筑。

木樨园区域——现代商业园：以南三环与中轴线的交点木樨园为中心，规划现代商业区，成为南城经济活力的新亮点。

凉水河区域——文化小镇：围绕凉水河穿越中轴线区域，在轴线东侧局部扩展凉水河道，规划博物馆、艺术馆、图书馆，音乐厅等系列文化建筑和部分居住用地，以其高品质的文化特色带动地区经济，引领南城发展。

绿化隔离带区域——田园社区：绿化隔离带是城市中心建设区与边缘集团的隔离带，规划将这一区域定位为田园社区，形成居住的"岛"和生态的"洋"。

南苑——科学文化城：科学是人类进步的动力，结合南苑现有的高科技力量，在轴线南端规划科学文化城，空间上以"有机生长"为设计理念，以一系列的科技博览场馆、科学研究建筑，体现南中轴线作为发展轴线的巨大潜力和民族腾飞的强劲动力。

6.2.2　北京城市中轴线的延续——奥林匹克公园[2]

1. 体现古都传承——融入自然的中轴

（1）北京中轴线作为城市文脉精髓得到尊重（图 6.10）。在中心区景观序列沿中轴线展开，两侧林带也由入口区行列式过渡到公园入口区的微地形自然式，

在森林公园通过喷泉与灯光，将中轴融入自然山水之中（图 6.11）。

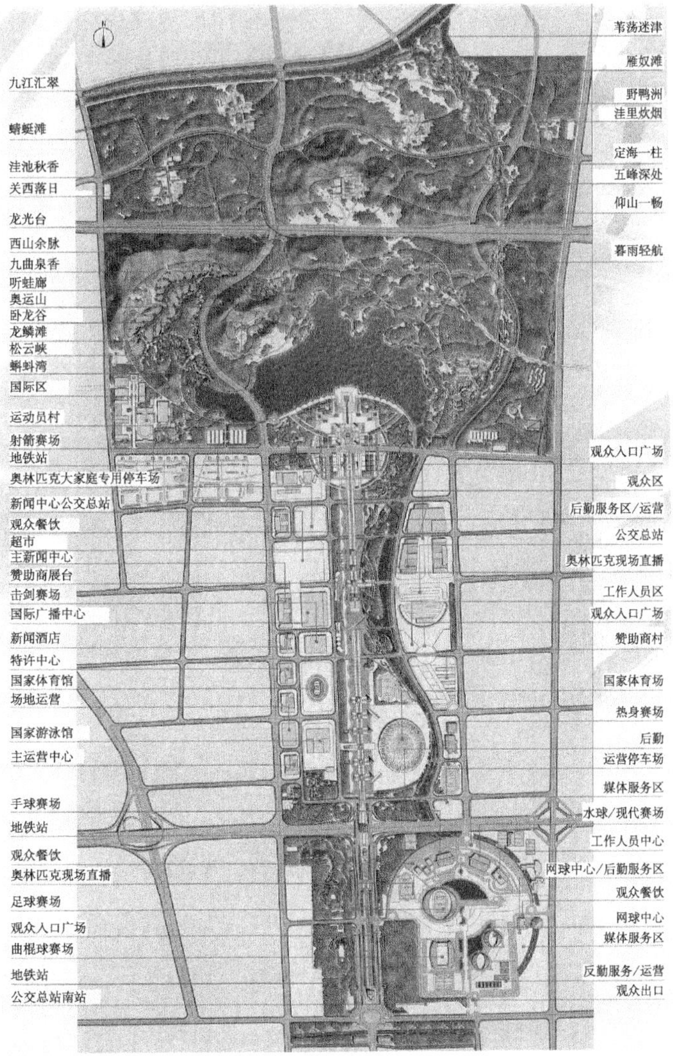

九江汇翠
蜻蜓滩
洼池秋香
关西落日
龙光台
西山余脉
九曲泉香
听蛙廊
奥运山
卧龙谷
龙鳞滩
松云峡
蝌蚪湾
国际区
运动员村
射箭赛场
地铁站
奥林匹克大家庭专用停车场
新闻中心公交总站
观众餐饮
超市
主新闻中心
赞助商展台
击剑赛场
国际广播中心
新闻酒店
特许中心
国家体育馆
场地运营
国家游泳馆
主运营中心
手球赛场
地铁站
观众餐饮
奥林匹克现场直播
足球赛场
观众入口广场
曲棍球赛场
地铁站
公交总站南站

苇荡迷津
雁奴滩
野鸭洲
洼里炊烟
定海一柱
五峰深处
仰山一畅
暮雨轻航
观众入口广场
观众区
后勤服务区/运营
公交总站
奥林匹克现场直播
工作人员区
观众入口广场
赞助商村
国家体育场
热身赛场
后勤
运营停车场
媒体服务区
水球/现代赛场
工作人员中心
网球中心/后勤服务区
观众餐饮
网球中心
媒体服务区
反勤服务/运营
观众出口

图 6.11　奥林匹克公园总平面图

（2）中轴线以平直的游步道贯穿整个中心区，西侧种植银杏林带形成气势，林下绿地抬起，其边缘设计为曲线形五级台阶，与景观步道形成对比；东侧水岛绿地采用自然式种植，呼应中心区空间开合变化。

（3）景观步道铺装采用御道符号形式，强调中轴线"龙脉"的象征性。

2. 以活跃的绿色连接两大功能区——飘进城市的绿洲

中心区与森林公园通过 3 种活跃的景观形式连为一体：

（1）东侧水系中以自然式植物群落为主的绿岛系列。

（2）公园入口广场的丘陵绿地，形成森林公园山脉在中心区的延续。

（3）中心区广场之间安置众多自然式种植岛，并与规整的林带形成对比。

3. 表现奥运精神——激情同享的奥运

通过中心区 5 个节点广场及奥运雕塑园、奥运纪念园，体现奥运精神与人文关怀（图 6.12），特别注重人性化空间与设施的设计，曲线形五级台阶贯穿整个

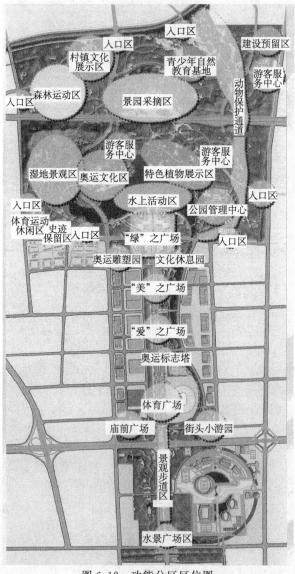

图 6.12　功能分区区位图

中心区，增加近人尺度，创造"广泛参与"的奥运氛围；同时台阶五色代表奥运
五环与中国五色土，寓意东西文化的交流。

4. 建立生态绿洲——天人和谐的森林

森林公园：建成一个绿色环保公园，人与自然协调共生是森林公园设计的终
极目标。

（1）森林公园基本风貌为人工模拟的森林景观，五环路北为山林景观，五环
路南为森林边的湖泊、沼泽景观。

（2）湿地与双重水源过滤系统：①湿地采用梯田形式，层层跌落并与山林穿
插交融。3 种水源（中水、雨水、河湖水）引入湿地过滤处理后注入森林公园湖
泊。湿地分为大小两部分，大面积湿地位于山脉环抱之中，小面积湿地展现湖面。
②双重过滤系统——中水过滤系统与湖水过滤自循环系统。大面积湿地用来过滤
中水，并形成峡谷与缓滩景观连接大湖。小面积湿地用来过滤经水泵提升的湖水，
形成过滤自循环系统。③湿地上游建立温室，开展生态教育与湿地生物展示。

（3）仰山大沟改造为动植物栖息谷地，并与中心区水岛连通，成为城市生态
廊道。

（4）植物群落分为山阳、山阴、水岸、湿地 4 类共 12 个组合单元，确保植
物的多样性，便于操作、施工。

（5）山林中以"林窗"形式布置游人活动空间，每个空间结合原有村庄肌
理、街坊基址建立游客服务中心。

5. 延续地域文脉

（1）将众多的历史遗存融入景观之中，使公园成为一个唤起联想、感染亲情
的空间，形成一个继往开来的自然人文环境（图 6.13、图 6.14）。①龙王堂：当

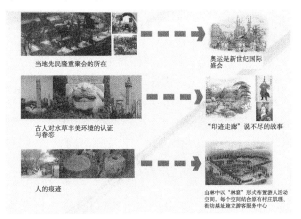

图 6.13　地域文化的传承

地人民对水源地仰山洼的尊重、敬畏与祈盼。②北顶娘娘庙：当地人民举行盛大聚会，祈盼青春女神的祝福。此外，还有元大都遗址、墓碑群、16 处古老村名、村庄肌理、湖水、湿地梯田等。

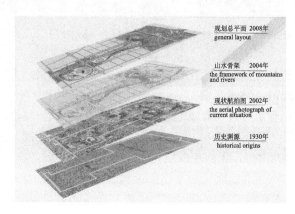

图 6.14　时空的整合

（2）建立"印记——历史遗存走廊"，始自"舞"之广场，将各处历史遗存串连成环。"历史遗存走廊"设计包括四要素：历史遗迹、石板景观步道、松科林阴廊、解说小品。

6. 运用中国园林布局手法

（1）借鉴颐和园挖湖堆山手法安排公园的山水骨架、借景西北远山。

（2）继承意境的创作方式，为景区题名标识。

（3）运用"因借"地势环境手法，安排森林公园中的奥运纪念园和景观建筑。

（4）使用堆山手法进行湖岸的局部处理。

6.3　巴黎轴线的延伸——德方斯

巴黎是一座保持着古城风貌，同时又是现代化的城市[3]。每个历史时期的决策者、规划师和建筑师都始终尊重原有的城市格局和风貌。巴黎卢浮宫至德方斯这条主要历史轴线可溯源到 1640 年，那时建筑师兼园艺家勒诺特在卢浮宫前广场种下了几排树，这便是巴黎城市从心脏向西发展的轴线的开端（图 6.15）。此后每个时代都沿这条轴线延伸，在这条轴线上自东向西规规矩矩地排列着一系列情感凝重、象征性极强的纪念建筑：卢浮宫、玻璃金字塔、卡鲁赛尔凯旋门、杜伊列利御花园、协和广场、方尖碑、香榭丽舍大道、戴高乐广场、凯旋门。这就是闻名遐迩的 8km 长的巴黎主轴线。现在的德方斯副中心区包含了商务办公区 130hm^2 和公园区 620hm^2 两部分，这也是在第一轮规划中确定的占地规模。办公楼建筑面积260 万 m^2，就业人口 15 万；15 000 个居住单元居住人口 4 万；商务区的1/10 是开放空间；商场面积达 20 万 m^2，其中有欧洲最大的购物中心 11 万 m^2。

　　德方斯的城市设计实践表明，在城市新区的规划中，人口规模、建筑总量、交通体系及城市轮廓线等，应随着城市社会政治经济发展的变化而不断调整，是一个不断完善、生长互动的过程。

　　在城市设计上，德方斯商务中心区汲取现代主义城市规划理论中功能至上的思想，大胆采用了人车立体分流的交通系统，将行人和建筑门厅出入口设在高架层，从塞纳河边、德方斯东端向西延伸至大拱门下的长达 1200m（大拱门以西平台还在继续延伸）、平均宽度 100m、面积达 20hm^2 的步行专用广场和休闲平台，成为步行交通联系的中心；城市道路、公交通行及货运交通、停车等服务交通区均设在平台以下，有效地将不同类型的交通方式组织起来，成为德方斯商务中心区得以健康发展的重要基础（图 6.16）。

　　作为德方斯地区走向辉煌的标志，大拱门的规划、建设和最后落成起到了无可替代的作用。35 层高的大拱门

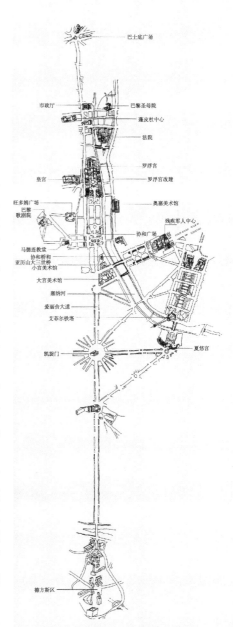

图 6.15　巴黎城市主轴线体系

是一个超大独立结构建筑，采取了 100m 见方的中空立方体造型。拱门下巨大的台阶成为了游人休息的理想场所，拱门上的观光平台是眺望古老巴黎城市历史中

图 6.16　德方斯穿越大平台地下的交通线

轴线的最好去处。从城市空间设计的角度看，恢弘、壮观、富有寓意的大拱门建筑形象一经落成就成为德方斯商务中心区的极具空间主导意义的标志性建筑（图 6.17）。对于巴黎城市历史轴线延伸的这一重要节点，大拱门的设计师斯普瑞克森在介绍大拱门的设计时写道："大拱门是一个开放的立方体，面向世界的窗口，音乐上的短暂停顿……"

图 6.17　德方斯远眺

　　20 世纪 20～50 年代，对这条轴线自凯旋门再向西通往德方斯区一线的城市发展已有过许多设想和建议，如建高层住宅大道、250m 高的塔楼、307m 高的探照灯照明塔、725m 高的彩电塔等。然而，直到 1954 年"国家工业技术中心"被批准建造才使首都向西发展迈出了第一步。

　　20 世纪 50 年代的第一轮规划，初步提出了这一地区规划建设的用地范围、功能性质、建筑高度、建筑规模等，规划的办公楼建筑面积 27 万 m²，住宅面积 27 万 m²。这一时期建设的标志性建筑是象征着法国工业复兴与活力、面积几乎可以覆盖协和广场、拱顶边长 218m 的三角拱形建筑——国家工业技术展览中心（CNIT）。

1958 年曾准备沿向西的大道两侧建 100m 高的公寓楼，这意味着两侧为住宅区、中间夹着一条每日车流量为 6 万车次的车道。幸好德方斯开发局很快放弃了这个方案，代之以建一个 40hm² 的石板铺砌的平台广场，彻底将行人和车流分离，这是雅典宪章和柯布西耶原则的应用。之后在这个石板广场上，伴随着各种困难和对建筑高度的争论，终于建成了一个"德方斯商务中心"。但是当四周高楼环立形成的透视景观显得空洞时，德方斯的建设停顿了下来。

20 世纪 60 年代的第二轮规划，设立二层架空平台、实现人车分流的现代主义功能性规划的思想基本确立。这一时期德方斯规划的办公楼总建筑面积达到了 85 万 m²。高速公路、轨道交通、公交线路、地下隧道及多层地下换乘系统、开放空间高架步行系统的规划建设开始实施，同时为这一地区塑造新的地标性建筑的规划思想开始酝酿（图 6.18）。

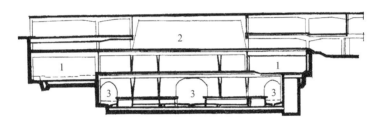

图 6.18　德方斯广场剖面示意图
1. 公路干线（巴黎—诺曼底）；2. 地区性交通干线；3. 普通的和高速地铁车站

为改善广场的景观，针对轴线的处理，1972 年德方斯开发局组织了方案征集活动，出现了两个方案。其一，贝聿铭建议建一个 200m 高的"V"形摩天楼（图 6.19）。其二，埃劳德设想建两座 55m 高的镜面楼，颜色一黑一银，喻意是巴黎主轴线到此结束（图 6.20）。他写道："8km 长的透视是不可能延至海边的，超过一定长度，皇家通道或昔日凯旋通道会变成为不过是条路。"第二个方案虽被选中，而且获国家首肯，但从未实施。

图 6.19　贝聿铭的方案　　　　　　　　图 6.20　埃劳德的方案

　　1980 年新一轮的方案征集工作邀请了 22 位建筑师，要求他们拿出一座从卡鲁赛尔凯旋门至戴高乐广场一线完全看不见的纪念大厦的设计方案，以保留香榭丽舍一带很有声望的远景。威勒瓦尔的方案中选，他的设计是在广场平台上布置几座不高于 50m 的"水晶"大厦。这个方案与 1972 年中选的埃劳德方案的相同点在于建筑的高度适中和镜面装饰，而不同点是威勒瓦尔在建筑的中央开了洞，目的是使巴黎历史轴线可继续延伸。随着密特朗当选总统，城市发展部长宣布威勒瓦尔的方案作废。

　　1982 年 7 月，一场国际设计竞赛再度开始，竞赛大纲要求"在历史轴线上建一座里程碑式的纪念建筑，既要符合轴线的尺度，又不能对轴线造成遮挡"；还要求给出 15 万 m^2 的机构办公面积和 1 万 m^2 的商店和其他服务业需要的面积。第一轮竞赛从来自 41 个国家的 419 个方案中筛选出 171 个，又经多轮淘汰最后选中 4 个，呈法国总统亲自决定获胜者。这样，密特朗从中最终选定了丹麦人斯普瑞克森的方案。

　　由密特朗总统"钦定"的德方斯大拱门使持续了半个多世纪的有关巴黎城市发展的争论画上了一个圆满的句号。它的设计师是丹麦建筑师斯普瑞克森。他在自己的项目书中宣布要在巴黎德方斯区建一座大拱门时写下的第一句话是："一个开敞的方块——通向世界之窗。"这座拱门于 1989 年启用，是大巴黎区域最富象征意义的纪念碑之一。

　　这位获胜者的名字在法国几乎无人知晓，而且他递交的设计不过是草图，定名为"人类凯旋门"。然而，该设计的力量、典雅和纯洁实在征服了评委和专家们，他们一致认为该设计概念清晰，象征力强，表达简洁准确，富有诗意。从历史轴线的各主要地点比较这座屹立着的高大拱门，都感觉其比例恰当，与环境和谐。

　　这座拱门是座大厦（图 6.21），它由四部分组成：南北各一幢 34 层高的塔

图 6.21　德方斯区大拱门

楼，中间横着的连接体形成这座建筑的顶，位于底部的是大厦的基座。大厦的产权属于国家，南塔用作政府运输部、设备部、建设部和旅游部的办公室；北塔少部分由公共机构占用、大部分出租给私人企业用作商务楼；中间屋顶象征性地以每年 100 法郎的租金给"国际人权基金会"使用，租期 35 年，以此显示政府对庆祝法国大革命 200 周年的姿态；基座与地下室共同构成公共服务空间（图 6.22）。

图 6.22　总平面图

1. 德方斯大拱门；2. 国家工业与技术中心；
3. 四季商业娱乐中心；4. 德方斯中心大厦；
5. 地铁站入口

德方斯大门落成后，昔日的德方斯如今真正成了群塔之岛（图 6.23），使这片地带成为拥有 250 万 m² 的办公面积，容纳 650 家公司、10 万在内工作的国际商务区。有评论说，这里的特点是每幢楼都有自身的界限，而全区的中心却无处可觅。是德方斯门使这些大楼增添了力量，同时又变得更为亲切。

图 6.23　德方斯及其周边城市环境

德方斯门的设计者在评价自己的作品对巴黎城市主轴线的意义时，发表过展望性的见解："这座拱门是这条大街在瞻看未来时的暂时的休止。"的确，从德方斯门向西，对称于通向巴黎市中心的方向，西部郊区的建设方兴未艾，又在开辟着新的美丽的风景线。那些照明广告牌和落日霞辉使西部正在成为昼夜花园。德方斯门坐落于这个界限点上，它使 8km 的老轴线有了一个新的交代，同时又打开了巴黎通向未来和世界的新窗口，预示着城市组织的连续发展。1990 年 8 月，法国设备部长宣布：政府决定继续从德方斯门延长巴黎城市主轴线。

德方斯门是建筑与雕塑的结晶，是功用与象征的统一，是城市与郊区的连接，是历史与未来的延续。人们欣赏德方斯门的"异想天开"的宏大气魄、德方斯广场的现代气派和巴黎历史轴线的深厚气质。一座德方斯门能在巴黎这样一座名城的历史轴线上矗立起来，可说是为世界做出了一个榜样；这种榜样的力量来自巴黎对城市发展的审慎与开放。对历史轴线的规划方案反反复复推敲了约半个世纪，必要时索性停滞，多次进行设计竞赛，这就是审慎。名城建设的设计竞赛挖掘的是新人、新思想，甚至是奇思怪想，这就要有一个开放的思维。巴黎主轴线上纪念碑性的建筑已如此之丰富，还能再建什么？一个默默无闻的丹麦建筑师能以一座大拱门在挑剔和自尊的法国人面前胜出，应该说这既有赖于他的建筑学素养和别开生面的奇思，也说明包括总统在内的法国人的开明和开放心态。正是思想开放使巴黎一再地在世界建筑的新潮中令世人瞩目。

6.4　城市滨水区域的设计

6.4.1　城市滨水区域的概念

城市滨水区域的概念是：城市中陆域与水域相连的一定区域的总称，一般由水域、岸线、陆域三大部分组成。滨水区城市景观是自然景观要素与人工景观要素相互平衡、有机结合的结晶，前者主要包括江、河、湖、海等水系及与之相互依存的硬质要素如自然植被、山岳、岛屿、丘陵地、坡地等自然地形地貌；后者由一系列的公共开放空间、滨水公共建筑形态、城市公共设施等组成，具有自然山水的景观情趣和公共活动集中、历史文化因素丰富的特点、导向明确、渗透性强的空间特质，是自然生态系统与人工建设系统交融的城市公共开敞空间。

20 世纪七八十年代以来，滨水区日益受到重视，其城市设计也受到相应的关注、阐释和发展。发掘一个城市、城市局部乃至一个项目基地的滨水潜在价值，提高开发质量，成为滨水区求得发展的关键。近十几年来，多次重大的滨水区/水都规划开发国际会议反映了滨水区规划设计与开发的理念和实践，国内也相继出现了滨水区城市设计的探索[4]。

1)《横滨滨水区 MM21》（1986 年）

1986 年，"横滨滨水区 21 世纪"是一个以尖端科技、水与绿结合为专题的规划发展计划国际研讨会，邀请波士顿、孟买和上海 3 个友好港口城市参加。大会提出 21 世纪滨水区开发战略理念是：水与绿结合、建筑与环境结合、历史与未来结合；在战略实施中要将经济开发、历史文化、城市设计结合起来。

2)《国际水都会议》(大阪,1990 年)

会议提出塑造大阪 21 世纪水都的目标,探讨了人与自然和谐共存、保护水与绿、开创舒适的人居环境、修复或创建滨水绿化空间、培育优美景观等一系列问题。与会代表所做芝加哥、多伦多、墨尔本、圣安东尼、新加坡、上海、京都、神户、广岛及大阪商务园区(OBP)等滨水区开发案例研究,大阪宣言提出行政首长与专家结合在城市设计决策中的重要性;强调水的利用与保护;强调水是城市空间中心要素,水与绿结合是环境景观的基础。

3)《水上城市中心第二届国际大会》

主题为:滨水区——城市规划开发新领域。大会首先研究香港、伦敦、纽约、旧金山、悉尼、鹿特丹、东京和威尼斯 8 个主要滨水城市规划开发案例,认为滨水区既需要好的城市设计决策,同样需要服从市场需求。荷兰 Delft 大学 Tzonis 教授对"水都"作了经典的界定,即:城在水上,如威尼斯、厦门;城在水边,如纽约、多伦多;水在城中,如伦敦、巴黎、上海;都,指知名都会;水,是可作为城市空间中心要素的水。大会认为,滨水区开发规划中涉及的因素非常复杂,城市设计非常重要。滨水区城市设计必须与市场、生态、可持续发展相结合。

4)《第二届国际水都会议》(上海,1993 年)

会议研讨了绿化与生态、滨水区与港口开发、水的利用与治理等问题。

5)《城市与新的全球经济》(墨尔本,1994 年)

世界经济发展的重心逐渐东移到太平洋西岸发展带,包括汉城、京津塘、东京大阪横滨、沪杭宁、穗港深、胡志明市,曼谷、吉隆坡、新加坡、马尼拉、雅加达、布里斯班、悉尼、墨尔本、堪培拉和奥克兰等 20～30 个中心城市,其中多是经济中心或水都,有的正迅速发展成为大城市带的一部分。大会对城市设计的启迪是:滨水区城市设计除了必须联系城市经济、文化、历史与环境外,还要注意研究全球城市网络的战略关联和国际区域性经济大循环。因此,中国沿海发展走廊的战略思维应该是符合国际经济发展趋势的,宏观城市设计应该注意这方面内容。

6)《城市滨水区开发国际会议》(悉尼,1995 年)

大会的启迪是:规划必须为城市设计创造好的前提;市场要把握好,城市设计要坚持"人—场所"的塑造,这是城市设计的精髓。

郭红雨认为[5],环境因素在很大程度上决定了滨水区的场所性和独特性,因此,相应的景观设计应深刻理解滨水区特定的背景条件,并对环境因素加以提炼、升华和再创造,以建立景观的独特性,即蕴含丰富意境的"环境意",使滨水景观反映它所在城市的文化内涵、民族性格,以及岁月的积淀、地域的分野,使其成为城市环境美的核心。滨水区景观设计的质量也直接取决于水体与陆地结合的空间环境的品质，以及景点与基地空间形态的适应。景观设计是通过对滨水区空间形态的分析，驾驭其空间联系，使各种景观要素与空间结构有机结合，以构筑滨水区最佳的景观空间形态。

童宗煌等认为[6]，滨水绿色城市开放空间往往是城市开放空间系统和城市生态绿化系统的重要组成部分。滨水绿色开放空间是城市中具有水体和绿化自然环境的地域，水域绿地往往形成不同形态特征的绿化开放空间，成为滨水城市开放空间结构形态的主要特征。

滨水开放空间系统应尽量与城市步行系统、城市自行车系统相结合，形成优美的步行、游憩环境。许多古城，利用护城河建设公园、绿地，形成环状的生态绿地和开放空间，并使城市历史性格局得到保护和再现。

城市中心区滨水环境设计中都体现了这样一个原则：充分利用水体组织城市公共开放空间，形成景观轴线，衔接中心广场或中心绿地，水域和陆域功能的有机整合，虚体与实体空间巧妙结合，成为空间形态的主要特征，个性鲜明，具有较高的景观价值。

6.4.2　城市滨水区设计要点

1）城市滨水区设计的范围

滨水区是城市中一个特定的空间地段，主要包括与河流、湖泊、海洋相邻的土地或建筑区域，即城市邻近水体的部分。城市滨水区设计的主要对象是其公共环境，即城市中邻近水体的空间构成物所限定的公共开放空间环境。它由对公众开放的自然环境和人工环境两大部分所组成，包括河流、沿岸步行空间、街道、广场、公共绿地，建筑物间的公共外部空间环境，以及对公众开放的建筑物公共大厅、中庭、室内街道、室内广场和建筑的灰空间环境等。

2）滨水区公共环境的特征

滨水区公共环境是一种复杂的，有时、空、量、序变化的动态系统和开放系统，是维系城市与水域的纽带。对城市设计而言，城市中的滨水区公共环境应该是亲水的、共享的、多样的、宜人的公共空间环境。这类空间景观及环境品质非常重要，其空间形态在整个城市范围内具有重要的意义，往往是所在城市景观和文化的象征。

滨水区的公共环境具有下述 8 个特征：①大水体作为滨水区公共环境的主要界面，空间场所具有强烈的近水性特征。②滨水区公共环境的主体是在滨水开放空间中运动、逗留和感受的人，人性化成为现代滨水公共环境重要的需求。③滨水区公共环境不仅包括沿河、沿湖、沿江、沿海的物质空间环境，还包括与航运、水利、防洪、历史有关的社会空间环境（文化、艺术、事件等）。其环境要素不仅包括可见的硬件部分，如滨水游乐设施、广场、建筑、步行街、绿地、旅游码头、防汛平台等，也包含不可见的软件部分，即共同遵守的公共原则、文化品位和社会意识。④滨水区公共环境的形态要素、功能要素和社会要素都与水域密切相关。⑤桥梁作为滨水地区联系两岸空间场所的纽带，常成为地区视觉的中心。⑥滨水区公共环境往往是所在城市开发和城市中心区的重点依托。⑦滨水区公共环境因直接面向水域开放空间，具有比其他城市公共空间更加明显的外向型特征。⑧滨水区一般可确保交通可达性，拥有岸线较为完整的用地，一般与城市腹地具有合理的距离。

3）做好公共空间环境的城市设计是滨水区开发的关键

国外城市滨水区开发一般都注重各类公共空间环境质量，空间塑造与文化内涵、风土人情和传统的滨水活动有机结合，以人为本，留出足够的开放空间进行精心规划设计，让全社会成员都能共享滨水的乐趣和魅力。

城市滨水区的各类广场、街道、公园、休闲场地等城市景观空间，是公众进行社会交往的场所，其空间环境的营造必须通过优化滨水地区用地结构，加强城市设计引导来进行。要避免追求规模效应，偏重形象工程，造成环境混乱或功能贫乏。对各类城市小品、广告、标志等要通过城市设计和规划管理达到有效控制。政府对滨水区城市规划和城市设计重点集中在：制订专项滨水区规划并纳入城市总体规划之中；将拟开发滨水区域作为实施规划的一部分；科学制订适合滨水区特点的城市设计准则、建设标准和开发政策。

滨水区城市设计涉及因素复杂，要搞好城市设计，其主要原则是：滨水空间共享；建立亲水带；注意可达性、特色和堤岸安全；注重历史文脉和生态景观。城市设计控制要包括土地利用强度、空间形态和边界；控制建筑体量、面宽、高度、韵律和轮廓；交通方面要使过境交通外移、公交优先；开发策略是由政府引导，组织城市设计和公众参与。

滨水建筑布局要保证城市公众主要观景点（如广场、水滨、步行道等）和景点（标志性建筑、山峰、水中岛屿等）之间的视线不被遮挡，保护和优化滨水城市天际轮廓线特征，注重城市肌理的延续，保持城市文脉的继承，追求建筑环境和自然环境的有机统一。

滨水城市在宽阔的水面或对岸能看到城市滨水天际轮廓线，充分展示城市的整体形象。滨水城市的轮廓线由多组建筑群体与自然山体绿化高低错落的顶部轮廓叠合而成，其形成往往要经历几十年甚至几百年的时间，并且是一个不断变化的动态过程，是城市生命的体现。滨水建筑天际轮廓线的组织必须注意自然山形的利用和配合，选择市民、游客经常集聚和来往的地点，如滨水广场、水边观景平台、桥头及电视塔等城市制高点作为滨水天际轮廓线组织的主要视点。标志性建筑物、构筑物的布置位置，作为天际线的高潮点，一般要通过空间视线分析，慎重考虑位置选择，一般不能放在太偏的位置，峰谷为低矮建筑或自然山体，重视建筑群体的节奏韵律和对比统一。城市在设计滨水建筑天际线时，往往只考虑临水建筑群显然是不够的。如果纵深方向有建筑高出临水滨水建筑，那么，滨水天际轮廓线就会是纵深方向建筑轮廓线的重合的结果。如果把临水建筑的轮廓线称为第一轮廓线，而把其后建筑或自然山体的轮廓线依次称为第二轮廓线、第三轮廓线……第一轮廓线是表层轮廓线，而第二、第三轮廓线是中、远景轮廓线。由于水面的开敞性，在对岸远眺城市滨水轮廓线时，临水建筑后面纵深的高层建筑可能会破坏或淹没表层轮廓线。

滨水建筑形态最重要的是要与水体的特征协调，大江大海气势磅礴、小河秀美流畅，建筑形体、色彩、体量、高度、疏密都要进行针对性推敲。对于滨水建筑形态控制，除建筑向水开敞、通透、跌落，造型优美多姿又不失简洁自然，色彩淡雅清新等控制要求之外，并应着重对滨水建筑后退蓝线距离、建筑界面、建筑密度和容积率、建筑高度等要素进行控制。

控制滨水建筑后退蓝线距离如同控制街道建筑后退红线同样重要。建筑后退蓝线距离为建筑线距水岸的最小距离，与水体尺度、滨水地形地貌有密切关系，应满足滨水开敞空间、绿化、滨水活动组织的用地要求，与滨水开放空间控制、滨水绿化带控制相统一，与建筑高度控制相协调，以达到舒适协调的空间尺度关系。滨水建筑界面要针对高层布局分别确定高层建筑界面线，多层建筑界面线及底层的控制界面。滨水建筑界面控制总体上应表现连续感，但在重要的视廊应断开，应防止形成一排封闭感很强的墙。

张招等认为，基准线（datum line）是组织空间秩序的基本骨架，是联系相对孤立景观元素之间的线性结构。它既可以是一个实体，如道路、水系或超大尺度的城市结构物，亦可是一个虚体，如轴线、系列空间的连接键或是某种特殊仪式中的时空组织秩序。根据滨水区景观形成的特点，其景观设计中的基准线主要表现为三种形式：第一，水系景观轴，要求重点考虑沿岸轮廓线、完整的景观界面，标志性建筑的分布，远离岸边建筑群的层次背景控制。第二，沿岸线视觉走廊、交通廊轴线，该轴线要求有机串联沿岸各种公共设施、公共空间、广场、步行街、滨水公园等要素。第三，垂直岸线向外辐射角度视觉走廊、交通轴，要求考虑景观引导及功能的合理过渡。

6.5　青岛东海路环境规划设计

6.5.1　背景

青岛市是我国著名的风景旅游城市和历史文化名城，历来十分重视环境建设和文化建设。1992年，青岛市城市中心东移，有力地带动了市区东部的土地利用、房地产开发、城市经济发展，使青岛市的城市格局与面貌发生了很大的变化。同时，也促进了海滨风景资源向广度和深度开发。保护、开发东部岸线资源，保护青岛海滨城市景观特色，促进青岛的城市建设与旅游产业的发展，使新、老市区的滨海岸线及风景资源连为一体，形成具有鲜明时代特色、丰富的文化内涵、宜人的海滨环境、和谐的城市景观的国际化滨海城市。

　　青岛市 1997 年规划建设的东海路是一条海滨风景旅游道路，是市中心东移后城市生活风景岸线由西向东的延伸（图 6.24）。因此，东海路的规划首先要研究青岛市风貌特色和地理环境，用历史的、唯物的、发展的眼光把新的滨海旅游路建成继历史的优秀、集现代的大成、容未来的发展的全新滨海道路，展现出新的、充满朝气与活力的海滨新貌。

图 6.24　总平面图

　　东海路位于东部新市区沿海地带，西起老城区八大关风景区，东至崂山石老人风景区，是一条滨海旅游性干道，全长 12.8km。规划道路红线宽 44m，其中，车行道 14m，两侧人行道各 5m，两侧绿化带各 10m。通过 12.8km 长的道路及环境设计，把两侧的建筑、园林、雕塑、广场、照明、市政公用设施等方面有机地组合，形成了一条优美的城市风景长卷。

　　东海路的建设是青岛老城的外延，也是城市历史的连续。因此，东海路的城市设计首先要研究与其衔接的老城区的 8km 的海滨旅游线的功能与形象，把东海路建成新的旅游线路。东海路通过城市设计手段，试图将建筑、远山、近海融为一体，并突出体现雕塑的作用，把体现中华文明、爱国主义及海之情的雕塑与环境融合。

　　青岛东海路城市设计在尊重自然和历史、突出特色、提高城市建设文化品位的指导思想下，运用环境、绿化、雕塑、设施有机结合的城市设计手段，把两侧的建筑、园区、绿地、雕塑、广场、照明、市政公用设施等方面进行整合（图 6.25、图 6.26），新建一座日处理能力为 10 万 t 的污水处理厂，新建扩建 4 座污水泵站，从根本上治理沿海海滨污染，提高环境质量，探索城市景观路线的规划建设方法。

东海路城市设计探索性地将各历史阶段不同形式的建筑联系起来，形成新、老城区的自然过渡；将红瓦绿树的风貌保护区与体现时代特色的现代建筑有机整合。利用城市设计的手段控制沿街建筑的高度、体量、色彩，使城市显山露水，新城区密而不堵，海岸带疏而不空，山、海、城有机联系。建成后的东海路带动了整个区域的升值与发展，成为青岛的一条海滨旅游热线。

图 6.25　东海路

图 6.26　街头小品地动仪

6.5.2　设计原则和思路[4]

（1）东海路是旅游性干道、不同于商业性、交通性干道。其在干道宽度，人行道铺装，绿化带的设置及建筑物的功能、尺度方面均有区别。路宽以满足旅游交通流量为主，不宜过宽，否则城市中旅游区要求的环境及亲切感就没有了。两旁人行道及绿化带尽量保持整体性和连续性，在一定的距离上设置相对集中的购物、餐饮、服务设施。

（2）突出海滨特色，强调环境艺术设计，源于自然，尊重自然，以海为特色，以绿为主调，以山为背景，以城市为中心，山、海、城、路一体，整个东海路在满足旅游交通功能前提下，以优美的水平线、竖曲线展现海滨山城的雄健姿态；以精美的道路绿化带连接山、海、城，使这沿线景观既雄健壮丽，又秀丽多娇。

（3）重视时空环境的研究和城市视觉形态研究。考虑车行与人行的时空关系，研究不同车速下，在人们头脑中能够留下视觉印象的空间尺度。研究人行过程中心理活动、对环境的要求及视觉环境对心理的影响。

（4）通过设计手段体现以人为本的设计思想和不同功能、不同环境下人们的视觉和心理活动，来创造为人服务的舒适空间，重视功能分区和场地设计，充分考虑人的活动空间和行为心理。

（5）通过环境设计的手段，把建成区的不同高度、不同功能及不同材质的建筑有机地结合起来，形成和谐统一、富有朝气的新城形象。

（6）雕塑作品以体现中华文明、爱国主义和海之情的内容为主，强调思想性、艺术性和观赏性融于一体，根据环境确定雕塑的内容、体量、尺度、材质，结合环境，精心推敲，使雕塑成为环境中的一个有机整体和亮点。

（7）把人行道铺装及市政公用设施，作为道路和环境设计中的重要组成部分考虑，将材料、色彩、图案、造型等都纳入统一规划，追求艺术、质量、功能及文化品位的协调统一。

6.5.3　绿化设计与雕塑设计

东海路绿化设计充分利用全长 12.8km、两侧 10m 宽的绿化带和 12 个园区进行绿化美化。最大限度地发挥绿地的生态效益，同时，考虑到高于自然的绿化设计艺术手法。这种设计既不同于私家花园，也有别于大进深的公园，根据不同地段的地质地貌、环境、功能、景观及游人心理，进行不同的平立面造型组合，展现层次变化、色彩变化、季相变化、图案变化。全线以常绿早熟禾草皮为基调、以青岛特色树种黑松为骨干，以石岩杜鹃、金叶女贞、紫叶小檗、小龙柏为装饰植被贯穿全线，在土厚地下水丰富地段又种植了水杉，在中心广场——五四广场两侧则以树形高大挺直的银杏为主，在绿地中还保留了具有景观价值的裸岩和适当的点缀风景石（图 6.27）。12.8km 长的绿化带具有整体性、连续性、艺术性，统一中求变化，变化中保持统一，体现了自然与艺术的结合，既有整体的大气，又有步移景异的变化（图 6.28、图 6.29）。在广场及园区中还重视了硬化与绿化的关系，每个园区都有自己的绿化特色和造园手法，丰富了园林及城市空间。

图 6.27　五四广场东侧绿化

图 6.28　东海路滨海绿地

东海路全线共规划设置雕塑 100 座（1997 年设置 40 余座），以中华文明和海之情为主题，以"五四广场"和"青岛雕塑园"为重点，建设 12 处雕塑园区，占地面积共约 2.8 万 m²。各园区雕塑主要分四大类：①标志性雕塑；②主题雕

图 6.29　滨海绿地

塑园区；③名人精品园区（8 号园区）；④城市对景点雕塑及小品[2]。根据环境
特点和立意要求每一处又有各自的主题，根据不同的主题、环境确定内容、形
式、数量。雕塑设置采取点、线、面结合的形式，结合环境、因地制宜、因题制
宜，起到画龙点睛的效果。

　　五四广场以东沿海规划的诸个园区及城市道路对景点的景观雕塑、园林雕塑
不拘泥形式和风格，为雕塑家发挥艺术想像力提供了广阔的创造空间，环境设计
结合海滨地形或自然起伏，或富于装饰，使滨海岸线设计丰富多彩（图 6.30、
图 6.31）。环境与雕塑辉映，以高超的艺术手法和丰富的思想文化内涵，表现雕
塑艺术的审美情趣和无穷魅力，反映时代的进步与文明，使城市环境更具有文化
艺术品位。

图 6.30　音乐广场

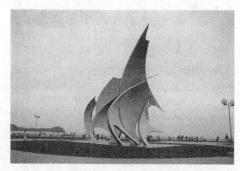

图 6.31　蓝色的风帆

6.5.4　四号园区（五四广场）

五四广场北依青岛市政府办公大楼，南临浮山湾，总占地面积 10km² （图 6.32）。
广场因青岛是中国近代史上伟大的"五四运动"
导火索而得名，意在弘扬五四爱国精神，激励人
们奋发图强。广场规划简洁大方，中轴线上市政
府办公大楼及广场绿地、广场铺装与隐式喷泉、
点阵喷泉、《五月的风》雕塑、海上百米喷泉富
于节奏地展现出庄重、坚实、蓬勃向上的壮丽景
象，在大面积草坪和风景林的衬托下，更加生机
勃勃，充满现代气息（图 6.33、图 6.34、图
6.35）。《五月的风》雕塑采用螺旋向上的钢体结
构组合，以单纯洗练的造型元素排列组合为旋转
腾升的"风"的造型，充分体现了"五四运动"
反帝反封建的爱国主义基调和张扬腾升的民族力
量。作品与海天自然环境及园区宁静典雅、舒展
祥和氛围有机地融为一体，形成广场蔚为壮丽的
景观（图 6.36、图 6.37）。

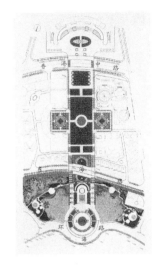

图 6.32　五四广场总平面图

图 6.33　市政府大楼

图 6.34　广场中心喷泉

图 6.35　戏水

图 6.36　广场东侧景观

图 6.37　广场西侧景观

6.5.5　一号园区与二号园区

1. 一号园区

　　一号园区位于东海路起点的区域，该地段又紧靠海岸线并与之平行。根据市委要求，要反映中华文明和爱国主义的题材，设计考虑既要反映雕塑的内容及表现形式又不能遮挡海滨景观，还要成为城市建筑、道路、绿化与海滨及历史与现在的联系。圆雕、浮雕墙、人物雕塑都难以做到与环境匹配。通过在 250m 的海岸线上，沿海排列直径 1.2m、高 9m 的 12 根高大柱石，将《大禹治水》、《愚公移山》等浮雕故事表现中华五千年文明历史和光辉灿烂的文化，给人以强烈的震撼，同时又与环境十分协调（图 6.38）。规划意在创造全开放式空间，保持视线通畅，突出雕塑柱式序列，使海之博大、松之挺拔与雕塑诉说中华古代文明与精深，气血相合，交相辉映；波浪般进退的植栽曲线衬托着高耸的石柱，主体突出，刚柔相济。同环境紧密地融合在一起，雕塑与环境的完美统一，取得了良好的效果。

图 6.38　世纪长廊

2. 二号园区

二号园区（图 6.39）位于青岛市少儿活动中心与电影城之间，占地
1.44 万 m² 的园内共有雕塑 10 座。雕塑与环境设计充分考虑所在区域的功能，
突出少年儿童的活动特征，设置具有积极、正面寓意和反映儿童活泼欢快情调的
雕塑作品，用装饰雕塑的手法把典型的家喻户晓的中华传统美德故事融于其中。
园区成为轻松活泼、环境优美的德育基地。

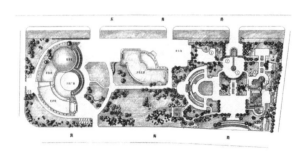

图 6.39　二号园区平面图

园区设计采用几何构图，利用竖向变化和植物组合分隔空间。发挥乔水遮
阴、树木相连的特点，使人驻足观赏。运用水体、图案铺装、绿化、小品等环境
要素，结合雕塑内容、形式，形成各具特点的单元空间。如"曹冲称象"
（图 6.40）泊于池边，"闻鸡起舞"立于草地疏林之间，"螃蟹上岸"（图 6.41）介
于海与园区入口之间。借助铺装形式，美化地面，诙谐有趣，将园区与大海紧密
结合。

图 6.40　曹冲称象

图 6.41　螃蟹上岸

6.5.6　人行道铺装设计与市政设施

1. 人行道铺装设计

东海路的人行道设计从功能、色彩、图案及经济上作了较细的考虑比较，施工上制定了严格规范。因此，人行道铺装成为东海路建设的重点和特色。全线总铺装面积 9.3 万 m^2。规划设计在人流比较密集的城区大部分地段，采用淡黄耐火砖铺装，色感温暖，质感柔和，性能刚强。而为了求得总体上统一与变化。在风景区地段有的部分又采用了精致龟背纹、彩色水磨石板，让人感到清新明快，在沿海滨的自然景区和以乘车观光为主的地段，采用花岗岩条石嵌草人行道路面，界格部分插入火烧板、马牙石、页岩等，既富于变化，又突出了青岛当地石材特色，显得质朴自然。考虑到道路较窄及青岛市自行车较少的状况，合理利用道路空间，将自行车道和人行道并用，路口均设置无障碍通道，公交机动车停车采用港湾式车站。人行道铺装中镶嵌图案，是从几千件市徽投标图案经过精选的近百种，体现了青岛的地方文化特色。路边石采用超宽亚光道牙石，无障碍路口采用异形石铺装。施工要求全部采用浆砌，按规范程序操作，彻底改变人行道粗制滥造的做法。人行道铺装同城市环境有机地结合，不但达到功能要求，成为风景线的有机组成部分，且具有一定的文化艺术品位，使游人行于其上方便舒适又有艺术情趣。

2. 市政设施

市政设施建设是东海路美化、亮化的重要内容。主要设施包括候车亭、电话亭、厕所、管理用房、广告牌、灯箱、果皮箱、休息凳、指示牌、钟表、路灯、庭院灯等。力求功能与审美统一，造型美观大方，与东海路整体环境相协调；数量尺度、布局均应符合规范及环境要求。设计力求增添道路整体性和有序感。草坪、乔灌木、道路、水池、周边建筑、雕塑的灯光考虑环境和功能，采取不同的

手法，突出夜晚亮化效果。植物以绿色光源为主，建筑以黄色光源为主，雕塑
《五月的风》以红色光源为主。照明及亮化在亮度、色度、透明度上都取得了一
定的效果。

6.6　宁波核心滨水区城市设计

6.6.1　核心滨水区设计的基本情况

1. 规划背景

　　宁波市核心滨水区位于宁波市三江片区三江口沿江地带，处于解放桥、大
沙泥桥和规划的惊驾桥之间，东至曙光路、西抵闸街，是宁波市集商贸、信息、
文化、服务、办公和景观功能于一体的标志性地段。委托规划面积 2.36km²，其
中水体 0.48km²、滨水绿地 0.28km²、建设用地 1.8km²。三江六岸则被界定为
东外环路、西外环路和南外环路之间的沿江区域。

　　设计是在宁波市城市总体规划基础上的深化和完善，遵照总体规划中确定的
把宁波市建设成为“现代化国际港口城市、国家历史文化名城、长江三角洲南翼
经济中心”的总体目标，对城市功能布局、道路系统、城市景观、生态环境和城
市历史文化保护等几个方面的内容进行综合研究，着力解决城市核心滨水区发展
所面临的主要问题，努力创造一个环境优美、交通便捷、功能完备、具有历史文
化底蕴和现代化国际港口城市风貌的动人的城市中心形象。

2. 规划设计原则

　　（1）城市山水与人居环境相结合。
　　（2）自然特色与人工景观相结合。
　　（3）历史传统与现代文明相结合。

3. 规划用地现状

　　宁波是我国东南沿海著名的港口城市，具有悠久的历史文化传统和迷人的湖
光山色，是中国古代“海上丝绸之路”的起点，近代史上“五口通商”的重要商
埠，也是改革开放中 14 个沿海开放城市之一。

　　三江片区是宁波市的政治、经济和文化中心，因余姚江、奉化江在此汇入甬
江入海而得名，三江汇聚形成的独特景观闻名于世。这里既是宁波古城所在地，
也是历史上城市中西文化交融的中心，有着大量文物古迹和秀丽的沿江景色。

　　随着经济的发展和建设水平的提高，宁波市已经进入到培育城市特色、创造
城市景观和提高环境质量的新阶段。三江沿岸的用地功能和布局结构面临调整和

重构，需要通过整体的城市设计描绘出城市的发展蓝图。规划以国际方案征集为基础，汇总优化，形成城市设计要点。

4. 综合功能

强调以空间为核心组织建筑，以三江口"绿心"、滨江绿带、街道空间、广场等组织形成有机完整的核心滨水区空间网络和场所，为商务、文化、居住、旅游等多功能活动提供卓越的、富有特征的环境。

三江口核心滨水区由三江自然划分成海曙、江东、江北三片区：海曙片以商业为主，兼具商务办公，结合钱业会馆保护和余姚江旅游功能开发，沿余姚江重点发展滨江休闲商业文化设施；江东片以商务、信息、科技功能为主，甬江沿线重点发展现代商务及文化服务设施；江北片以旅游、文化功能为发展的战略重点，着重考虑加强生态和适度的居住功能。规划强调中心区多功能有机综合、环境优越、开发强度有控制。原有建筑 250 万 m^2，规划 320 万 m^2 总开发量，其中办公约占 42%，居住约占 12%，商业、文化等约占 46%。

5. 形态设计

坚持历史与未来结合、水与绿结合、经济与文化结合，塑造以人为本，有特色、有活力、可持续发展的现代核心滨水区。保护与加强城市历史文脉、尺度与肌理，在完善已形成的三江口图底关系的前提下，控制发展强度、建筑布局与高度，创造有特色的亲水空间和滨水区"边缘"的活动界面。

以"三江"、"绿心"、"滨江绿带"为主导空间、建筑依地形临水跌落格局的高层带（建筑高度 75～120m）勾勒三江形态，并围绕烘托出标志性超高层建筑（建筑高度 150～180m），形成城市与水、建筑与环境共生的卓越的核心滨水空间[4]。

（1）空间网络：连接城市核心滨水空间、历史街区、广场、绿地、商业街道等，并特别强调步行活动的要求，以形成建筑、环境形态格局。

（2）空间界定：分两个层次，一是通过沿街裙房等一般建筑来界定具体的步行场所空间，强调界面的清晰和连续感，并以人的步行视觉运动为基准；二是通过高层建筑来界定城市中心空间较宽广视域的形态格局，同时注意沿路、沿江快速运动的韵律、轮廓等视感，并由三江自然形态、城市东西发展主轴予以整合。

（3）空间肌理：通过对空间和建筑尺度、走向的控制，建立基于核心滨水区自然地理特征和历史文脉的特征格局。海曙与江东片基本呈东西与南北向规整格局，并顺河流而展开江北片有机而自然的格局。

（4）绿化体系：由绿心、滨江绿带、广场绿地、住宅区绿地、屋顶绿化等共同构成有机的体系。绿心结合街区保护进行设计，努力创造与自然地形、历史文化相结合，有利于公共活动的场所。滨江绿带结合各功能区特点和防洪要求，设立若干个内容各异的滨水活动场所，作为核心区水上游览的活动节点，组成丰富而有序的滨水空间，核心区绿地率 34%。

（5）标志性景观设计：江北岛形中心和三江口江东片临江是该地区水、陆各方视线的焦点。江北岛形中心超高层建筑和江东临江超高层双塔遥相呼应，构成核心区大视域的标志。三江口"绿心"内，鉴于江面不宽，现有高层建筑已对中心有空间界定，因此不再设高大标志性构筑物，通过三江绿心、别致的带顶人行桥等来表现三江口标志性景观。

（6）历史文化保护：结合三江绿心规划，保护天主教堂外马路、庆安会馆、钱业会馆三片历史街区，各街区在保护设计上的手法因环境及功能的不同而相异。对能代表一定时期城市发展历史、质量尚好的历史遗存建筑，通过保护更新，作为公共文化建筑重新加以利用，并与沿袭历史格局、保存城市深厚的历史文化紧密结合。

6．道路交通

完善交通网络，疏解核心区内部交通，降低滨江路交通功能；完善建立地铁、公交及人行交通系统；完善核心滨水区格局，加强可达性，提高视觉运动质量。

调整总体规划路网系统，核心区外围建交通保护壳，疏解外围交通；滨江交通引向纵深，主要滨江道路改为旅游观景路；重点调整江北片路网，海曙、江北间主要跨江交通道路向西面（开明桥）转移，三江口中心部位桥梁（新江桥）改为地下隧道；预留 2 条轻轨线路，设 3 个轻轨站及配套公交环城点；建立由步行街区、跨江步行桥、建筑连接体组成的步行网络体系；核心区内道路平交，局部采用地堑式立交；完善支路网系统，合理配置停车设施。

6.6.2　清华大学三江口城市设计方案[2]

1．三江六岸概念规划

以三江口地带作为城市中心区，沿余姚江、奉化江、甬江三个方向延伸不同的城市功能。三江口地区重点建设中心商务区和市级公共文化活动设施，整治现状住宅区，并结合沿江绿化公园的建设和文物古迹的保护形成城市的商业、商务和文化活动中心区（图 6.42）。

甬江沿岸是城市的主要发展方向，需要对沿江的工业用地进行调整，除总体规划中确定的必要的市政设施项目外，重点发展城市生活居住区及其配套的公建设施，以组团形式沿江岸布置。江滨为开放型绿地，建设用地一律退在滨江道路外侧。沿江居住建筑以点式和短板式为主，道路和公共绿地垂直于江岸布置，最外层是中高层塔式建筑，使居住区内的居民共享沿江景色，丰富甬江两岸的景观

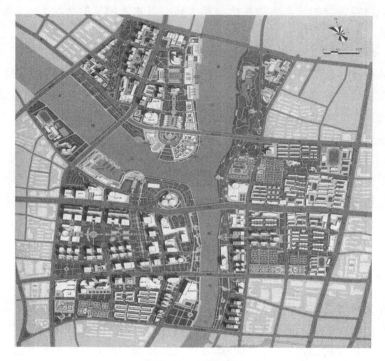

图 6.42　总平面图

层次（图 6.43）。

图 6.43　三江口鸟瞰图

余姚江沿岸是城市发展的一条特色辅助轴线,利用岸线优越的自然条件,重点发展滨江景观园林和高档休闲度假设施,包括郊野林地、高尔夫球场、滨江别墅区、游乐性郊区公园等设施,为市民节假日郊游、休闲娱乐提供内容和场所。

奉化江南段是现代工业仓储和码头区,建议对沿江环境加以整治,形成清洁、文明的工业区形象。

2. 核心滨水区城市设计

1) 规划区的范围调整

结合方案特点,将规划范围做了适当调整,将海曙区的规划范围从契闸街西扩至开明街,实际规划用地面积为 2.64km²。

2) 规划基本思路

(1) 从解决道路系统入手,从整体出发考虑问题。

(2) 以滨水区用地功能调整为核心,根据具体需求灵活布置用地。

(3) 以滨水开敞空间和纵深绿化轴线为景观构图手段。

(4) 以标志性建筑景观的创造为特色,形成丰富的空间形态。

(5) 充分考虑防洪要求,创造亲水性较好的、有特色的滨水区空间。

3. 各区设计要点

1) 海曙区

结合现有的商业、商务设施重点建设宁波市的商务中心区。形成南起柳汀街—药行街,北到中山路,东抵江厦路,西至开明街的完整的商业、商务中心区。其中包括大型商业设施,金融、科贸建筑,通用办公建筑和多功能商务公寓。城市标志性建筑矗立于三江汇聚点,俯视三江,形成标志性对景。余姚江滨开发游艇俱乐部,以强化城市水上活动为内容。

2) 江北区

江北区是规划改造的重点区域之一。改造内容包括:

(1) 保护江北教堂及其周围的近代建筑特色,开辟江北广场轴线,与南岸标志性建筑形成呼应,提供最佳的陆上观景平台。

(2) 宁波港是城市三大重要港区之一,是国内少有的市区大港,国内外城市港口拥有众多成功案例可供参考,可以将其改造成为游轮、客轮专用港口,成为现代化港口城市的内容和标志,同时将货运功能疏解到市区以外。江北长途汽车站是市区中心最为方便的对外公路交通设施,建议将其与港口、公共汽车站场结合,形成具有一定规模的综合性交通枢纽。

(3) 建设以商务公寓为主体的江北辅轴,带动江北区的经济发展。

(4) 在江北广场南端江岸建设宁波歌剧院。

　　3）江东区

　　江东区的规划重点是在现状基础上对现有居住区进行整治，增加小区绿地，提高环境质量，完善配套设施。在姚隘路以北的沿江地段建设滨江公园和市级文化设施；在中山路和百丈路之间规划一条垂直于奉化江的短轴线，其功能为通用办公建筑和商务公寓区，与海曙商务中心区形成呼应。

4. 道路系统

　　规划首先从整体出发，对城市道路等级系统进行调整，形成以过境高速公路、市域快速干道、城市快速路、城市干道、城市次干道组成的多层次路网系统；其次，对畸形道路节点进行处理和分解，重点改造跨江桥梁两端节点；最后对沿江道路的性质和级别进行调整，将三江沿岸的道路确定为城市滨江景观道路，疏解其交通功能，使它们更好地为沿江岸线的景观绿地服务，为创造优美的、面向公众的岸线景观奠定基础。

　　道路交通问题是宁波市区的一个重点难题。主要表现为过江桥梁两端过分拥挤，通行能力不足。究其原因，滨江道路功能不明确，承担交通性主干道功能是一个重要根源。规划方案对核心滨水区道路系统方案进行了专项研究，确定了将沿江的江厦路、江东路作为滨江景观道路的处理，将江北区主干道人民路和海曙区主干道开明街跨江连接的交通系统组织方案。取消江厦桥、灵桥两端的平面路口，沿江道路沟堑式下钻通过，从而彻底解决了桥头拥挤问题，为江滨绿化游览带的形成创造了条件（图 6.44）。

　　中心商务区以开明街城市主干道和两条城市南北向次干道为依托，以中山路、柳汀街、药行街为南北外围路组织交通，内部形成完整的二层步行系统。借助城市轻轨等公共交通设施完善其交通功能。

　　江北区利用人民路南段与中马路环形连接，形成江北轴线，为江北历史文化街区、江北广场、歌剧院及综合交通枢纽等公共活动区服务。

　　江东区以平行于江东路的另一条沿江道路取代江东路交通性主干道的功能，并对地块内的次级道路线形进行必要的调整，形成比较规则的道路网。

5. 开敞空间、绿地系统规划

　　强调滨水空间的公共性和开敞性，形成连续的滨水步行系统。将沿江第一层次的空间全部建成向公众开放的绿地公园（图 6.45）。

　　注重开辟垂直江岸的绿色走廊，使江景有更大的进深感，丰富沿江景观的层次，将水景沿绿带引入城市之中。

　　注重建设为居住区、公共活动区配套的小型公共绿地，改善规划区内整体的环境质量。

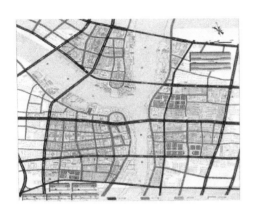

图 6.44　道路系统规划与桥梁构思

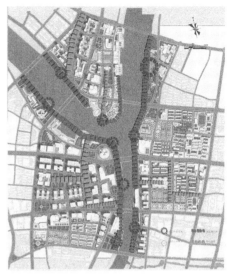

图 6.45　开敞空间、绿地系统规划图

6. 城市景观和旅游路线规划

城市景观的再创造是本次规划设计的另一项重要内容。景观价值是城市滨水区的重要内涵，孔子曰："智者乐水"，水景营造的一个重要的原则就是将人置于水景环境之中，通过人的活动来完整地表达水景的文化意义。

在景观布局上，强调将滨水区置于城市的整体环境氛围中，充分发掘水文化的优势，使两岸及水系沿线的文物景点联系起来，以取得综合景观效应，并以此控制岸线、滨水道路、建筑设计等规划设计内容。即做到人与水的结合、水与建筑的结合。在滨水区景点、景区的设计中，以滨水区线性的内在秩序为依据，以延展的水体为景线，以标志性建筑为地标，形成从序曲、高潮直至尾声的景观走廊，在提供最佳观景点的同时，也成为一道滨水风景线，人与水共成佳景，升华水景特色。

城市滨水立面是构成水景的界面，错落有序、富有节奏变化的立面构图为沿江观赏的行人提供赏心悦目的视觉通廊，通过水面的倒影变幻，前景、主景和衬景的层次轮廓变化，烘托出城市的活跃氛围（图 6.46、图 6.47）。

7. 防洪设施与岸线设计

城市核心滨水区的防洪设施与堤岸景观设计相结合，通过多样的堤岸形式，创造丰富多彩的滨水活动区。根据宁波市水文资料，以平均高潮位 3.2m 为基

图 6.46　三江口景观 1

图 6.47　三江口景观 2

数，将岸线防洪堤进行划分，按照淹没周期，分别设置无建筑的临水低台地、允许淹没的临时性建筑的中间台地和建有永久性建筑的高台地三个层次。第一道江堤设防高度为 4.2m，在适当的地方有直接入水的台阶，人们可以在最近的距离观赏水景，进行水边活动；第二道江堤设防高度在 16m 以上，确保 5 年一遇高水位（495m）条件下的安全。两道江堤之间通过斜坡绿化或台阶形绿化过渡。永久性建筑原则上后退至滨江道路以外，将整个岸线规划成为全体市民共享的公共绿地。利用二层台地修建滨江绿化公园，通过园林小品的点缀和公共活动空间的安排，将人们的活动纳入江堤景观之中，形成富有活力的城市气氛。

参 考 文 献

[1] 王建国. 城市设计. 南京：东南大学出版社. 2004

[2] 中国城市规划研究院. 城市规划资料集第 5 分册——城市设计. 北京：中国建筑工业出版社. 2004

[3] 何韶. 城市设计十议. 北京：科学出版社. 2001

[4] 中国城市规划研究院. 城市规划资料集第 6 分册——城市公共活动中心. 北京：中国建筑工业出版社. 2004

[5] 郭红雨. 城市滨水景观设计研究. 华中建筑，1998，（3）

[6] 童宗煌，郑正. 城市滨水环境规划设计若干问题初探. 现代城市研究，2001，（5）

第7章 城市公共活动中心的设计

7.1 城市公共活动中心的概念、分类和结构[1]

7.1.1 城市公共活动中心的概念

（1）城市公共活动中心是城市开展政治、经济、文化等公共活动的中心，是城市居民公共活动最频繁、社会生活最集中的场所。

（2）城市公共活动中心是城市结构的核心地区和城市功能的重要组成部分，是城市公共建筑和第三产业的集中地，集中体现城市的经济社会发展水平，承担经济运作和管理职能。

（3）城市公共活动中心是城市形象精华所在和区域性标志。一般通过各类公共建筑与广场、街道、绿地等要素有机结合，充分反映历史与时代的要求，形成富有独特风格的城市空间环境，以满足居民使用和观赏的要求。

7.1.2 城市公共活动中心的分类

（1）城市综合性公共中心。城市综合性公共中心是城市中三种及三种以上的公共活动内容相对集中的公共中心，往往是城市主要的公共活动中心。

（2）城市行政中心。城市行政中心是城市的政治决策与行政管理机构的中心，是体现城市政治功能的重要区域。

（3）城市文化中心。城市文化中心是以城市文化设施为主的公共中心，是体现城市文化功能和反映城市文化特色的重要区域。

（4）城市商业中心。城市商业中心是城市商业服务设施最集中的地区，与市民日常活动关系密切，是体现城市生活水平以及经济贸易繁荣程度的重要区域。

（5）城市商务中心。城市商务中心是城市商务办公的集中区，集中了商贸、金融、保险、服务、信息等各种机构，是城市经济活动的核心地区。城市商务中心也被称为 CBD（central business district），即中央商务区。

布莱恩·劳森认为[2]，一个体面的公司希望它的办公楼位于城市中心，这不是为了方便或者有多么必要在这样做，而是基于公司形象的考虑。在世界上任何大都市的中心商业区快速地兜一圈，就会很容易地看到许多熟悉的名字。大型跨国银行、制造商、服务提供商等都要通过所处的位置和通信地址来体现其潜质和实力。不过，对此有着更深远的东西，而不仅仅只停留在经济的层面上。我们希望我们的都市拥有一种朝向其核心越来越强的密集度。

（6）城市体育中心。城市体育中心是城市各类体育活动设施相对集中的地区，是城市大型体育活动的主要区域。

（7）城市博览中心。城市博览中心是城市博物、展览、观演等文化设施相对集中的地区，是城市文化生活特色的体现。

（8）城市会展中心。城市会展中心是城市会议、展览设施相对集中的地区，是城市展示和对外交流的重要场所。

7.1.3　城市公共活动中心的结构

1. 城市的单核及多核结构

不同规模、性质的城市，对公共活动中心有不同的需求。按照城市规模，小城市一般有一个综合性公共活动中心，就可以满足各方面的要求。大、中城市，除市中心外，还会有副中心、地区中心等，它们之间既相对独立、又相互联系，形成公共活动中心体系。

（1）单核结构：城市只有一个公共活动中心，适用于小城市。

（2）多核结构：城市具有多个不同功能、服务于不同地区的公共活动中心，适用于大中城市。

（3）复合结构：城市除了在市区具有多个公共活动相对集中的城市中心或副中心外，城市边缘地区还有各自的公共活动中心体系，一般适用于特大城市。

2. 城市公共活动中心的分级

根据服务的范围及对象不同，大中城市公共活动中心一般可分为四级（图7.1，图7.2）。

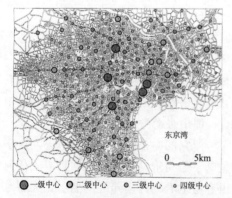

图 7.1　东京城市公共活动中心的分级结构

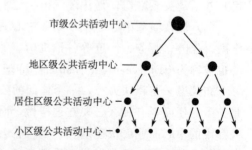

图 7.2　城市公共活动中心的分级结构图

（1）市级公共活动中心：主要为整个城市范围服务的公共活动中心。

（2）地区级公共活动中心：主要为行政区或地区范围服务的公共活动中心。

（3）居住区级公共活动中心：主要为居住区范围服务的公共活动中心。

（4）小区级公共活动中心：主要为小区范围服务的公共活动中心。

7.1.4　城市公共活动中心的规划布局

1. 城市公共活动中心规划布局的基本要求

（1）不同类型的城市公共活动中心在城市中应分布合理，功能互补，联系快捷，使用方便。

（2）同一类型的城市公共活动中心在城市中应依服务对象、服务范围的不同，按市、地区、居住区、小区分级设置。

（3）城市公共活动中心的性质和规模应根据城市发展和居民生活的实际需要确定。

（4）城市公共活动中心的用地组织应符合城市总体规划的要求。

（5）城市公共活动中心的分布要考虑城市交通组织，既交通方便，又避免交通的影响和干扰。

（6）城市公共活动中心的布局要考虑城市景观组织的要求，为形成有地方特色的城市景观及城市环境创造条件。

（7）城市公共活动中心的布局应考虑城市基础设施的合理安排，充分利用城市原有的基础，以节约投资。

2. 城市公共活动中心交通组织的基本原则

城市公共活动中心既要有良好的交通条件，又要避免交通拥挤、人车互相干扰。为了组织好公共活动中心的人、车及客运、货运交通，在交通组织上应重点考虑以下几点：

（1）必须有便捷的公共交通联系，以接纳和疏散大量人流。

（2）疏解与中心活动无关的车行交通。如有大量的城市交通通过，可开辟与中心街道平行的交通道路，或在市中心地区外围开辟环行道路，或将通过的交通改为地下行驶，或控制车辆的通行时间和方向。

（3）公共活动中心四周布置足够的汽车和自行车停放设施。

（4）发展立体交通，建设人行天桥或地下通道，以减少人车交叉。

（5）条件允许的情况下，公共活动中心内可划出一定范围作为步行区。

7.2 城市行政、文化中心的设计

7.2.1 行政、文化中心的概念

城市行政中心是城市政治与行政管理机构的中心，是体现城市政治功能的重要区域，在城市中处于非常重要的地位。城市文化中心是以大型文化设施为主构成的公共活动中心，是体现城市文化功能和反映城市文化特色的重要区域。

城市的行政中心和文化中心可独立设置，也可合并设置。由于政治活动与文化活动的相关性和兼容性，常常把行政中心和文化中心结合在一起，形成城市行政、文化中心。

7.2.2 行政、文化中心的内容构成

城市行政中心一般以政府办公机构为主构成，可包括政党、政府、人大、政协、司法等机构及行政会议中心，通常还包括供市民集会和活动的市政广场。

城市文化中心一般以大型或重要的文化设施为主构成，可包括剧院、展览馆、美术馆、博物馆、纪念性建筑等。与行政中心相比较，文化中心具有更广泛的内容、形式与不同的服务对象。在城市中可以独立设置单一功能为主的文化中心，如演艺中心、博览中心等。随着物质文化生活水平的提高，文化中心的内容将越来越丰富。

7.2.3 行政、文化中心的功能

城市行政、文化中心具有物质功能、景观功能和精神功能（图7.3）。

7.2.4 行政、文化中心的规划布局

城市行政、文化中心的规划布局具有政治与时代的特点，市民广场要体现开放、民主的城市文化精神。其布局需要综合分析城市历史文脉、基地地形、交通状况、建筑风格、空间环境特色及生态环境等要素。

城市行政、文化中心在布局中一般是以建筑组群辅以开放空间构成。最普遍的布局形式是以广场组织建筑群，形成建筑中心组群及场所环境的有机整合，创造出特定建筑、空间领域感。

1. 行政、文化中心的布局形式

　1）规则式布局

位于城市轴线或重点发展地段，一般呈对称式布局。此类布局的中心广场或中心建筑最为突出，布局强调政治性与纪念性，体现政治、文化中心的象征性作

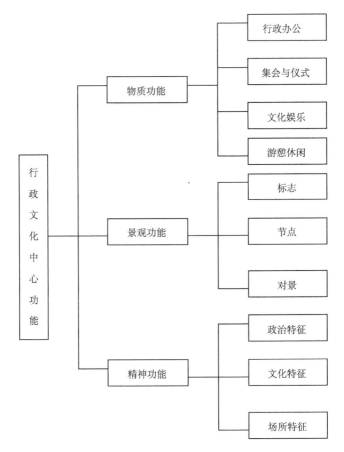

图 7.3 城市行政、文化中心功能示意图

用。总体来看，一般单纯的城市行政中心或行政、文化合设的中心多采用这一布局，如北京天安门广场、华盛顿中心区。

2）自由式布局

结合自然条件及现状条件，规划布局与城市整体空间有机联系，较好地体现出城市的环境特点和历史发展特征。自由式布局中，一类是将城市的历史文脉作为重点，突出城市中心在空间上与传统的联系，如波士顿市政厅广场、柏林文化中心；另一类是将自然因素作为重点，因借自然用地条件，就势布置，如柏林联邦政府中心、东京上野文化中心。

2. 规划布局与交通组织

行政、文化中心在交通组织上主要考虑以下因素：①创造便捷、综合的公共交通；②发展立体交通，实现人车分流；③划定一定的步行范围，建构步行系统的网络；④疏解无关过境交通；⑤布置足够的停车设施；⑥适应重大活动的交通集散。

深圳福田中心区公共交通组织——中心区两条地铁线交汇；地面公共交通设环行"穿梭车"；在地铁沿线设公交枢纽站和小型枢纽站，减少小汽车穿行中心区。

常州市新行政中心区交通组织——通过绿地、广场和步行道连接起来并使之成为一个完全排除机动车干扰的系统，是中心区成功的关键。规划区的步行系统主要由连接各广场和绿地的地面步行道，沿河道水面的滨水步行道，连接建筑物并跨越道路的天桥和二层步廊等内容组成（图 7.4、图 7.5）。

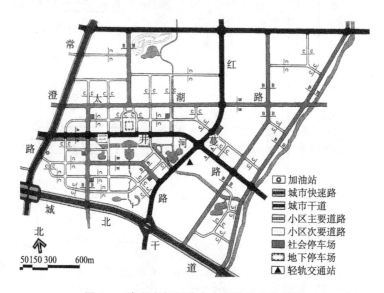

图 7.4　常州市新行政中心区道路系统规划

7.2.5　城市行政、文化中心的景观和环境设计

1. 行政、文化中心的景观和环境设计原则

（1）以宏伟严整与开放的布局，形成空间组织特色。

（2）以地方特色与文化精神，形成风格和风貌特色。

（3）以整体性和个性相统一，形成城市的象征和标志。

（4）以自然环境与人工环境的渗透，形成亲切感与舒适性的氛围。

2. 行政、文化中心景观和环境设计手法

（1）景观形成要素。城市景观与空间形态是由自然因素、人工因素和社会文

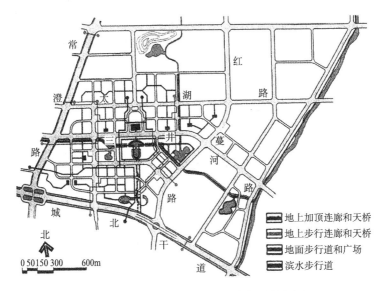

图 7.5　常州市新行政中心区步行系统规划

化因素相互综合形成，其中富有特征的地域性自然因素和反映时代特征的人工因素是创造城市特色的重要因素，而社会文化因素会对城市景观与空间形态的总体结构产生重要影响。

（2）标志性与象征性。运用隐喻、象征手法，如巴西利亚三权广场：为体现三权分立，用一个等边三角形。

（3）空间序列。

（4）空间组合与环境设施。

3. 北京天安门广场

明清天安门广场最初形成于明永乐年间（15 世纪初），经陆续建设至清乾隆年间全部完成，形成了以"丁"字形广场为主要特征的广场，面积约 6.9hm²。明清天安门广场是城市布局结构中的重要组成部分（图 7.6）。在城市中轴线上，紫禁城是中心，太和殿是高潮，而天安门广场北接天安门，南抵大明门，是皇城的主要入口，成为整个高潮的前奏。广场南北长 540m，东西宽 65m，是较为封闭的南北空间；天安门前是横向广场，东西长 365m，南北宽 125m，以衬托天安门，形成了强烈的空间对比；广场的南北中轴严格对称。纵深感强，更加突出了天安门的宏大气魄。千步廊两侧的建筑物相对低矮平淡，广场没有绿化，其间点缀着汉白玉栏杆及金水河，更加衬托出天安门城楼红墙金顶的富丽堂皇。

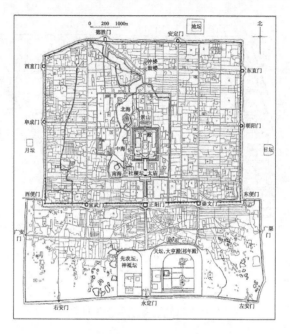

图 7.6　清北京城

　　鸦片战争以后，一直到中华人民共和国成立前夕，天安门广场的变化不大，只是在 1912 年打通了长安街，在长安街两侧各辟南池子和南长街门；1913 年拆除了千步廊，1915 年正阳门瓮城被拆除等，在这期间没有一个完整的规划思想指导天安门广场的整治与改建。

　　1949 年 10 月 1 日，中华人民共和国的开国大典在天安门广场举行，也标志着天安门广场的规划和改建的开始。1953 年，确定了行政中心在旧城中心，城市改造以长安街、天安门广场为布局中心，天安门广场成为首都北京的中心广场。1950 年以后，多次开展关于天安门广场的规划设计，进行归纳、筛选、比较。首先在广场中间建立"人民英雄纪念碑"。

　　1958～1959 年，对广场进行了大规模改造，广场仍保持"T"字形格局，在西侧建了人民大会堂，东侧建了中国革命博物馆和中国历史博物馆，广场的面积扩大到 39.5hm^2。经过十周年庆典时对天安门广场和东西长安街的改造，在规划上保留并发展了原有的南北中轴线，打通、展宽、延伸了东西长安街，形成了新的东西轴线，两条轴线相交于天安门广场；原广场南部的中华门被拆除，人民英雄纪念碑成为广场中心。

　　20 世纪 70 年代末在纪念碑以南建立了毛主席纪念堂，经扩建广场面积达到 49hm^2。广场北起金水桥，南至正阳门，东西以中国革命博物馆和中国历史博物馆及人民大会堂为界，南北长 860m，东西宽 500m，可容纳 50 万人的群众集会。

其中，长安街至纪念堂，广场东、西侧路之间面积为 18.5hm²。1999 年对广场进行了改造，增加了广场两侧的草坪绿化，前门箭楼形成了绿化广场（图 7.7、图 7.8）。

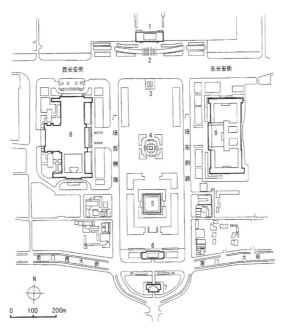

图 7.7　20 世纪 90 年代末的天安门广场平面图

1. 天安门；2. 金水桥；3. 旗杆；4. 人民英雄纪念碑；
5. 毛主席纪念堂；6. 正阳门；7. 箭楼；8. 人民大会堂；
9. 中国革命博物馆和中国历史博物馆

　　天安门广场是国家级政治、文化中心，也是国家的象征。在使用功能上更具有多样性，如游行阅兵、群众集会、节日联欢、纪念典礼、迎宾、升旗等仪式活动；广场的节日绿化与夜景照明也已成为节日庆典活动的重要组成部分。

　　目前，广场区的主要建筑是人民大会堂、中国历史博物馆和中国革命博物馆、毛主席纪念堂，人民大会堂西侧的国家大剧院正在建设之中。按照规划，广场南部还将建设国家级文化设施。随着规划的实施，天安门广场的行政、文化中心功能将进一步加强（图 7.9）。

　　天安门广场的城市设计特点如下：

　　1）规模

　　天安门广场的占地面积为世界之最，这是由其功能和地位所决定的，如此巨大的规模恰好表达了民族精神和国家象征，对广场周边建筑重点进行艺术处理，形成了一个完整的有机整体。

图 7.8 1990 年的天安门广场

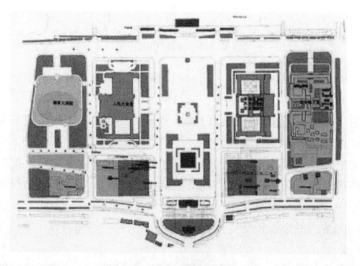

图 7.9 广场平面图

2) 轴线

天安门广场的建设和改造基本遵循原中轴线的对称格局，但又非绝对对称，即中国国家博物馆和人民大会堂体形相仿，形式相近，但建筑规模不等，一轻一重、一虚一实，遥相呼应，使天安门的中心地位更加突出。在中轴线上，由天安门经金水桥、旗杆、人民英雄纪念碑、毛主席纪念堂，到达正阳门箭楼及其瓮城，层次非常分明，强化了中轴线的重要性。

3) 比例

天安门广场采取了"开敞"的空间处理手法，不同于传统广场以建筑围合空间的手法。首先，广场北侧有重要的交通干道长安街穿过，而整个广场的北部出于集会的需要，也进行了大面积铺装；广场的南部现状建筑高度不高，围合感不强，规划拟适当提高层数，强化围合空间。广场的空间比例比较开阔舒展，主要建筑物、构筑物（如旗杆、人民英雄纪念碑、毛主席纪念堂、中国国家博物馆和人民大会堂等）与广场的空间比例均在 1∶10 以上，延续了故宫建筑群庄严、雄伟、气派的传统。

4) 风格

天安门广场在中华人民共和国成立后的第一次改建主要建筑是人民英雄纪念碑、中国革命博物馆、中国历史博物馆和人民大会堂等。人民英雄纪念碑是广场的中心，它以石碑为范本，碑头外形近似小庑殿顶而实为盝顶形式，3 层中国古典台基，高而挺拔，气宇轩昂；而中国革命博物馆、中国历史博物馆和人民大会堂则吸收中西古典建筑的精华，立面划分匀称，三段式古典构图，轮廓线平稳，建筑形象极具中国民族特色；同样的建筑风格手法后期也应用于毛主席纪念堂，使新建筑风格较为一致；从总体上更加突出了中轴线上天安门的古典风格。

7.3　城市商业中心的设计

7.3.1　商业中心的概念

商业中心是城市商业服务设施高度集中的地区，是城市公共活动中心最主要的组成部分之一，具有商业、服务、娱乐、旅游等主要功能。

商业中心的发展经历了下列演变：

（1）古代——古代商业活动的聚集场所从最初的"市"开始，逐步发展转入固定的场所和进入店铺，形成商业街和市场。

（2）近代——大工业生产导致城市的迅速发展，人口高度集中，对商业中心的发展有了客观要求。同时，冷冻等技术的产生，使食品的零售范围大大增加，而钢、玻璃、混凝土的应用为大空间商业建筑提供了可能。1852 年世界上第一家百货商店在巴黎诞生。

（3）现代——小汽车的迅速普及，导致城市的郊区化蔓延；20 世纪 70 年代的石油危机，使郊区化倾向受到抑制，开始实施城市中心复苏计划。城市商业中心经历了从市中心到郊区，然后再返回市中心的变化过程。1930 年超级市场在美国诞生，随后出现购物中心、仓储式等多种业态。商业中心的布局从商业区、商业步行街、地下商业街、综合性购物中心到立体化的巨型商业综合体，形态多种多样。

（4）未来——进入 21 世纪，信息技术（IT）迅猛发展，电子商务将改变现代商业的业态。1994 年世界第一家网上商店（亚马逊电子书店）在美国开张纳客。

7.3.2　商业中心的内容

商业中心的内容具有多样性、综合性、聚集性的特点。

（1）商业中心的设施构成可划分为基本公共设施、其他公共设施、辅助设施三大类（图 7.10）。

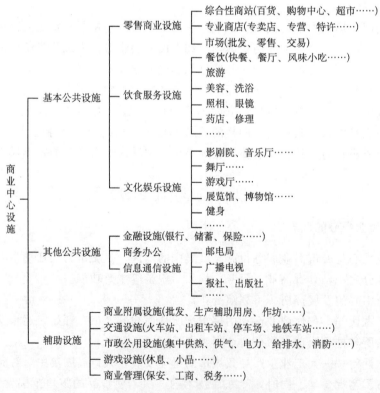

图 7.10　商业中心的设施构成

（2）商业中心的用地构成（图 7.11）。

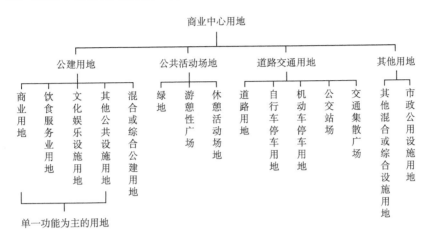

图 7.11 商业中心的用地构成

（3）商业中心建筑的类型。按经营方式划分为：①综合店（杂货店）；②专业店；③连锁店；④百货公司；⑤自选商场和超级市场；⑥仓储式超市；⑦购物中心；⑧其他（流动、拍卖、展销等）。按建筑空间类型划分为：①单栋建筑（多层、高层、大跨度单层）；②综合体建筑；③地下商业建筑；④空中商业连廊建筑；⑤室内步行街；⑥其他。

7.3.3 商业中心的功能

商业中心的功能概括为如下四个主要方面：

（1）经济功能。商业中心一方面为城市提供服务，同时是商品流通的舞台，是商品走向市场的窗口，商业中心的信息起着指导和调整商品生产的杠杆作用。

（2）生活服务功能：是购买力实现的场所。

（3）社会功能：是社会交往的主要场所。

（4）文化表征功能：是城市文化和城市形象的重要展现。

7.3.4 商业步行街的规划设计

1. 商业步行街概述

商业步行街是最受欢迎的商业空间形式，也是商业中心最基本的规划内容。不论是传统商业街区的保护与更新、现有商业中心的改造与整治、新商业中心的规划设计，还是城郊型的商业中心的规划设计中都包含商业步行街的内容。步行街既保持了传统商业街道的艺术魅力，又融合了购物中心所具有的安全、方便、舒适、多功能的特点，是最富有生命力的商业空间。

2. 城市商业中心的环境与景观设计

　　1）商业中心内人的行为心理分析（图7.12）

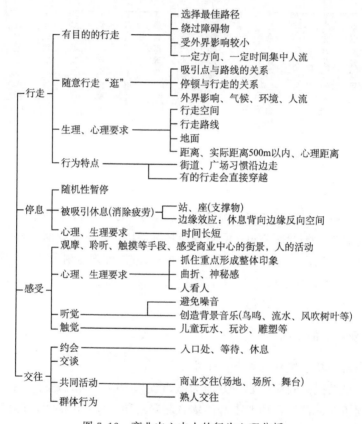

图 7.12　商业中心内人的行为心理分析

　　（1）人在商业中心内的非消费行为。

　　（2）人在商业中心内的消费行为。

　　对不同地区，不同人的行为心理的差异性应有所考虑，消费者的行为和心理是商业中心商业布局、平面空间布局和环境景观设计的基础（表7.1）。

　　2）商业中心环境评价的标准

　　（1）便捷：组织清晰、明确，良好的可达性。

　　（2）安全感：步行商业中心，人车分流等。

　　（3）舒适感：合理的人流密度，合理分布的休息空间与设施。按 20～25m 间隔布置座椅、长凳，最大间隔不超过 120m。

表 7.1　平均人流量与环境感觉之间的关系

编号	环境感觉情况	人均占有面积/m²	流量/〔人/ (m·min)〕
1	阻滞	0.2~1.0	60~82
2	混乱	1.0~1.5	46~60
3	拥挤	1.5~2.2	33~46
4	约束	2.2~3.7	20~33
5	干扰	3.7~12	6.5~20
6	不干扰	12~50	1.6~6.5
7	自由	>50	<1.6

（4）场所感：经验认知和情感认知。经验认知是对商业中心整体感、方位感、方向感、领域感的认知，是对整体形象特征的清晰把握。它包括商业中道路的组织和走向，范围和主体轮廓线，建筑与空间，标志性建筑，步行空间的导向性，环境小品的细节等。

情感认知是对商业中心美感、文化感、历史感、特色感、亲和感、归属感的认知。商业中心环境和形象规划设计上要满足艺术的美学特征，同时要保留历史的演变，要保持自身的特色，要精益求精（图 7.13、图 7.14）。

图 7.13　大连商业步行街

图 7.14　天津商业步行街

3. 商业中心环境设计的内容

1）实体设计

包括建筑、辅助附属设施、绿化、水体、小品和界面的设计。

（1）商业中心的建筑设计要求公共性、开放性、商业性、世俗性、趣味性及具有个性。

（2）设施小品、绿化和水体。设施小品又称"街道家具"，除有一定使用要求外，还要有一定的艺术性、观赏性和审美价值。包括停车棚、候车亭、公厕、售货亭、广告牌、指示牌、宣传栏、路灯、电话亭、邮筒、钟塔、垃圾箱、栏杆、座椅等。造景小品包括雕塑、各种标志物等丰富视觉效果，具有很强的装饰性。雕塑要考虑位置、体量、比例、尺度、造型、材料、质地、色彩、光影、环境、主题等方面的因素。绿化是环境设计不可缺少的元素之一，具有观赏价值和净化空气、降噪、调节小气候等功能。水体分为自然水体与人工水体，同时可兼做消防用水和空调冷却用水。

（3）界面设计：包括底界面（地面）、侧界面（立面、店面）和顶界面（天棚）。界面设计要充分体现商业中心建筑和空间的特点（图 7.15、图 7.16）。地面设计要注意图案、色彩、纹理和质感的效果，以及对人流活动的导向性和停息的暗示作用，要做好台阶与坡道的设计，充分考虑无障碍设计。

图 7.15　成都古琴台商业街　　　　　图 7.16　成都春熙路商业步行街入口

2）景观设计

商业中心景观设计主要通过商业中心形体环境各种构成要素组合形式的变化，包括以下几个主要方面：①构图。沿街立面和店面设计，商业中心空间景观轮廓线要符合平面和立体构图的原则，符合形式美的一般规律。②光影和色彩。充分利用自然采光和人工光，特别注意商业中心夜景灯光的设计，如霓虹灯、灯箱广告、投影灯光等。③造景。通过对景、借景等手法营造宜人的视觉环境。④景线。结合主要人流走向，规划设计连续变化的序列景观。

3）空间设计

空间设计是商业中心规划布局上最重要的一个方面，是商业活动的容器，对人的行为、心理产生影响。良好的空间感受取决于空间的形状、尺度、组合等因素，以及围合空间的实体和场景的丰富性。

商业中心空间设计的基本方法包括：①尺度。②形状。规则几何形与不规则形产生不同的空间感受。③空间的围合。从一面围合到四面围合。④空间的组合。空间内的空间、穿插式空间、邻接式空间、过渡空间。

4) 商业街道空间的设计手法

（1）街面宽度与邻街建筑高度比的确定（图 7.17）。①传统商业街道宽高比 (D/H) 在 0.7～1.5 之间，宽 6～8m 为宜。②干道商业街道宽高比 (D/H) 在 1.5～3.3 之间，宽 20～40m 为宜。③建议一般新建步行商业街宽高比 (D/H) 在 1～2.5 之间，宽 10～20m 为宜。④邻街商业建筑高度 2～4 层，高层后退为宜。

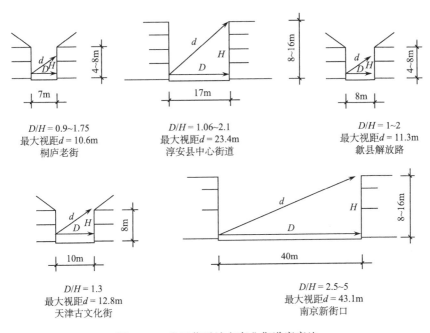

图 7.17　我国若干城市商业街道宽高比

（2）平面线型变化。通过平面线型的曲折变化，形成丰富的景观系列。通过局部的开合，形成一定的开敞空间和围合空间，丰富商业街的内容和层次。

（3）店面和广告招牌的设计，要起到划分空间、形成纵深感的作用。

5) 商业广场空间的设计

商业广场空间是商业外部空间序列的高潮部分，有向心性和聚集性。可采用下沉式等手法来强调广场的围合感、领域感，并丰富广场的空间景观。

4. 城市商业中心规划设计的发展趋势

（1）娱乐化和大众化。商业中心的发展呈现出"购物加 N 种娱乐"的模式，电影院、特色餐馆、夜总会、博物馆、健身房、运动场及游戏场进入了商业购物中心。同时，大众化也是商业中心的重要发展方向。应研究市民需求，创造独特的奇妙空间和形象，营造出舒适、自然、丰富的室内外购物环境。

（2）郊区化、区域化和社区化。大型购物中心的郊区化发展仍然是商业中心的重要方面，并且有向区域化大型购物中心发展的趋势。如北京亦庄大型"摩尔"、巴黎"欧洲城"购物中心等。同时，郊区大型购物中心逐步担负起新型城区中心的作用，逐渐成为社区的社交场所和社区中心。这里几乎配备了日常生活相关的所有设施，如邮局、图书馆、警察局、社区服务中心及老年公寓等，即使没有汽车，当地居民也可方便地解决基本日常生活之需。

（3）巨型化。这是基于"一站式购物"（one-stop shopping）的理念，集中客流，对市场需求能做出快速反应的超级购物中心。在巨大的购物中心内，繁忙的顾客可以高效率地完成购物行为，其中大量商品是成组销售的、便宜且品质良好。

（4）高档化。以高收入者为目标的高级购物中心，在悠闲豪华的室内气氛中，陈列的是一流的商品，整体追求富贵、典雅。

（5）商业文化和以人为本。只追求利润而不讲人性的商业理念在今天肯定是会失败的，除商业内涵外，密切关注顾客的心理和行为，关注文化性、公共性、舒适性、人性化的商业空间的塑造，已成为商业文化的重要内容。

（6）传统商业的弘扬。对商业中心内的传统商业街区和传统老字号的保护，是一种重要的发展趋势。城市商业中心的更新改造主要考虑环境和景观的整治、传统商业的保护和发扬，以及外部交通条件的改善。

（7）信息化趋势。网上购物和消费是大势所趋，仓储式超市与单一性巨大超市很可能结合网上购物的发展向大型配送中心的模式转化，而综合性商业中心和传统商业中心向高级化发展是其发展趋势。

7.4　罗湖商业中心

7.4.1　罗湖商业区用地现状

罗湖商业区已批租的用地有 151 块（其中 98% 的用地已建成），占总建设用地的 97%。未划拨的用地为罗湖村旧村用地，占总建设用地的 2.1%。可开发用地已所剩无几，城市建设的平面和空间发展余地很小。用地性质以商业性公共设施用地为主，除城市道路广场用地以外，商业性公共设施用地的比例远大于其他各类用地，用地结构属典型的商业中心区。

1）自然景观

（1）地形：本片区属典型的冲积平原地形，地势平缓，旧时为稻田及鱼塘。

（2）山峦：本片区南侧香港新界的绿色群山是宝贵的自然视觉景观资源。

（3）水：本片区南侧的深圳河是深圳市最大的河流，也是反映深圳市山水海滨城市的重要自然特征。

2）人工景观

（1）东门老街地区：东门老街地区作为深圳市现代商业的发源地，其原有的街道尺度和建筑风格都具有典型的岭南集镇商业的特色。目前的旧城改造将很多街巷拆除、合并，兴建了大型的商业建筑，破坏了原有空间格局的有机关系和亲切感。

（2）国贸、火车站及口岸地区：这一地区的空间格局呈现出典型的现代城市简洁、规整、理性的方格网形状。人民南路在空间上将口岸、火车站—深南大道—东门老街地区串接起来，是这一地区城市发展主轴（图 7.18）。

3）人文景观

1911 年广九铁路从九龙到罗湖桥一段通车后，商贾往来逐渐频繁。至今在老街地区仍保留着当年集镇贸易的浓厚色彩，吸引着大批市民和中外游客，特别是香港游客。20 世纪 70 年代末，我国实行改革开放政策，深圳的城市建设迅猛发展。由于本片区地处口岸，因而成为特区最先开发的地区，18 年的建设浓缩了深圳从一个边陲小镇建设成为一座现代化都市的巨大变化。由于对外交流频繁，信息传递迅速，城市人口来自全国各地，因此城市文化具有强大的包容性。

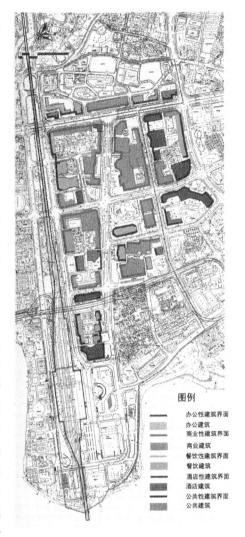

图 7.18　总平面图

4）活动景观

（1）东门老街地区：这里的活动主要为商业活动。具有典型的南方地区特点的夜市是老街地区活动的重要特色构成。

（2）国贸大厦地区：这里分布着数量众多的大型商业设施、高层办公楼宇，活动以办公、购物和娱乐为主。

（3）口岸、火车站地区：这里的主要活动为交通集散活动和口岸过境交通活动。

7.4.2　城市设计定位、目标和对策

1. 城市设计定位

　　(1) 城市的商业中心区。
　　(2) 重要的城市形象标志性区域。
　　(3) 集中体现城市文化发展与历史时空延续的风貌区。
　　(4) 城市的商务旅游中心区。
　　(5) 重要的客运口岸及区域交通枢纽中心。

2. 城市设计目标

　　(1) 创造舒适优美、以人为本的城市公共空间系统。
　　(2) 建立安全便捷的城市交通体系。
　　(3) 丰富罗湖商业中心区特有的城市文化内涵。
　　(4) 创造符合国际性城市发展需要、富有活力的产业环境。

3. 城市设计对策

　　(1) 以人为本，组织为人服务的、高质量的人性空间环境。
　　(2) 强化环境空间的形式特征及其构成关系，增强空间的观赏性和感染力，保持并增强该区在城市形态方面的标志性。
　　(3) 尊重历史，保护与利用城市个性环境，努力创造现代文化名城的物质空间。
　　(4) 提高街区支路网密度和通行能力，完善现有机动车交通的动、静态交通体系。
　　(5) 结合地铁系统，开发利用地下空间，为该区的发展注入新鲜活力。

7.4.3　城市设计构思

1. 空间结构构思

　　深圳特区已初步形成了以深南大道贯穿城市东西各组团的城市景观主轴和以多条城市南北向道路为景观副轴的鱼骨状景观结构。贯穿本片区的人民南路作为城市的商业发展主轴，是该鱼骨状景观结构的重要组成部分。本片区目前已形成以国贸大厦为核心的商业型景观空间，为了更加突出这一空间特征，可将本片区分为 3 个空间结构圈层：由国贸广场、海燕大厦广场、南国影院广场的城市开敞空间构成本片区的"中心绿核"圈层；以国贸大厦、发展中心、深房广场、海燕大厦等一批高层和超高层建筑群体构成本片区空间的第二圈层，是深圳的标志性景观空间；第三圈层则是周围密集的、作为背景空间的高层建筑群及多层建筑。这 3 个圈层与人民南路、嘉宾路商业景观轴共同构成了罗湖商业中心区 3 个圈

层、2 条轴线的空间结构关系。本片区从用地功能关系上，可分为 4 个不同功能的区段，它们通过人民南路线性空间串接，形成本片区的主要空间景观序列。这 4 个区段分别是：

（1）口岸—火车站交通枢纽区段（图 7.19）。

图 7.19　深圳火车站广场

（2）香格里拉—春风高架桥办公区段。

（3）国贸大厦大型商业区段。

（4）东门老街密集商业区段（图 7.20）。

图 7.20　深圳老东门商业步行街

2. 总体设计构思

1) 整合用地功能

(1) 突出人民南路城市商业发展主轴的功能特征，明确人民南路作为深圳第一商业街的地位，强化本区的商贸功能，形成专业化经营的中、高档消费为主的商业中心区。

(2) 合理开发可用地资源，提高罗湖商业中心区的土地综合利用水平，优先满足交通配套设施和市政用地的需求。

2) 强化空间结构

(1) 通过强化道路沿线人行步道、建筑界面的连续性；提高沿线道路绿化的观赏性、统一性；塑造舒适的人行空间尺度等方式，进一步突出深南大道城市景观主轴与人民南路城市商业发展主轴的空间联系，强化人民南路商业发展主轴与嘉宾路等商业副轴的空间结构关系。

(2) 增强本片区"中心绿核"的空间凝聚力，突出国贸大厦及其周边建筑群作为特区城市空间形态的标志地位。

3) 改善城市空间环境

(1) 针对罗湖商业中心区的现状环境质量，重点改善和提高城市公共空间的环境品质，为该区商业振兴提供良好的硬件基础。增强城市公共空间环境的吸引力。

(2) 建立"巷道—半开放空间—开放空间—城市街道"的空间组织序列，使城市公共空间富有层次感、节奏感和秩序感。

4) 完善交通体系

(1) 改造人民南路，建立便捷、高效的城市公共交通体系。

(2) 有机串联重要商业设施和城市公共活动空间，建立安全、舒适、便捷的立体化人行系统。

(3) 理顺道路性质和级别，打通道路"微循环"，强化街区内部支路网的联系作用，分流城市主要道路的交通压力。

(4) 布置方便、充分的机动车停车设施，提高利用率，将城市公共空间尽可能地留给公众。

(5) 结合地铁建设，开发地下空间，建立有序的交通换乘体系。

5) 街区功能整合与强化

(1) 罗湖商业中心区的核心片区集中着深圳重要的大型商业设施。目前在使用功能上多为各自独立的部分，联系较差。本次城市设计通过街区功能整合与强化，有机串接各大型商业设施，产生集化效应，提高城市街区的运作效率，激发商业活力。

（2）结合地铁建设，合理开发地下空间，将行人、地下商业、地下停车等功能与周边商业设施有机组合，形成完整高效的区域商业设施系统。将人行流线导入主要大型商业设施的内部，使之真正成为城市功能的有机组成部分。

6）延续城市历史文脉

延续城市历史文脉，完善罗湖商业中心区的城市标志性空间环境，塑造象征城市风貌与活力、体现深圳市两个文明建设窗口的城市景观区。

3. 系统设计构思

（1）公共空间。创造以人为本、具有强烈时代气息、舒适安全的公共空间，合理分布景观小品及休闲设施。

（2）人行系统。形成品质良好、设施完善、系统完整的人行步道系统。

（3）绿化系统。结合不同功能区段的特点，营造具有南方亚热带城市特色的绿化系统。

（4）道路交通设施。疏通背侧支路网，提高机动车通行能力；整合机动车停车场及自行车停车架，尽量为行人留出活动空间，改善道路隔离设施的面貌。

（5）街道界面设计。新建筑物与旧建筑物共同形成协调、整体性良好的界面系统，增强各区段界面的连续性、完整性。

（6）广告标志系统设计。根据不同功能区段的特点，创造美观、有序、尺度宜人、位置得当的广告标志系统。

（7）城市灯光照明设计。充分利用霓虹灯、街灯、建筑物饰灯的综合灯光效果，以突出建筑物的功能形象，增强各功能区段的可识别性和夜景的可观赏性（图 7.21）。

图 7.21　罗湖夜景

（8）市政共用设施。在满足功能的前提下合理布点、统一造型、尽量暗设。

7.5　城市中心复兴工程[4]

7.5.1　西雅图城市中心复兴工程

西雅图虽然被看作是美国城市中最"富有生气"的一员，作为在 20 年中人口陡增 30％的区域中心，同其他美国大城市一样，仍然没有幸免于 20 世纪 50 年代以来城市中心区域的衰败。20 世纪 90 年代初，西雅图在市区内关闭了两家大型的百货公司，是该城市经济的一个巨大损失。从 1998 年起，西雅图城区开始复苏，100 余项建设工程在这里宣布开工，整个城市正面临一个真正的、持续的发展机遇。在 1997 年，城市的建设量为 10 亿美元，而 1998 年，有 12.5 亿美元的雄厚资金投资到这里的中心区域。

西雅图的复兴在很大程度上归功于市长保罗·斯科尔（Paul Schell，1997 年就任）所领导的政府与私人企业的相互合作。斯科尔曾经从事内城复兴与阻止城市向郊区蔓延的工作，有趣的是，这是一项与英国"城市特别工作组"（urban task force）合作的项目，它提升了一个观点——好的建筑师将是城市重建中一个至关重要的因素。斯科尔与保罗·艾伦（Paul Allen）结成了强有力的联盟，有时候也与微软公司合伙，使得开发商、慈善家和发起人转到一些重要的工程上来，其中包括为弗兰克·盖里（Frank Gehry）设计的"音乐体验中心"（experience music center，对这个建筑进行的最初研究，开始于该建筑在 2000 年开放的时候，受古根海姆现代艺术博物馆的影响，建筑引入了吉他的解构形式……），见图 7.22。

图 7.22　弗兰克·盖里的音乐体验中心或许算得上是西雅图城市复兴的中心工程，在建筑结构的力度与形式设计上都可以与他在毕尔巴鄂设计的古根海姆博物馆相媲美

艾伦对城市文化与娱乐业的投资成为鼓励其他开发商在西雅图投资的催化剂。新获得的 4.25 亿美元的投资，用于建设一个 72 000 座的大型露天足球场，

于 2002 年投入使用。该项目由艾勒比·贝科特（Ellerbee Becket）设计，并由公众与私人合伙的公司进行施工，艾伦在其中扮演了领导的角色。在附近的南部闹市区（South Downtown），是新建的萨伏科棒球场（Safeco Baseball Stadium）的基地（该项目由 NBBJ 设计，全场可容纳 47 000 个座位，耗资 5 亿美元），这是一个具有可开合的顶棚，以及西雅图水手之家和艺术集会地——艾伦是水手之家的一位狂热者。这个运动场从 1999 年开工，替代了 20 世纪 60 年代建造的封闭的 Kingdome 运动场。很少有城市能够像西雅图这样能够拥有两个如此高水准的露天大型运动场。

艾伦的沃尔坎西北发展公司（Vulcan Northwest Development Arm）对多余的 Union Station 进行了革新（该火车站于 1912 年建造，1971 年关闭）（图 7.23），并添加了一幢由 NBBJ 的成员比特·普兰（Peter Pran）设计的 27 000m²（约 29 万 ft²）的办公楼（图 7.24），为西雅图树立了一个新的城市标志性建筑。这个整修一新的火车站将包含一个新的西雅图运输总公司（Seattle Transit）来运作这个地区的往返轻轨铁路网。

图 7.23　1912 年建成的联合大街火车站
久已废弃不用

图 7.24　NBBJ 事务所的设计师
比特·普兰设计的一幢标志性办公大楼

从 1906 年建成至今，帝王街车站（King Street Station）经历了无情的改变，但它并不被人们重视，而且仍然继续被使用着。如今，这个车站被整修一新，成为了城市间与往返列车的中转站，并为汽车提供服务（图 7.25、图 7.26）。这一历史性建筑根据欧太克（Otak）有限公司和哈迪·赫尔兹曼·菲福尔联合企业（Hardy Holzman Pfeiffer Associates）的建议被忠实地恢复原貌。在 20 年之内，这个建筑物所面临的铁路乘客数量将成十倍的增长。

西雅图从来没有像其他美国重要城市一样拥有自己市民的纪念物。这个遗憾现在终于被弥补了——罗伯特·文丘里的艺术博物馆已完工，一个新的美国法院在 2003 年建成，另外一个工程（中央图书馆）也在 2003 年建成。更值得注意的是，整个西雅图正在将现在五花八门的地方房地产替换为一个新的市民中心（由黑维特建筑师事务所，与温斯坦·科布兰德合作）。新的城市大厅、城市法院及警署大楼将与大面积的公共活动空间相联系，从室外到室内到园林，公共空间被看作整个工程的核心，其目标是为了建设一个面对公众开放的市民文化中心。这个地理位置相当重要，处于南部闹市区重建地带的边缘。

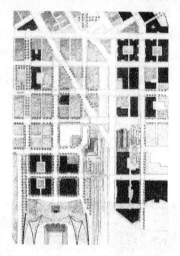

图 7.25　联合大街火车站更新平面图

图 7.26　从这张全面的工程设计鸟瞰图来看，帝王街车站及其具有标志性的高塔，将成为主要公共交通中转站的一部分，同样也是西雅图城市复兴的一部分。该规划也凸显了被重新利用的联合大街火车站（Union Street Station）

　　政府投资成为了吸引私人投资的催化剂——感觉西雅图就像是一个集商业、办公及居住开发为一体的繁荣的大市场。

　　根据 NBBJ 建筑事务所的意见，太平洋广场（Pacific Place）的开发着重于唤起老式的城区建设风格，那时候"城市拥有许许多多有趣的店面与遮罩，众多的商店入口与成排的树分列于街道的两边"。这项面积为 31 000m² （约 33.5 万 ft²）的发展项目包含了商店、餐馆及一个多元剧场。建筑由卡理逊建筑事务所设计，相对较为谦逊，但它的设计反映了邻近建筑的特点，如 Frederick & Nelson 商店，曾经是 19 世纪早期工业不景气时的牺牲品，现在建筑风格上进行了修复，并为 Nordstrom 零售商所用。

　　卡理逊的会议广场（One Convention Place）项目（1998～2000 年，28 000m²/3万 ft² 办公区）标志着西雅图办公市场的复兴，形成了华盛顿州会议与贸易中心扩展计划的一部分，并被视作未来一项重大的投资项目（图 7.27）。在西雅图，建筑的样式是完全现代的，这是一个振奋人心的建筑，同时也是近来美国商业建筑新装饰主义风格的一个醒目的对比（卡理逊所设计的、拥有 426 套客房数的 W·西雅图旅馆在 1999 年秋季对外开放，是该城市 15 年以来建设的第一家新的旅馆建筑，该高层建筑在设计上采用了装饰艺术风格截然不同的风格）。

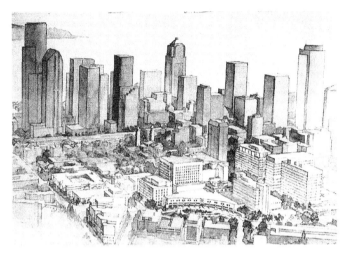

图 7.27　卡理逊建筑事务所设计的"会议广场"项目在 2000 年完工，标志着西雅图办公市场的复兴

西雅图的居住建筑的开发也繁荣起来，价格一再创记录地攀升（一年之内提价 20％）。这里有一个显而易见的危机：即便是中等收入家庭也面临着被迫迁出城市的危险。不过斯科尔市长的"居住议程"受到了鼓励（通过税收和其他激励方式），低造价住宅在城区的发展成为了加大市区密度的一项政策。大约 2000 户城区居住单元正在建设中。也许最有趣的发展是黑维特建筑师事务所的"港口阶梯"（Harbor Steps），该项目坐落在艺术博物馆与新近建设的伯拉洛亚交响乐（Benaroya Symphony）礼堂附近，利用了地段上陡坡的优势条件，向大海引出一条新的步行道——由亚瑟·埃里克森（Arthur Erickson）设计的这个"港口阶梯"（图 7.28、图 7.29）。800 户出租的公寓住宅被规划为四座塔楼，其中也包含了一个旅馆、一些商店、图书馆、休闲娱乐设施及一些讨人欢心的东西。功能混合，同时私密空间与公共空间混合——这样的目的在于消除少数民族的聚居区——其社会精神特质，正如一些城市中心的居住区发展一样。

图 7.28　"港口阶梯"项目的开发，非
常有趣的向大海引出一条公共的道路。
设计包含了一系列住宅楼，还有旅馆、
一些商店及休闲娱乐设施。不远处是罗
伯特·文丘里的艺术博物馆（在阶梯的
最高处、雕像后面可以看到）

图 7.29　西雅图在生气勃勃的滨水区域成功
地建设了一些工程，其中有对老建筑的修复，
也有一些新的建筑物

图 7.30　西雅图塔科马国际机场的扩大（由 NBBJ 事务
所设计）反映了城市作为一个商业中心发展的力量

西雅图有一些方面是其他城市所羡慕的——地理位置、城市规模、高利润的工业、富有且素质较高的民众——而这里的建筑也一样让人羡慕，吸引着人们的注意力。20 世纪 90 年代末到 21 世纪初的这段繁荣时期将为后世留下多种多样的建筑（图 7.30），这也许是一条正确的路，因为西雅图需要惊人的新的纪念物。当然，上述的项目也是城市复兴和改造的一员。事实证明，这种综合具有相当的前途。

7.5.2　法兰克福火车站地区复兴工程

对法兰克福豪普特班霍夫的重建规划，利用改造铁路回收的土地，为这个城市建立了一个新的综合区（图 7.31）。法兰克福火车站是整个欧洲中最为壮观的火车站之一。1888 年完成的三个巨大的弧形钢结构玻璃顶标志着当时在此地联合起来的三个铁路公司——也是当时凯撒建立的新的联邦德国的标志。在这三个玻璃棚的前面，连接着由 G. P. 埃格特（G. P. Eggert）设计的火车站前广场建筑，这个建筑物是 19 世纪铁路发展的象征，后者以巨大的弧形窗户在形式上与前者的三个弧顶相呼应。在二战中，法兰克福火车站遭到破坏，后来按照原有形式进行了重修。离这个火车站几个街区之外是一个主要的货运站，几条混乱的铁轨和一些装卸平台占据了大量的土地面积。

图 7.31　现存的为火车站大量人流服务的、混乱的铁轨及附近的货运站，都将被腾出来建设一个新的公园及办公与居住用房

埃格特的站前广场建筑与车站顶棚在结构上确实有其非常的历史价值。但是，由于历史上规划的错误，将这样一个大的火车站引入城市内部本身就是一个非常不合理的事情，为节省城市用地，调整城市结构，法兰克福的这个车站被计划改为地下 20m 处使用。站前广场的主体建筑依然保持原貌，并作为整个新车站的主入口；车站的弧形顶棚也依然保留，只是在其下新建了一个商业街走廊一直通到地下铁路。在这个新开辟的下沉空间周围，围绕着一共三层楼的、长达 2km 的店面，不仅在室内设计上给予人们强烈的印象，也在结构上为上面的钢结构屋顶作为支撑。这个大胆的改造思想源于 19 世纪，却只能在 21 世纪的工程技术支持下得以实现。

对于货运站，规划中将其完全拆除，并以一些地下的设施来代替。这样一下就腾出了 70km² 的发展用地，几乎与主火车站改造所创造出来的发展用地一样（图 7.32、图 7.33、图 7.34）。货运站邻近欧洲最大的贸易中心——法兰克福·梅塞（Frankfurter Messe），一条新的梅塞林阴大道将在此修筑，以加强与这个中心的联系。树阴浓郁的步行道将采用巴塞罗那兰布拉斯（Ramblas）的方式，道路两边将排列办公用房与居住用房，并将植物与水体巧妙地引入到环境中来。这样，在豪普特班霍夫的新区之外，又建成了一个功能综合的城市区域（图 7.35）。这个区域中拥有一个长达 3km 的公园，并采用非常浪漫的方式来进行两边植物的修剪，呈现出一种独特的面貌。沿着公园的周边，高密度的居住建筑与两个高层办公楼取得建筑空间上的平衡——法兰克福对此地的投资成为了其影响欧洲金融业实力的一部分。

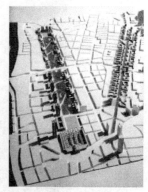

图 7.32　现状平面图　　　　图 7.33　规划平面图　　　　图 7.34　模型

图 7.35　这个火车站一直是乘车抵达的地方，也是城市
中心的结束点——分阶段的规划使其成为"建设在铁道
上的"新城市区域的一扇大门

参 考 文 献

[1] 上海市城市规划设计研究院. 城市规划资料集第 5 分册城市设计. 北京：中国建筑工业出版社. 2005

[2] 劳森 B. 空间的语言. 杨青娟，韩效，卢芳等译. 北京：中国建筑工业出版社. 2003

[3] 黑川纪章. 城市设计的思想与手法. 覃力等译. 北京：中国建筑工业出版社. 2004

[4] 鲍威尔 K. 城市的演变——21 世纪之初的城市建筑. 王玉译. 北京：中国建筑工业出版社. 2002

第 8 章　城市微观层面的设计

8.1　城市广场设计

城市广场是为满足多种城市社会生活（包括政治、文化、商业、休憩等多种活动）需要而建设的，以建筑、道路、山水、地形等围合，由多种软、硬质景观构成的，采用步行交通手段，具有一定的主题思想和规模的结点（node）型城市户外公共活动空间。其主题思想表现了城市风貌和文化内涵及城市景观环境等多重目的；结点型是指城市空间中的核心型空间形态。广场无论面积大小，从空间形态到小品、座椅都要符合人的环境行为规律及人体尺度，才能使人乐于其中。广场的位置选择比较灵活，可以位于城市的中心区，可以位于居住小区内，也可以位于一般的街道旁。

对人文主义思想的追求已成为新的社会发展趋势，在城市空间环境的创造上，则要充分认识和确定人的主体地位和人与环境的双向互动关系，强调把关心人、尊重人的宗旨具体体现于空间环境的创造中。现代城市广场是人们进行交往、观赏、娱乐、休憩等活动的重要城市公共空间，其规划设计的目的是使人们更方便、舒适地进行多样性活动。因此，现代城市广场规划设计要贯彻以人为本的人文原则，要注重对人在广场上活动的环境心理和行为特征进行研究，创造出不同性质、不同功能、不同规模、各具特色的城市广场空间，以适应不同年龄、不同阶层、不同职业市民的多样化需要。

8.1.1　广场的功能、主题和空间形态

1. 广场的功能

功能多样化是广场活力的源泉，因为只有功能多样化，才能吸引众多的人产生多样的活动，使广场真正成为富有魅力的城市公共空间。多样化的含义是对多种功能、活动的参与，以达到空间中人活动的多样化，从而形成有活力的城市空间。广场的功能和作用有时可以按其城市所在的位置和规划设计要求而定；有时可以结合城市重要的公共建筑，如政府办公楼、博物馆和影剧院等来兴建；有时处于城市干道交会的位置。广场主要起组织交通的作用；而更多的广场则是结合广大市民的日常生活和休憩活动，并为满足他们对城市空间环境日益增长的艺术审美要求而兴建的。

广场周围建筑性质多样化是现代广场功能多样化的重要条件。按传统做法，广场中的主要建筑决定了广场的性质，并占据主导的位置，其他建筑处于从属地位，这种主次关系不仅表现于位置，还在尺度、形态、人流导向上有明显差别，此时的广场功能较为单一。而现代广场四周的建筑，这种主次关系已不十分明显了，建筑和建筑之间表现于共生和相互对话的关系，广场成了多功能和综合化的组合体。今天的现代城市广场还愈来愈多地呈现出一种体现综合性功能的发展趋势。

2. 广场的主题和特色

广场作为城市空间艺术处理的精华，往往是城市风貌、文化内涵和景观特色集中体现的场所。因此，城市广场的主题和个性塑造非常重要，它以浓郁的历史背景为依托，使人在闲暇徜徉中获得知识，了解城市过去曾有过的辉煌。由于城市历史文化保护运动的影响，表现城市的文脉关系已成为一种时尚，并反映到现代城市广场的设计中。运用历史建筑符号来表现城市历史延续的隐喻手法成了时髦的设计技巧。这些经过加工的符号流露着历史建筑的某些特征，往往引起人们的思考和联想，同时又表现出现代社会的一些风貌。一个有地方特色的广场也往往被市民和来访者看作象征和标志，产生归属感。

纪念性广场应突出某一主题，创造与主题相一致的环境气氛，用相应的象征、标志、碑记、纪念馆等，以便强化所纪念的对象，产生更大的社会效益。因此，主题纪念物应根据纪念主题和整个场地的大小来确定其大小尺度、设计手法、表现形式、材料、质感等。形象鲜明、刻画生动的纪念主体将大大加强整个广场的纪念效果。

交通广场的首要功能是合理组织交通，包括人流、车流、货物流等，以保证广场上的车辆和行人互不干扰，满足通畅无阻、联系方便的要求。广场要有足够的行车面积、停车面积和行人活动面积，其大小根据广场上车辆及行人的数量决定。在广场附近设置公共交通停车站、汽车停车场时，其具体位置应与建筑物的出入口协调，以免人、车混杂，或车流交叉过多，使交通阻塞。广场的空间形体应与周围建筑相呼应、相配合，富有表现力，能丰富城市的景观风貌，给过往旅客留下深刻、鲜明的印象。

商业广场大都位于城市的商业区。商业区一般位于城市核心或区域核心，它的布局形态、空间特征、环境质量及所反映的文化特征都是人们评价一座城市的最重要的参照物，它表现了城市整套的"生存式样"，也通过商业购物的活动方式和空间特征来满足这种"生存式样"。商业广场则是商业中心区的精华所在，人们在此可以观察到最有特色的城市生活模式。

商业广场必须在整个商业区规划的整体设计中综合考虑，它一般位于整个商业区主要流线的主要节点上，如开端、发展、高潮、结尾。这些广场应根据各自所在位置，确定不同的空间环境组合，并在广场中设置绿化、雕塑、喷泉、座椅等城市小品和娱乐设施，使人们乐在其中，充分享受"城市客厅"的魅力，从而形成一个富有吸引力、充满生机的城市商业空间环境。

南京新建成的汉中广场，以古城城堡为第一主题，辅之以古井、城墙和遗址片断，为游人创造了一种凝重而深厚的历史感（图8.1）。或辅之以优雅的人文气氛或特殊的民俗活动，如意大利锡耶纳坎渡广场举行的赛马节和佛罗伦萨西格诺里广场的足球赛都是世界闻名的民俗活动，广场的场所意义在这时最能得到充分体现。再如南京夫子庙每年元宵节的灯会、朝天宫广场周末的收藏品交流市场等都是极富特色的城市人文景观。现代城市广场建设也可以利用新的特定使用功能、场地条件和景观艺术处理来塑造出自己的特色（图8.2）。

图 8.1　南京汉中门广场[1]

图 8.2　纽约派雷袖珍广场

3. 广场的空间形态

广场空间形态主要有平面型和空间型两种类型。历史上及今天已建成的绝大多数城市广场都是平面型广场。在现代广场设计中利用空间形态的变化通过垂直交通系统将不同水平层面的活动场所串联为整体，打破了以往只在一个平面上做文章的概念，上升、下沉和地面层相互穿插组合，构成一幅既有仰视又有俯瞰的垂直景观，与平面型广场相比较，更具点、线、面相结合，以及层次性和戏剧性的特点。这种立体空间广场可以提供相对安静舒适的环境，又可充分利用空间变化，获得丰富活泼的城市景观。通常可分为下沉式广场、上升式广场及上升、下沉结合的立体广场。

上升式广场一般将车行放在较低的层面上，而把人行和非机动车交通放在地上，实现人车分流。巴西圣保罗市的安汉根班（Anhangaban）广场地处城市中心，过去曾是安汉根班河司河谷。20世纪初由法国景园建筑师波瓦（Bouvard）

设计成一条纯粹的交通走廊，并渐渐失去了原有的景观特色，人车的混行冲突导致了严重的城市问题。近年重新组织进行了规划设计，设计的核心就是建设一座 6 万 m² 的巨大的上升式绿化广场，而将主要车流交通安排在低洼部分的隧道中，这项建设不仅把自然生态景观的特色重新带给这一地区，而且还能有效地增强圣保罗市中心地区的活力，进而推进城市改造更新工作的深入。

下沉式广场在当代城市建设中应用很多，特别是在一些发达国家。相比上升式广场，下沉式广场不仅能够解决不同交通的分流问题，而且在现代城市喧嚣嘈杂的外部环境中，更容易取得一个安静安全、围合有致且具有较强归属感的广场空间。在某些大城市，下沉式广场常常还结合地下街、地铁乃至公交车站的使用，综合了地铁、商业步行街的使用功能，成为现代城市空间中的一个重要组成部分。威廉姆 H 怀特在纽约市进行的研究清楚地说明了使用抬高了的公共空间的效果："视线是重要的，如果人们看不到空间，他们就不会使用它。""除非有充分的理由，否则开放的空间决不应下沉。除了两、三个明显的例外，下沉式广场都是死的空间。"

空间多层次除了表现在不同高差的广场形态外，也是指广场空间领域化，即广场空间根据人们环境行为的需要分成许多大小不同的场地，形成不同层次的领域空间。有可容纳几百人的大空间，有容纳十几人的小场地，直至容纳一两个人的个人空间。同时，也相应地划分出公共、半公共、半私密、私密空间，以供广场上不同类型的人群活动，增强广场的活力和效率。

4. 广场的色彩设计

色彩是用来表现城市广场空间的性格和环境气氛、创造良好的空间效果的重要手段之一。在广场色彩设计中，如何协调、搭配众多的色彩元素，不致色彩杂乱无章，造成广场的色彩混乱，失去广场的艺术性是很重要的。如在灰色调的广场中配置红色构筑物或雕像，会在深沉的广场中透出活跃的气氛；在白色基调的广场中配置绿色的草地，将会使广场典雅而富有生气。广场本身色彩不能过分繁杂，应有一个统一的主色调，并配以适当的其他色彩点缀即可，切忌广场色彩众多而无主导色。

在纪念性广场中便不能有过分强烈的色彩，否则会冲淡广场的严肃气氛。相反，商业性广场及休息性广场则可选用较为温暖而热烈的色调，使广场产生活跃与热闹的气氛，更加强了广场的商业性和生活性。色彩处理得当可使空间获得和谐、统一效果，在广场空间中，如果周围建筑色彩采用相同基调，或地面铺装色彩也采用同一基调，有助于增强空间的整体感和协调感。

5. 广场空间的水环境

　　水是城市环境构成的重要因素,有了水,城市平添了几分诗情画意;有了水,城市的层次更加丰富;有了水,城市注入了活力。水体在广场空间中是人们观赏的重点,它的静止、流动、喷发和跌落都成为引人注目的景观,因此水体常常在娴静的广场上创造出跳动、欢乐的景象,成为生命的欢乐之源。水体可以是静止或流动的,静止的水面物体产生倒影,可使空间显得格外深远,特别是夜间照明的倒影,在效果上使空间倍加开阔;动的水有流水及喷水,流水的作用,可在视觉上保持空间的联系,同时又能划定空间与空间的界限,喷水的作用,丰富了广场空间层次,活跃了广场的气氛。

　　水体在整个广场空间环境中的作用和地底面不仅为人们提供活动的场所,而且对空间的构成有很多作用,它可以有助于限定空间、标志空间、增强识别性,可以通过底面处理给人以尺度感,通过图案将地面上的人、树、设施与建筑联系起来,以构成整体的美感,也可以通过底面的处理使室内外空间与实体相互渗透。如由米开朗琪罗设计的罗马市政广场,广场地面图案十分壮观,成功地强化和衬托了主题。而矶崎新在日本筑波科学城中心广场设计中,也引用了该地面图案,只不过稍作变换,由于忽略了历史的意义,在文化表现上给人以虚假的感觉。

　　(1) 作为广场主题,水体占广场的相当部分,其他的一切设施均围绕水体展开。

　　(2) 局部主题,水景只成为广场局部空间领域内的主体,成为该局部空间的主题。

　　(3) 辅助、点缀作用,通过水体来引导或传达某种信息。

6. 广场绿化的设计手法

　　绿色空间是城市生态环境的基本空间之一,绿化具有自然生长的姿态和色彩,经过人工修整的树形更具人文色彩,无论从生态角度、经济价值、艺术效果和功能含义等方面,都应列入广场空间要素的首位。作为软质景观,绿化是城市空间的柔化剂。在广场空间处理上,绿化可以使空间具有尺度感和空间感,反衬出建筑的体量及其在空间的位置。树木本身还具有表示方位、引导和遮阳的作用。

　　树木本身的形状和色彩也是制造城市广场空间的一种景观元素。对树木进行适当的修剪,利用纯几何形或自然形作为点景景观元素,既可以体现其阴柔之美,又可以保持树丛的整体秩序;树木四季色彩的变化,给城市广场带来不同的面貌和气氛;再结合观叶、观花、观景的不同树种及观赏期的巧妙组合,就可以用色彩谱写出生动和谐的都市交响曲。

　　在广场绿化的设计手法上，一方面，在广场与道路的相邻处，可利用树木、灌木或花坛起分隔作用，减少噪声、交通对人们的干扰，保持空间的完整性；还可利用绿化对广场空间进行划分，形成不同功能的活动空间，满足人们的需要。同时，由于我国地域辽阔、气候差异大，不同的气候特点对人们的日常生活产生很大影响，造就了特定的城市环境形象和品质，因此，广场中的绿化布置应因地制宜，根据各地的气候、气象、土壤等不同情况采用不同的设计手法。例如，在天气炎热、太阳辐射强的南方，广场应多种能够遮阳的乔木，辅以其他观赏树种，北方则可以用大片草坪来铺装，适当点缀其他绿化（图 8.3）。另一方面，则可利用高低不同、形状各异的绿化构成各种各样的景观，使广场环境的空间层次更为丰富，性格得到应有的烘托。

图 8.3　大连中山广场

7. 广场地面铺装的图案处理

　　1）标准图案重复使用

　　采用某一标准图案、重复使用，这种方法，有时可取得一定的艺术效果，其中方格网式的图案是最简单的使用，这种铺装设计虽然施工方便，造价较低，但在面积较大的广场中亦会产生单调感。这时可适当插入其他图案，或用小的重复图案组织起较大的图案，使铺装图案较丰富些。

　　2）整体图案设计

　　指把整个广场做一个整体来进行整体性图案设计。在广场中，将铺装设计成一个大的整体图案，将取得较佳的艺术效果，并易于统一广场的各要素和广场空间感的求得。如美国新奥尔良意大利广场中同心圆式的整体构图，使广场极为完整，又烘托了主题。

　　3）广场边缘的铺装处理

　　广场空间与其他空间的边界处理是很重要的。在设计中，广场与其他地界（如人行道的交界处），应有较明显区分，这样可使广场空间更为完整，人们亦对广场图案产生认同感；反之，如果广场边缘不清，尤其是广场与道路相邻时，将会给人产生到底是道路还是广场的混乱与模糊感。

　　4）广场铺装图案的多样化

　　人的审美快感来自于对某种介于乏味和杂乱之间的图案的欣赏，单调的图案难以吸引人们的注意力，过于复杂的图案则会使我们的知觉系统负荷过重而停止对其进行观赏。因而广场铺装图案应该多样化一些，给人以更大的美感。同时，追求过多的图案变化也是不可取的，会使人眼花缭乱而产生视觉疲倦，降低了注意与兴趣。合理选择和组合铺装材料也是保证广场地面效果的主要因素之一。

8. 广场的建筑小品设计

　　建筑小品泛指花坛、廊架、座椅、街灯、时钟、垃圾筒、指示牌、雕塑等种类繁多的小建筑。一方面为人们提供识别、依靠、洁净等物质功能；另一方面具有点缀、烘托、活跃环境气氛的精神功能。如处理得当，可起到画龙点睛和点题入境的作用。

　　建筑小品设计，首先应与整体空间环境相协调，在选题、造型、位置、尺度、色彩上均要纳入广场环境的天平上加以权衡。既要以广场为依托，又要有鲜明的形象，能从背景中突出；其次，小品应体现生活性、趣味性、观赏性，不必追求庄重、严谨、对称的格调，可以寓乐于形，使人感到轻松、自然、愉快；再次，小品设计宜求精，不宜求多，要讲求适度。

　　在广场空间环境中的众多建筑小品中，街灯和雕塑所占的分量愈来愈重。现代生活在伴随着快节奏、高效率的同时，人们的业余活动时间也在不断延长，城市的夜生活较以前更加丰富多彩。因此设计时除昼间景观外，夜间的景观也很重要，特别是广场空间的夜间景观照明尤为重要。街灯的存在不仅使市民可在夜间进行活动，有防止事故或犯罪的效果，并且是形成广场夜景乃至城市夜景的重要要素。为此，在广场空间环境中，必须设置街灯，或有此类功能的设施。在设计上要注意在白天和夜晚时，街灯的景观不同，在夜间必须考虑街灯发光部的形态及多数街灯发光部形成的连续性景观，在白天则必须考虑发光部的支座部分形态与周围景观的协调对比关系。

8.1.2　广场设计的原则

　　现代城市广场规划设计主要有以下原则，即整体性原则、尺度适配原则、生态性原则、多样性原则和步行化原则。

1) 整体性原则

作为一个成功的广场设计，整体性是第一重要的。它包括功能整体和环境整体两方面。功能整体是指一个广场应有其相对明确的功能和主题，在这个基础上，辅之以相配合的次要功能，这样的广场才能主次分明、特色突出。特别是不能将一般的市民广场同以交通为主的广场混淆在一起。

环境整体同样重要。主要考虑广场环境的历史文化内涵、时空连续性、整体与局部、周边建筑的协调和变化有致的问题。城市建设中，时间梯度留下的物质印痕是不可避免的，在改造更新历史遗留下来的广场时，应妥善处理好新老建筑的主从关系和时空接续问题。以取得一个统一的环境整体效果。

2) 尺度适配原则

即根据广场不同的使用功能和主题要求，赋予广场合适的规模和尺度。如政治性广场和一般的市民广场尺度上就应有较大区别。从趋势看，大多数广场都在从过去单纯为政治、宗教服务向为市民服务转化。即使是天安门广场，今天也改变了以往那种空旷生硬的形象而逐渐贴近生活。

3) 生态性原则

广场是整个城市开放空间体系中的一部分，与城市整体的生态环境联系紧密。一方面，其规划的绿地、花草树木应与当地特定生态条件和景观生态特点相吻合；另一方面，广场设计要充分考虑本身的生态合理性，如阳光、植物、风向和水面，趋利避害。

4) 多样性原则

城市广场虽应有一定的主导功能，但却可以具有多样化的空间表现形式和特点，既反映作为群体的人的需要，又要综合兼顾特殊人群，如残疾人的使用要求。同时，服务于广场的设施和建筑功能也应多样化，纪念性、艺术性、娱乐性和休闲性兼容并蓄。

5) 步行化原则

这是城市广场的主要特征之一，也是城市广场的共享性和良好环境形成的必要前提。广场空间和各种要素的组织应该支持人的行动，如保证广场活动与周边建筑及城市设施使用的连续性。在大型广场，还可根据不同使用活动和主题考虑步行分区的问题。

中国古代广场相对比较缺乏，散布于少数城市和民间乡镇的庙宇、宗祠和市场广场。明清以来，随着城市资本主义的萌芽，在城市中心及城市对外交通门户上逐渐有了商业性的公共空间。此外，在我国少数民族地区也有不少原始自然崇拜的广场，实例有南京夫子庙广场和人称"山顶一条船"的四川罗城梭形广场（图 8.4）等。

　　与西方相比，以往中国的广场文化和观念思想是相对滞后的。现代城市广场设计又有了突破性的进展。它已经不再是一个简单的空间围合、视觉美感问题，而是城市有机组织中不可缺少的一部分（图8.5）。规划建设时除运用传统的规划学和建筑学知识外，还必须综合生态学、环境心理学、行为科学的成果，并充分考虑设计的时空有效性和将来的维护管理要求。另一方面，历史遗存的城市广场改造和保护也取得了瞩目成就，许多著名广场及其广场的活动今天仍然很好地保存了下来，并被赋予了新的意义。

图 8.4　四川罗城梭形广场

图 8.5　济南泉城广场

8.2　广场设计实例

8.2.1　波茨坦广场

　　第二次世界大战之前的波茨坦广场曾经是欧洲最大的交通要塞，有"欧洲的交叉点"之称。然而二战战火将其夷为平地，柏林墙将波茨坦广场分为两部分（图8.6、图8.7）。东西柏林统一之后，广阔的空地开始得到开发（图8.8）。当时的柏林政府将波茨坦广场地带的土地拍卖给奔驰-克莱斯勒（Daimler Chrysler）、日本索尼（Sony）、阿西亚·布朗·波威利（ABB）等跨国公司，在这些国际性巨型民间资本的参与下它迅速发展成为新柏林最受注目的地区[2]。

图 8.6　1930 年的波茨坦广场[2]　　　　　　　　图 8.7　1972 年的波茨坦广场[2]

波茨坦广场地区城市设
计竞赛范围(1990年)

波茨坦广场城市设计
竞赛范围(1992年)

图 8.8　区位图

1. 总体城市设计方案

20 世纪 90 年代初举行了关于波茨坦广场地区的总体城市设计竞赛,慕尼黑
建筑师希尔默和萨特勒 (Hilmer, Sattler) 合作的方案被选为一等奖方案
(图 8.9),这一方案恢复了早先该地区具有代表性的莱比锡广场的八角形状,并
且采用了整齐划一的传统街区形式,但是为满足开发商对建筑密度的要求不得不
将建筑高度提高到 35m 这个与古典柏林建筑并不相称的高度 (后来降低到
28m)。他们以方块建筑和街道发展了传统城市的紧凑结构。他们不赞成高楼但
却极大地满足了实用要求,即地面建筑为五层 (容积率 5.0)。他们以小的方块
建筑为城市建设基本单元。每个方块大小均为 50m×50m。这样就可以合理分
割,满足居民住房、商场、酒店、公司集团驻地及音乐厅、剧院的多层次需要。

短而窄的街道将方块隔开。这些街道通向城市的四面八方，通向波茨坦大街、通向老火车站的空地、还通向动物园的绿色三角地。用韦林（Heinrich Wefing）的评论来说，这个优胜方案竭尽全力维护"欧洲城市简洁而复杂的空间"的思想，而并非那种"美国的摩天大楼概念"。这和"批判性重建"（critical reconstruction）的思想十分接近，希望从18世纪的柏林城中汲取城市特征，成为21世纪新柏林的标志（"批判性重建"，其核心概念为"借助于保留大部分原轴网，以期体现1940年前规划的空间构成元素"）。

波茨坦广场的城市设计由伦佐·皮阿诺（Renzo Piano）和克里斯托夫·考贝克（Christoph Kohlbecker）协作主持完成。其设计思想是在尊重历史的前提下表现时代特征：广场城市设计以剧院广场为中心，新建的音乐剧场和赌场围合着剧院广场，与原有的国立图书馆共同凸显其文化娱乐特征，将活力渗透至广场内部，使重建的波茨坦广场焕发出昔日的魅力。基地南侧将水体引入，在增添整个广场景致的同时改善了广场以至周边地区的小气候（图8.10）。

图 8.9　希尔默和萨特勒获奖方案

图 8.10　波茨坦广场鸟瞰图[2]

波茨坦广场的街道划分基本上尊重原有城市脉络并结合地形条件，19座建筑物大都按柏林传统的具有围合感的街坊布局组织空间。依据1994年6月的执行规划，整个区域分成四大块。建筑地面层数基本上在9层左右，只有东北角上的两座建筑（A1，B1）与Debis大厦（C1）超过18层。地面层的用途主要是办公楼（57%）、住宅（20%），宾馆（8%）和零售商店（11%）等。对区域内原有建筑，皮阿诺采取保留原貌，更新内部的方法加以利用，新旧建筑平面上相互呼应，形式上迥然不同。

波茨坦广场的建筑单体由众多著名建筑师参与设计，理查德·罗杰斯

(Richard Rogers) 设计了基地东部正中心的 3 个街坊,包括 2 幢办公建筑和 1 幢住宅建筑;矶崎新设计了基地南部的 2 个办公楼;劳贝尔 (Lauber) 和韦尔 (Wohr) 设计了影视中心和 2 个住宅街坊;而皮阿诺则与其他建筑师协作,设计了基地中心的剧院广场、中部的一个住宅街坊、基地南部具有标志性的德比斯大厦及戴姆勒-奔驰国际服务中心大厦等建筑。由于城市设计的统一协调,尽管在这一区域出现了各种不同风格的建筑,建筑群并不显得杂乱无章,在提升商业知名度的同时,各建筑物也各具风采 (图 8.11)。

图 8.11　柏林城市鸟瞰 (近处是波茨坦广场)

2. 区块城市设计

在波茨坦广场城市设计总体方案确定后,根据各开发商的用地划分,进行了各区块的城市设计方案招标,奔驰-克莱斯勒财团拥有区块的中标方案出自罗伦佐·皮亚诺 (Renzo Piano) 之手,索尼公司拥有的区块由赫尔穆特·扬 (Helmut Jahn) 设计,而 ABB 和特伦诺公司拥有的区块由格拉西 (Giorgio Grassi) 中标。

1) 奔驰-克莱斯勒区块

在这个区块的招标过程中,皮亚诺的方案在 15 家竞争者中脱颖而出 (图 8.12)。皮亚诺遵循了希尔默和萨特勒的总体方案构想,并且与地块西南角的现状建筑国家图书馆形成了良好的对话 (图 8.13)。这个方案不仅延续了原有的波茨坦大街，而且新老步行街把地块分为几个部分，并在老波茨坦大街的尽头形成了一个广场。皮亚诺创造的设计原则不但延续了被战争摧毁的波茨坦地区的历史，而且通过街道把开放的空间串联起来形成了新的混合体。正如他说的："必须记住30年代的美是一种综合的美，不仅取决于它的纪念性，还取决于住在那里的居民。你可以想象一下当时波茨坦的样子，那是个非常混合的地方，柏林和波茨坦就是欧洲的中心，在那里，不仅要有办公楼和旅馆，还要重建住宅，让普通人居住。"他坚信这里将重新富有活力，成为德国统一后的中心。

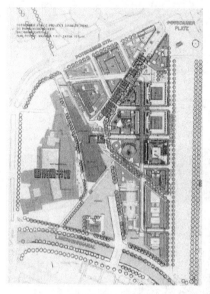 

图 8.12　奔驰-克莱斯勒区块总平面图[3]　图 8.13　从国家图书馆处看奔驰-克莱斯勒区块[3]

2）索尼区块

同皮亚诺一样，赫尔穆特·扬在整个地块的总体处理上，试图在柏林传统的街坊式的城市结构与现代的科技化图景之间建立平衡。不过与奔驰-克莱斯勒区块相对比，两者有许多不同之处：索尼中心建筑群体紧凑，特色鲜明，强调整体建筑形象，富于现代感与技术感；奔驰-克莱斯勒区块则形体松散，更加注重单体之间的对话关系，试图将城市秩序引入群体之中，各建筑形象的处理注重材料及工艺，从尺度到色彩上更人性化一些。

索尼中心与波茨坦广场一样也有一个内部广场，但这个广场非常内向。波茨坦广场群体中的剧院广场与城市建立关系并向外开放，而索尼中心的内部广场是封闭的。广场上空的悬挂屋顶按照扬的意思是避开周围城市环境的喧嚣，为人们提供一片安静的绿洲（图 8.14、图 8.15）。

图 8.14　索尼区块鸟瞰图

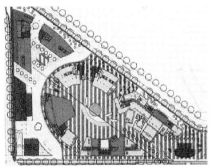

图 8.15　索尼区块平面图

3）ABB 区块

由戈拉西制定的 ABB 区块设计方案最为忠实地遵循了希尔默和萨特勒的总体方案布局。该方案中，面向波茨坦广场的建筑有进入广场地铁站的独立入口，与之毗邻的 4 个小街坊均为 8 层建筑，且都有向附近开放空间——敞开的院落。4 栋"U"形建筑规划为办公功能用房，地面层为商店，并且要容纳 225 套公寓房。该规划充分体现了对德国建筑传统的尊重。戈拉西显然是个理性主义者，他用了 5 个"U"形、"H"形和水滴形的块体来组织全局，这些建筑体量除了在街角的水滴形办公楼高一些外，形象统一、色彩一致，连开窗方式也是均衡划一的（图 8.16、图 8.17）。戈拉西认为"每种优秀的建筑学都引导我们回归事物本质，回到那些必要的、可信赖的东西中。除了事物的显明性与确定性外，其他所有一切都是无关紧要的"。

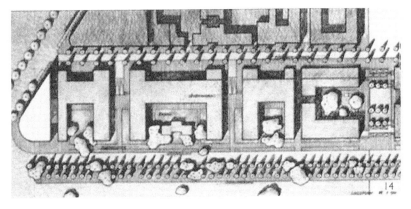

图 8.16　ABB 区块总平面图[3]

图 8.17　ABB 区块鸟瞰图[3]

3. 设计与合作

波茨坦广场的规划建设很好地反映了现代城市设计的实施过程。有关城市空间物质形象的城市设计贯穿规划的全过程，由城市设计总体规划至区块规划并指导最后的建筑设计。

现代城市设计的多种实施方法在波茨坦广场中都进行了实践：在城市主管建筑师制订的法定城市发展规划的原则目标指导下，通过招投标或委托进行城市设计，如奔驰-克莱斯勒的区块的中标方案出自伦佐·皮亚诺；索尼公司拥有的区块委托由赫尔穆特·扬设计；城市设计总体方案由同一组人进行；而区块方案与建筑设计方案由另一组人，在总体规划师指导并与之协调下进行。如城市设计总体方案由希尔默和萨特勒提出，而 ABB 区块方案与部分建筑设计方案由戈拉西设计，或三项任务均由不同人担任，但相互衔接，不断进行沟通。

值得一提的还有业主、建筑与规划师及普通公众的共同参与。由于波茨坦广场所在区域为原东西柏林相交的政治敏感地区，这里的建设与开发始终受到市民的关注甚至怀疑。在奔驰-克莱斯勒区块的建设过程中，奔驰-克莱斯勒公司曾定期组织媒体、普通公众参观施工现场，使更多的人能够了解地块的建设与开发情况，这对于业主、建筑与规划师及普通市民之间的交流与沟通起到了积极作用。

波茨坦广场建设的另一特点便是它在生态与可持续发展原则指导下的城市和建筑设计。皮亚诺设计的德比斯大楼采用双层立面，外层立面玻璃板的角度可以变化。它们可随着角度的不同调整建筑不同部位的窗户承受的风压力，减少噪声，改善自然通风和采光的效果（图 8.18）。皮亚诺还在立面上大量使用生态型

的陶瓦饰面，为传统材料在现代建筑上的使用
开创了新形式。罗杰斯设计的办公、住宅综合
建筑采用低能耗、高效率的设计概念。办公楼
完全自然通风，同时利用晚间自然冷却和白天
的太阳能节约能源。建筑的立面设计由节能的
形式出发，顶部和侧面的窗户都是可开启的，并
根据室外照度的不同变化，自动地处理成不透明
的、半透明的和透明的。中庭空间对南敞开，阳
光可以直接射入其中，并且通过计算机调节尽可
能利用自然风，太阳能也在这里得到充分应用以
降低能耗。

图 8.18　柏林波茨坦广场和
德比斯公司大楼

据统计，生态措施使波茨坦广场地区戴姆
勒奔驰地块的建筑与全空调式建筑相比能量消
耗减少了一半。为节省水资源的消耗，地块内
19 幢建筑都设置了专门系统收集约 5 万 m^2 的屋顶上接纳的雨水，用于建筑内部
卫生洁具的冲洗、绿化植物的浇灌及补充室外水池的用水。据估计，光是这一项
每年即可节约 2000 万 L 饮用水（与大多数发达国家一样，德国的自来水是经过
严格处理而达到饮用水标准的）。

另外地块内的建筑改变各自为阵的做法，统一使用由柏林比瓦柯能源公司伯
瓦格（Bewag）中心地区能源站用最先进的热电混合技术生产和提供的中央采暖
冷气和电力，其二氧化碳释放量与传统的能源供给方式相比减少 70%，在建筑
减少大气污染、减轻日益严重的"温室效应"上迈进了一步。

8.2.2　洛杉矶珀欣广场

珀欣广场位于洛杉矶第 50 大街与第 60 大街之间，其历史可以追溯到 1866
年。从那时起，广场曾重新设计过多次，1918 年该广场终以珀欣（Punhing）将
军的名字命名。20 世纪 50 年代，广场下建有一个 1800 车位的地下停车场，但
到了 80 年代，该广场已经成为一个无家可归者和吸毒者聚集的场所。

20 世纪 80 年代，广场毗邻的业主出于经济、环境和文化等方面的考虑，发
起了一场珀欣广场复兴运动。在珀欣广场业主协会和城市社区改造协会的共同努
力下，这一运动引起了城市建设决策者的重视。经多次研究和协调，洛杉矶城市
更新和园林局决定保留该广场。

1991 年，纽约大地规划事务所在为重新设计广场所举办的公开竞赛中中标。
但是方案造价过高，后由 Hannan Ricardo Legorrela 完成设计任务（图 8.19）。
在经费方面，珀欣业主协会通过义务税收筹集了 850 万美元，而另外的 600 万美

元则由社区改造当局提供。该机构与社会有关部门协同合作，为原滞留在广场的无家可归者提供咨询和帮助。

该设计用正交关系线组织，顺应了城市的原有脉络。粉色混凝土铺地上耸立起了一座 10 层楼高的紫色钟塔，与此相连的导水墙也是紫色的，墙上开了方的窗洞，成为从广场看毗邻花园的景窗（图 8.20）。

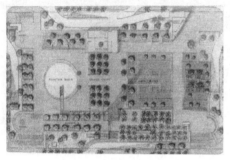
图 8.19　珀欣广场平面图

图 8.20　广场景观效果

广场的另一边有一座鲜黄色的咖啡馆和一个三角形的交通站点，后者背靠着另一堵紫色的墙。在广场的 4 个角上则安排了 4 个步行入口，两三棵并排的树列限定了广场的边界。高大成组的树列减弱了环绕广场的车行路的影响，但却保留了广场与周边建筑的联系。在广场东边，对着希尔大街，由老公园移植过来的48 棵高大的棕榈树在钟塔边形成了一个棕榈树庭。在广场的中央是橘树园，这也是洛杉矶的特色之一（图 8.21）。

图 8.21　珀欣广场全景

其他的树种还有天堂岛、枣椰树、墨西哥扇椰树、丝兰、樟树和胶皮糖香树等。圆形的水池和正方形的下沉剧场是公园中规则的几何元素。水池边的铺地用灰色鹅卵石铺成并与周围铺地齐平，并有意做成碟子圆边的形状，匠心独具。在水池边缘，从导水墙喷起的水落入水池中央并起起落落，模仿潮汐涨落的规律，每 8 分钟一个循环。水池中央还有一条模仿地震裂缝的齿状裂缝。

可容纳 2000 人的露天剧场地面植以草皮，踏步则用粉色混凝土。舞台的标志是 4 棵棕榈树，同水池一样，也是对称布置的。广场的出色之处在于，设计中运用了对称的平面，但是被不对称却整体均衡的竖向元素打破，如塔、墙、咖啡店。

总之，这是美国商业区新建的比较成功的广场之一。该广场以自然与秩序并重的城市设计手法，表现了作为场所精神存在的空间环境。同时，设计考虑了与南加利福尼亚相邻的墨西哥文化方面的渊源关系，最终建成了一个满足多重使用者的广场空间。

8.2.3　哥本哈根的广场系统[3]

城市的街道与广场满足不同的目的。街道基本用于运动，其线性形状也强烈地暗示了这种功能。广场则服务于所有需要空间的城市功能，吸引着停留、小憩或其他类型的户外活动。

哥本哈根步行系统的一个显著特征是，在多年来被辟为步行者使用的总面积中，市中心的 18 个广场就占了 2/3。步行街的基本网络在 1973 年就已建成，此后的工作都致力于创造新的汽车禁行的广场或是改进现存广场的条件（图 8.22、

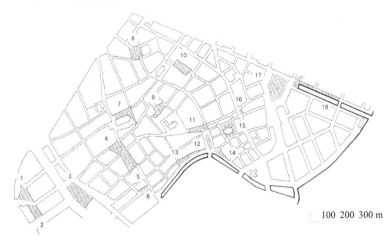

100 200 300 m

1.阿克塞尔广场(北端)；2.阿克塞尔广场(南端)；3.市政广场；4.加梅尔广场；5.新广场；6.水艺广场；7.福鲁广场；8.卡尔广场；9.格拉布鲁德广场；10.尼纳·邦斯广场；11.阿马格广场；12.高桥广场；13.加梅尔滨河广场；14.威德河广场；15.尼古拉广场；16.玛格辛广场；17.新国王广场；18.新港(它实际上是个横向的码头或街道，但从用途与目的来说，它的功能应是广场)

图 8.22　显示中世纪城市中心及港口和毗邻地区的地图，深色部分表示的是 1962～2000 年先后改建的无机动交通或基本无机动交通的街道及广场所构成的网络

图 8.23）。这项政策促进了城市在休闲方面的作用，它不但邀请人们在城市中流连，更唤起了人们享受好时光的愿望。

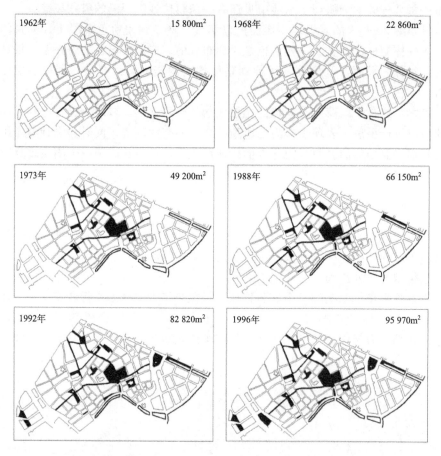

图 8.23　禁止汽车进入的街道和广场（1962～1996 年）

城市将用以运动的街道和用以休憩的广场很好地结合起来——哥本哈根就是这样一个城市。这也是为什么城市如此受欢迎和被使用者喜爱的主要原因。

不同的广场在使用方式上的差异是很大的。影响使用强度的因素为地点、形状和大小、美学质量、视野，气候、细部和小品，主要是长椅和咖啡椅的数量及其在广场中的位置。小小的玛格辛广场是城市中使用频率最高的广场，后面依次为魏姆斯卡弗特街、新港和阿马格广场。而使用频率最低的——也许令人惊讶——竟是阿克塞尔广场（图 8.24）。

在哥本哈根市中心，大多数的商业和文化活动发生于此（图 8.25）。这个区域的核心是中世纪的老城（图 8.26）和跨越老城的范围，以便将东面新港的公

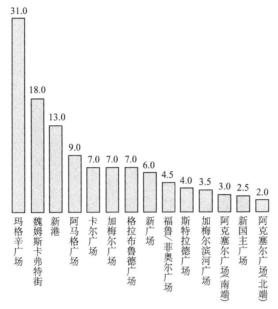

图 8.24 哥本哈根的广场使用频率

图 8.25 从北面鸟瞰哥本哈根，在港口和新建城区之间的中心地区就是中世纪以来的城市核心，右下方为皇宫广场——阿马林堡广场（Amalienborg）

图 8.26　中世纪哥本哈根市中心的老城

共空间和西面的西桥大街的第一段包括进来。在尺度上，这个市中心大约是 1km×1km 的面积。有趣的是，许多城市中心都是这样大小，这正好对应一个适当的步行距离。

8.2.4　加梅尔广场-新广场和阿马格广场

1. 加梅尔广场-新广场

　　1962 年以前，整个广场都被用作为一个巨型的停车场（图 8.27），几次转变之后逐步变成两个为行人所用的广场。今天，加梅尔广场和新广场组成了一个空间，但最初是两个广场，被旧哥本哈根市政厅分割开来。这个双广场横跨斯特勒格主街，长久以来一直是城市中最重要的空间。

　　当斯特勒格街 1962 年对汽车交通封闭以来，加梅尔广场的一部分就不允许停放车辆了，新广场的一部分也于 1973 年做了同样的规定。这项改建包括一系列广受批评的"墙"以限定出步行范围（图 8.28）。1992 年，新广场剩余部分也不再允许停放车辆，两个广场都被重新铺砌与装修一新。在重新铺砌计划中，一个有趣的元素是浅色大理石，划定出了以前分割这块空间的旧市政厅的位置（图 8.29）。

　　加梅尔广场一年四季都是个很受欢迎并被很好利用的广场。人们喜欢在靠近卡里塔斯喷泉的地方休息，这里可以看到通过斯特勒格大街熙熙攘攘的人群。新广场相对来说比较安静，虽然夏季的几个月中，它为几个室外咖啡馆提供了背景。在一年中其他月份里，这个广场承担着不同的功能，例如，在繁忙拥挤的都市中心，提供了一个可以让人透口气的地方、一片安静的绿洲。

图 8.27　1962 年之前，两个广场都
作为停车场使用

图 8.28　1973 年设计的"墙"围
合形成了步行区

图 8.29　加梅尔广场-新广场

2. 阿马格广场

　　1962 年，当斯特勒格大街对汽车交通封闭时（图 8.30），阿马格广场就部分地清除了汽车交通，尽管一个出租车候车站仍存在了几年。在后来几次的逐步改造中，该广场进一步转化。水果和蔬菜摊位及咖啡座出现在广场上。在广场中部，通向地下厕所的台阶被升起的绿地部分地隐藏起来（图 8.31）。

　　1993 年，阿马格广场经过重新设计，雕塑家伯杰·诺加德（Bjorn Norgard）设计的精美图案重新铺砌了大理石地面（图 8.32）。这个计划是由当地企业发起

图 8.30　1962 年对汽车关闭之前的阿马格广场

图 8.31　20 世纪 80 年代的阿马格广场　　　图 8.32　1993 年阿马格广场

的，它们也是这个项目的主要赞助者。

　　阿马格广场十分繁忙，是哥本哈根市民相聚的地方。优雅的新大理石铺地更加强了阿马格广场受欢迎的程度。夏夜里，广场上聚满了人群和活动，为城市提供了绝妙的露天舞台，更是街头演出组合和街头音乐家们最喜欢的栖息地。

8.2.5　格拉布鲁德广场

　　格拉布鲁德广场是第一批改造成步行广场的较偏僻的城市广场之一。1968 年，该广场清除了停放于其中的汽车及二战时匆忙所建的空袭避难棚（图 8.33）。

　　广场上最引人注目的是一棵漂亮的梧桐树，加上新铺的卵石地面和新建的由雕塑家索仁·乔治·詹森（Soren George Jensen）设计的喷泉，使其不久就成了城市中最好、最受欢迎的广场之一（图 8.34）。这个优美宁静的广场远离繁忙喧嚣的街道，几乎是世外桃源。

图 8.33　1968 年前格拉布鲁德广场上的防空棚　　　图 8.34　格拉布鲁德广场

　　改建好后的头四五年中，这个广场极为清静。逐渐地，广场吸引了越来越多的人。室外咖啡座也越来越多，来自附近哥本哈根大学的学生及其他的年轻人开始习惯于相聚在格拉布鲁德广场，白天或是夜晚都坐在广场周围。到 20 世纪 80 年代中期，在整个适合户外活动的季节里，广场上拥挤得几乎超出了限度。

　　近些年来，其他的城市空间——尤其是重新铺装的新港和阿马格广场——似乎吸引了一部分先前在格拉布鲁德广场聚会的年轻人。然而，咖啡座的数目却越来越多，显而易见，这里仍然是个受人喜爱的地方，还是演出、音乐会和城市竞赛的良好舞台。

8.2.6　卡尔广场

　　哥布马格大街呈对角线穿过卡尔广场（图 8.35），当该大街于 1973 年对汽车交通封闭时，卡尔广场也随之封闭，改造成了步行广场。

　　这个广场的特征是沿对角线穿过的熙熙攘攘的人流。这股人流使得卡尔广场受到各种以人为主的活动的青睐。广场上有很多货摊、报摊、凉亭和室外咖啡座（图 8.36、图 8.37）。这个广场上也是表达政治和意识形态的地方，人们散发传单和小册子，以及通过一些行为手段，比如街头音乐、街头表演、游行及奖券销售等，来吸引过路人。

图 8.35　卡尔广场早期照片

图 8.36　20 世纪 90 年代卡尔广场的室外咖啡座

图 8.37　卡尔广场

　　无论是从人的行为活动上，还是从空间上来看，卡尔广场都是相当综合性的。卡尔广场是那些极少数"早期"步行系统中仍未更新的项目之一，现在它给人一种陈旧的感觉。

8.2.7　运河沿岸的复兴

　　运河沿岸分布有新港、加梅尔滨河广场、威德滨河广场和高桥广场，如图 8.38 所示。

　　新港曾经是哥本哈根港繁忙的部分和水手们所钟情的酒肆。随着港口航运活动的减少，这个地方也成了停车场（图 8.39）。尽管如此，这里仍保留有一些酒馆和咖啡馆。1980 年，这个南向开阔、风景如画的港口对交通和停车场进行了清理，成为一处步行区域。

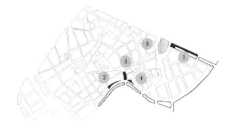

沿运河的公共空间：1. 新港；2. 加梅尔滨
河广场；3. 高桥广场；4. 威德滨河广场；
5. 新国王广场

图 8.38　沿运河的公共空间

图 8.39　1980 年以前的新港

　　新港基本不承担步行交通，目的就是让这个空间成为广场。它是城市的一片
绿洲——一个更多是让人停留而不是走过的空间。新港的位置极佳，这个港口停
泊着成排的老式帆船，它们可以享受几乎是免费的泊位（图 8.40）。天气适宜，
水和船的景致极佳，尺度也恰到好处。1996 年其地面铺装改成了卵石。

　　新港是一个深为人爱的城市空间，从 4 月初的早春日到 10 月月底，这个地
方挤满了散步的人（图 8.41）。人们坐在许多咖啡馆和饭馆里休息，夏夜则更受
人们的宠爱。6 月间，每天的活动都一浪高过一浪，在午夜时分达到顶点。

图 8.40　新港 1

图 8.41　新港 2

8.2.8　市政广场

　　市政广场是哥本哈根市政厅广场。自市政厅 1905 年建成后，该广场就以多
姿多彩而闻名。设计市政厅的建筑师马丁·乃若普受到意大利锡耶纳市政厅的很
大启发。因此，最初的市政厅广场与锡耶纳市的坎波广场一样是贝壳形的。

　　第二次世界大战期间，广场上布满了空袭避难棚。在后来的岁月，这个
27 000m² 的广场又逐渐被越来越多的马路、公共汽车线路和车站所占领。毫不

夸张地说，它变成了一座巨大的交通和中转机器（图 8.42）。即便如此，它仍然是个充满活力的场所。市政广场一直是为人们日常生活和重要庆典提供空间的场所，人们在这个地方换乘公共汽车进出内城，无论白天还是夜晚，里面的人们总是朝着各个方向匆匆走过。它是这个城市跳动的心脏。市政广场也是人们举办抗议、游行和集会的场所。同样，广场也是城市迎接客人的地方。

多年来，广场在美学方面饱受损害。空间支离破碎，道路穿插其中，广场里充满了乱糟糟的货摊、凉亭和植物。当然，也有很多的功能问题，其中一个大问题就是在内城和市中心西面的火车总站之间的步行交通很糟糕。

1996 年，哥本哈根被授予"欧洲文化首都"的称号，促成了市政厅广场的改造。KHR 建筑师事务所接受委托，以一项竞赛获奖方案的原则为基础，对整个广场进行重新设计。穿越广场的交通被迁走，在市政厅前形成了一个宽阔而略有斜度的人行广场，核心区域得到整合，公共汽车站被移到远端，掩映在一个黑色玻璃亭之下。新广场于 1996 年 1 月 1 日开幕（图 8.43），这标志着哥本哈根市为期一年的"欧洲文化首都"活动的开始。

图 8.42　市政厅广场（1995 年以前）　　　　图 8.43　市政厅广场（1996 年）

8.3　城市出入口设计——以克利夫兰城市门户设计为例

城市门户开敞空间设计虽然焦点在于门户地段的开敞空间，但着眼点却应是整个城市。系统化城市设计的核心原则是整体性，它不仅意味着空间本身的连续、协调，而且还应将之纳入到历史、文化、政治、经济等社会大体系之中，形成一个多维多向的整体脉络和结构框架。

整体性原则包括：① 动态性。不同时代的人对城市门户的解释和期待不完全相同，他们不断加入自己的理解和创造，进行调整和补充以适应物质、文化、心理的不断变化，从而在不断新陈代谢、延续发展的过程中实现其整体的目标。② 调整性。现代城市在一定程度上是没有终极目标的，体现在城市门户空间中是一种阶段性的、长期循序渐进的动态调整，通过不断地改善特定地域环境、空间及人三者之间的关系，从而达到一种由外到内有机和谐的整体性。③ 有机性。城市门户空间的有机性是实现整体性目标的一个依据，强调对人的关怀。表现为空间形态的自由灵活、和谐统一、舒适宜人，以及外观形态的深层结构与整个城市的社会、经济、文化、技术和自然等条件的有机结合，适应人们在城市门户中各种物质、生理、精神、心理等的需要。

人们拒绝单调、贫乏的环境，喜爱丰富而有选择性的空间、非固定的活动者、多种活动方式、不同活动时间等，使城市门户开敞空间形态具有多样性：①主体多样化，兼顾不同类型人的需求，从而保证相应的使用密度，同时又以生动、多样的人群活动吸引更多的人参与。②功能多样化，城市门户中不同类型开敞空间的功能有所不同，但都应趋向复合利用，为市民创造便利的生活与多样化的活动。③结构多向性，人的一次行为可能伴随着多种目的，加之人们环境行为的随机性与选择性，因而在一些空间中应考虑提供多种行为活动的可能。④领域多层次性，人的各种环境行为活动需要与相之对应的空间领域，城市门户开敞空间同样需要由公共性到私密性的、一系列不同性质的空间领域层次。⑤历时性，人的环境行为与活动在一天中的不同时段有不同的内容；在一年的不同季节也会有不同的活动内容和方式。城市门户开敞空间的多样性应通过空间与时间来共同组织，将人们的活动安排在不同的时间里，保持空间的活力。

在城市门户开敞空间中，空间连续性有两层含义：物质形态的连续与时间感知的连续。物质形态的连续源于界面与形体上的连续，当空间具有连续性质的界面或形体时即被知觉为连续空间；时间感知的连续是将动线中的空间片段在时间坐标系上汇合为整体，交通方式、步行速度、时间、季节与气候的差异都会造成人们的不同感受。城市门户开敞空间连续性的关键在于关注人的环境行为与活动的连续，结合人的运动，从空间与周边环境之间的相关机能情况出发考虑其流动与过渡，而不只是单纯的形式联系。

克利夫兰市位于伊利湖南岸，是北美五大湖区的组成部分，建于 1796 年。该市有很多著名的大企业，如洛克菲勒创立的标准石油公司和爱迪生创立的通用电气公司。城市面积 $77mi^2$（约 $197km^2$），城市人口 222 万（1998 年）。

克利夫兰城市门户是一个新开发的位于市区内的体育设施地区，该项目是克利夫兰城市经济振兴计划和整体开发的一个部分。项目的实施是由克利夫兰市规划部门、门户地区经济开发公司及两个大型体育机构合作完成的。

该项目基地 28acre（$113hm^2$），位于进入克利夫兰市区的一个重要入口处，距城市中心的公共广场仅两个街区，紧临地区高速公路并与城市公共交通枢纽站相连。设计的任务是提出一个规划方案，主要包含一个 42 000 座的棒球场（雅各布棒球场）和一个 20 000 座的比赛馆（刚德体育馆）。这个综合体育设施必须利用附近的交通设施，在 20min 步行范围内提供 14 000 个停车位。同时体育设施会促进周围街区的复兴（图 8.44、图 8.45）。

图 8.44　克利夫兰城市门户和城市中心区

图 8.45　总平面图

　　城市设计的意图是对克利夫兰市区南端进行彻底改变。通过体育场馆的总体布局形成新的结构。向南形成市区的边界，向北通过人行街道系统使基地与既有的城市肌理融合为一体。体育场馆的主要人流集散场与人行街道系统连为一体，体育设施围护部分的主要作用是限定街道和公共空间。

　　建筑体量和开放空间的设计主要考虑景观、彼此关系和视线。体育场馆的主要入口设置在朝向市区中心的方向（图 8.46），以利于引导人流向周围城市街区的餐馆、酒吧和商店移动。棒球场的主入口广场是这个设计的城市空间序列的一部分（图 8.47），这一序列起自北面街区的克利夫兰拱廊商业街。经过一个新设计的开放空间，再经过一条新建设的街道，抵达棒球场的主入口广场。主入口广场的位置考虑了景观的因素，向西可以看到河谷，向北可以看到城市中心的天际线。设计中的各个空间和广场都有不同的功能要求，各种服务设施和设备设置在广场地下。

　　停车和交通是影响设计成败的关键因素。考虑到临近街区的停车容量能够容纳有体育比赛时的停车需要，而且体育比赛基本上都是在周末和晚上举行。使用周围街区的停车场地，加上合理的交通管理，这一措施可以解决大量车流进出的交通问题。项目建设以前在基地上的 3000 个停车位由一座多层停车库取代。规划文件也为建筑师提出了设计要求和设计导则，重要景观、地标建筑和主要边界都被明确下来，以保障规划目标的实现。

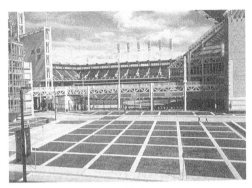

图 8.46　刚德体育场　　　　　　　　　　图 8.47　棒球场入口

克利夫兰城市门户地区开发项目为城市综合体育设施开发创造了一种新模式。通过这一体育设施吸引体育爱好者来到市区，并在周围街区活动和消费。这一体育设施为克利夫兰城市发展起了重要作用，它刺激了周围街区的发展，带动了住宅、餐饮、旅店和零售业的活跃。不同于其他城市的同类的设施，没有大面积的地面停车场将体育设施与邻接的城市街区分割开，克利夫兰城市门户体育设施成为市区的一个有机部分，同时作为城市门户为克利夫兰树立了新的形象。

8.4　住区城市设计

8.4.1　美国芝加哥住宅区（湖岸东区）城市设计案例

芝加哥是美国第三大城市，位于密歇根湖东南岸，1837 年正式建市，随着五大湖区的商业繁荣而迅速发展。1825 年伊利运河通航之后，芝加哥成为向西扩展领土的焦点，1852 年修建铁路，芝加哥成为运输和制造中心。1871 年芝加哥遭遇大火，城市迅速恢复，于 1884 年建造了世界上第一座摩天大楼，1893 年举办著名的哥伦比亚世界博览会。城市面积 227mi^2（约 581km^2），城市人口 280 万（1998 年）。

湖岸东区总体规划项目规划了一个位于芝加哥中心城区的重要住宅区（图 8.48、图 8.49）。通过全方位的景观设计和步行道设计，完成后的新区将融入湖滨公园系统和湖滨步道体系（图 8.50）。该项目的核心特色是一处新建的自然特征的公园，树木繁茂、植被丰富，为邻近的芝加哥公园区又增添了一处宜人场所。公园中预留了一块建设小学的用地，同时附近还有一块建设芝加哥公园区运动场馆的预留用地，这些举措都是为了创建良好的环境，从而吸引人们到中心城区居住。

该总体规划的基本原则是要将这一面积约 25acre（约 10hm^2）的区域开发为一个充满活力的城市居住区，同时兼容旅馆、办公等综合发展，并使该地块通过道路系统和城市公共空间体系的全面建设与湖滨及城市其他重要地区紧密联系，

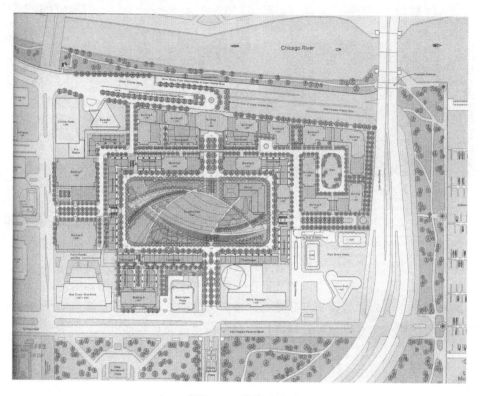

图 8.48　总平面图

图 8.49　开发区鸟瞰图

图 8.50　中心公园和高层办公楼

带动该区域的发展（图 8.51、图 8.52）。

图 8.51　沿城市干道的高层城市界面　　　图 8.52　中心公园南边的低层住宅

为确保湖滨东区的开发成功，有以下重要原则：

1）城市框架

（1）新建的街区在尺度上应与芝加哥中心城区典型街区的尺度相似。

（2）新建道路具有居住社区道路的特征。

（3）在各个街区的建筑风格应有所不同。

2）出入口和道路

（1）从各个方向都能方便地进入该区。

（2）建立与芝加哥河及密歇根湖密切联系的步行道和自行车道。

（3）确保周围立体交通在各个层面都能方便地进入该区，设置残障用通道。

（4）不影响原有街道的前提下，设置供停车、卸货、服务等使用的出入口。

（5）完善与该区相连的城市道路系统，延伸并新建快速车道。

（6）制定相关道路标准，以改善步行环境同时便利车辆交通。

3）建筑高度和体量

（1）重点处理瓦克路沿街立面。

（2）朝向居住区中心公园和湖边，建筑高度逐渐降低。

（3）以低层的郊区住宅来界定该区中心公园的边界。

（4）确定较高建筑的位置时要充分考虑周边的土地使用情况。

4）公共空间

（1）最主要的公共空间是集中设置在该区中央的大型自然公园。

（2）将该区与湖滨公园、散步道和周边公共空间联系起来。

（3）在原有建筑与拟建的开发区之间新建共享绿色空间。

8.4.2 中山市孙文西路文化旅游步行街

步行街区一般位于市中心商业区，其类型主要有：①旧城区原有的中心商业街，通过交通控制改造而成的步行商业街。②在新城市（区）按人车分流原则设计的步行街。③地面层行人专用道，一般与街道绿地、滨水绿地、防护绿地结合形成林阴散步道，也包括在城市干道用地上与车行道并行设置的路幅较大的路旁人行道。④非地面层步道，指地下或街道上空的人行通道，常与街道两侧的商业性公共建筑连通。

1. 概况

已建成的中山市孙文西路文化旅游步行街（全长450m），是按照市政府"保护旧区建新区，建设好新区改旧区"的方针进行的。首期实施的旧城更新工程振兴了旧城中心，凝聚海外华侨乡情，增添了城市活力。

2. 设计构思

（1）通过孙文西路建筑的修缮，将有价值的遗迹予以保留和突出，破损的予以维修，不协调的予以适当改造，从而强化孙文西路建筑空间在文化历史上的象征表现（图8.53、图8.54、图8.55），提高城市品位，使古老的孙文西路更好地为中山市民服务。

（2）将这一段道路改造成以人为核心、充满生活气息、满足步行人群要求的街区环境。

3. 实施手法

1）平面设计

在平面设计上更多考虑步行者的活动，紧紧围绕"步行"做文章，将骑楼面向外延伸，与道路路面形成一体，在这一界面上布置绿化、座椅、电话亭、小卖亭、饮水机等，创造一个视觉景观宜人的步行空间（图8.56、图8.57）。

2）建筑立面修缮

对有据可查的历史遗迹，如福寿堂、天妃庙等城市人文景观资源，进行保留。

（1）修缮：对于建筑比较破损、但仍有"南洋风"的建筑进行修缮，主要表现在女儿墙、柱、窗与窗线上进行加工和强调（图8.58、图8.59）。

（2）加建：孙文西路20世纪七八十年代的现代建筑没有骑楼，规划将其加建，使之形成一个连续的界面。

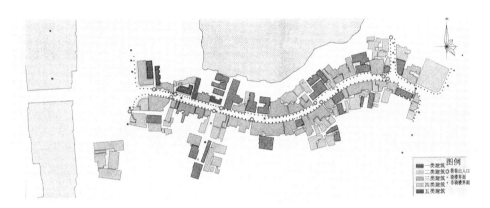

图 8.53　现状建筑质量及界面评价图

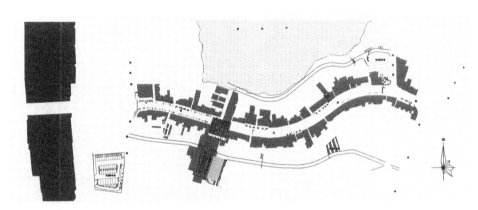

图 8.54　近期规划平面图

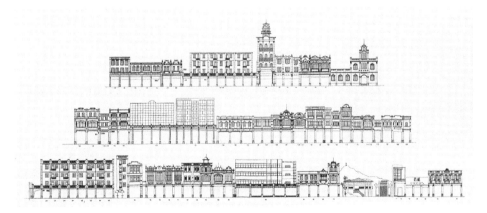

图 8.55　步行街沿街北立面图

图 8.56　中山孙文西路骑楼

图 8.57　中山孙文西路街道家具

图 8.58　历史上的孙文西路

图 8.59　中山孙文西路街景

4. 效果

孙文西路文化旅游步行街规划与建筑设计达到了预期效果，不仅使旧城区商业中心的功能得到整体提升，而且成为中山市一个旅游景点。

参 考 文 献

[1] 盖尔 J，吉姆松 L. 新城市空间（第二版）. 何人可，张卫等译. 北京：中国建筑工业出版社. 2003

[2] 赵力. 德国柏林波茨坦广场的城市设计. 时代建筑，2004，(1)

[3] 盖尔 J，吉姆松 L. 公共空间·公共生活. 汤羽扬，王病等译. 北京：中国建筑工业出版社. 2003

后　记

　　城市设计从定义、内容到学科建设均是一个众说纷纭的研究领域。作为高等学校教材，本书力求博采众家之长，并结合作者自己的城市研究成果，以新的理念和视角，从城市与城市设计、城市设计的基本理论、城市设计基础和城市设计基本方法四个层面，对城市设计从理论上进行梳理，认为城市设计是以城市物质形体和空间环境设计为形式，以城市社会生活场所设计为内容，以提高人的生活质量、城市的环境质量、景观艺术水平为目标，以城市文化特色展示为特征的规划设计工作。

　　在城市设计的基本理论中，简要阐明已有的各种理论，注重生态城市建设对城市设计的影响。此外，鉴于国内城市规划专业设立多元化（如建筑类、地理类等）对教材中城市设计基础理论的需求，本书对城市设计基础——空间、城市空间、空间特色和城市色彩等进行了系统的叙述。

　　在城市基本方法的叙述中，注重城市设计理念的分析，强调城市设计应充分体现社会公平，要关心人的基本价值与权利，体现城市文化传承，设计尺度应与城市规模相适宜，从绝大多数市民的利益出发，创造一个市民喜爱的适宜居住的城市空间。并对城市设计主要要素如建筑、道路、公共空间、城市山水格局等的景观组织和设计进行分析，强调城市设计导则的重要性，阐述城市设计分析与构思的基本方法。

　　在城市总体、中观和微观等层次的城市设计中，展示国内外优秀城市设计范例的思路、内容和设计手法，力求达到"取其上而得其中"的示范效果。在论述和列举城市设计基本内容和方法的同时，展示城市设计无所不包、没有定式的特点，体现城市设计的多样性、综合性、复杂性和整体性的基本特征。

　　本书在引用国内外众多专家学者的论点和优秀设计范例过程中，尽量标明引文和范例的来源，由于书稿写作历时较长，难免挂一漏万，若有遗漏之处，敬请见谅。

　　"城市设计概论"是城市规划专业的主要课程之一，2003 年被列为西北大学重点课程建设项目，在此感谢西北大学给予的支持和资助，促成了本书的完成。

　　感谢李天文教授在本书出版过程中给予的大力支持。在本书撰稿直至出版的过程中，硕士研究生苏敏、陈兴旺做了大量的工作，付出了辛勤的劳动；硕士研究生周晓辉、杨大伟、黄研，本科生岳红丹均给予了支持和帮助，在此一并表示感谢。

段汉明

2005 年 8 月 3 日